220kV及以下输变电工程设计工作手册

国网山东省电力公司经济技术研究院
山东智源电力设计咨询有限公司 组编

中国电力出版社
CHINA ELECTRIC POWER PRESS

内 容 提 要

本书从输变电工程设计单位实际工作角度入手，介绍了设计管理体系及各个专业在可行性研究阶段、初步设计阶段、施工图设计阶段的工作内容和要求，对每个设计阶段的具体工作分别从设计深度规定、设计资料收集内容和设计要点、专业配合、设计成果输出等方面进行了介绍。

本书除了为输变电工程设计提供指导，还提炼和总结了一些实用性的设计经验，可作为输变电工程设计、咨询单位从业人员的培训用书，也可为建设、施工、监理单位提供参考。

图书在版编目（CIP）数据

220kV及以下输变电工程设计工作手册 / 国网山东省电力公司经济技术研究院　山东智源电力设计咨询有限公司组编. —北京：中国电力出版社，2023.10

ISBN 978-7-5198-7890-0

Ⅰ. ①2…　Ⅱ. ①国…　Ⅲ. ①输电–电力工程–工程设计–手册②变电所–电力工程–工程设计–手册　Ⅳ. ①TM7-62②TM63-62

中国国家版本馆CIP数据核字（2023）第102269号

出版发行：中国电力出版社
地　　址：北京市东城区北京站西街19号（邮政编码100005）
网　　址：http://www.cepp.sgcc.com.cn
责任编辑：罗　艳（010-63412315）　贾丹丹
责任校对：黄　蓓　常燕昆
装帧设计：张俊霞
责任印制：石　雷

印　　刷：三河市百盛印装有限公司
版　　次：2023年10月第一版
印　　次：2023年10月北京第一次印刷
开　　本：710毫米×1000毫米　16开本
印　　张：20
字　　数：344千字
印　　数：0001—1000册
定　　价：108.00元

编　委　会

编 写 成 员 名 单

编写人员　郑耀斌　何春晖　郭宜果　张春辉　谢　丹

兰　峰　张　草　陈庆伟　孙启刚　张景翯

王　龙　胥金坤　张立杨　匙阳阳　李　迅

高　杉　王文媞　张召环　李　静　赵维刚

王德祥　张盛晰　王文洋　朱元吉　李　哲

杨博杰　王　战　张　宁　陈卓尔　杨舒文

杨小雨　张泰恒　谢　飞　金　瑶　彭　洁

前　言

设计环节是输变电工程建设的前端工作。设计质量对工程的影响贯穿整个建设周期，其重要性不言而喻。近年来，国家电网有限公司陆续提出了“两型三新一化”“六精四化”等基建工程管理目标，对设计质量的标准和要求也越来越高。

当前，电力设计单位水平参差不齐，尤其是一些单位规模较小的设计单位，存在专业配置不齐全、管理不规范、设计经验不足、技术标准体系建设不完备等问题，一定程度上影响了其设计质量和技术支撑工作的开展。

设计过程规范化和标准化程度是影响设计质量的一个重要因素。为规范输变电工程设计，使设计工作开展有据可依，有章可循，针对一些小型设计单位，仅开展220kV及以下电压等级的输变电工程设计的现状，编者以220kV输变电工程为基础，组织编制了《220kV及以下输变电工程设计工作手册》，220kV及以下输变电工程可作为参考。手册涵盖电力设计单位的管理体系、岗位职责、工作流程、各设计阶段的工作范围、工作要点、工作经验及注意事项等内容。编制该工作手册对规范和指导电力行业基层设计单位的业务工作、固化好经验和做法、做好知识和经验传承、提升工作效率和设计质量具有重要的意义。

本书编写工作得到了国网山东经研院领导、综合管理部的大力支持，系统内相关专家对本书的编写提出了宝贵意见，在此表示衷心感谢！

由于时间仓促和编写人员水平有限，受引用经验、案例的局限性，书中难免有不当之处，敬请读者批评指正。

编　者

2023年5月

目 录

第一章

设计管理体系概述

设计管理体系包含企业的目标战略管理、人员管理、程序管理、产品质量管理等多个方面。按照“质量、环境、职业健康安全”管理体系认证要求，在设计工作中结合工作实际，采用PDCA循环过程方法，贯彻管理体系，在持续不断改进中实现自我完善，对于设计企业规范、健康、安全运行具有重要的意义。

第一节 岗 位 职 责

一、项目设总的岗位职责

项目设总的岗位职责如下：

（1）在工程设计中贯彻执行相关的法律法规、规章制度、规范规程、技术标准的规定。贯彻执行按质量、环境、职业健康安全管理体系文件的要求。全面负责项目的技术质量工作。

（2）根据公司质量管理体系文件的规定，审查、签署有关文件和图纸。

（3）负责组织和管理工程设计的组织接口和技术接口，明确专业间联系配合时间节点、内容等要求，协调工程中专业接口的问题。

（4）对工程原始资料进行搜集、分析、研究，组织并带领技术人员进行现场踏勘和野外勘测工作。

（5）负责工程设计的计划制订、进度整体控制、工程外部联系和协调、内部专业间的工作协调。

（6）组织落实设计基本条件和各种协议文件的要求，组织收集和审定主要原始资料，创造开工条件。

（7）负责项目设计方案的论证比较，组织有关专业讨论设计方案，确定工程的综合技术原则和方案，确保工程的综合技术经济指标先进、合理。

（8）负责组织召开项目的启动会和设计评审会，组织落实设计确认的意见。

（9）在项目实施过程中负责组织做好各阶段的记录，并负责编制项目成果文件。

（10）参加工程审查会和组织施工投产后的设计回访，检查工地代表（简称工代）工作，总结设计经验，编写工程总结。

（11）负责收集各设计阶段的设计资料，整理移交档案室。

二、专业室主管的岗位职责

专业室主管的岗位职责如下：

（1）负责确保本专业室成员在工作中贯彻执行相关的法律法规、规章制度、规范规程、技术标准的规定；贯彻执行质量、环境、职业健康安全管理体系文件的要求。

（2）在公司经理领导下，组织本专业室开展文明生产，对本专业室的日常管理工作全面负责。

（3）根据公司下达的生产任务，编制工作计划，合理配备、协调资源，确保任务按计划、保质保量完成。

（4）负责本专业内部人员工作安排和外部工作协调。

（5）审核本专业收资提纲、收资报告、施工图卷册作业指导书、各阶段图纸。审签对外提出的配合资料，协助主要设计人解决专业间配合存在的问题。

（6）审定本专业的主要技术原则、计算原则、方法和设计方案。审查重要的原始资料、数据和计算书，解决本专业的技术问题，指导本专业的勘测设计。

（7）及时选派工代做好现场服务。定期深入工地指导工代做好技术交底，及时处理工代提出的有关技术问题。

（8）组织拟定专业技术发展规划，并组织实施，负责本专业技术人才的培养。

（9）负责组织专业室按规定做好工程档案的立卷归档工作。

三、主要设计人的岗位职责

主要设计人的岗位职责如下：

（1）贯彻执行相关的法律法规、规章制度、规范规程、技术标准的规定；贯彻执行质量、环境、职业健康安全管理体系文件的要求。

（2）在专业室主管领导下，负责本专业设计的组织和策划工作。在所承担的项目设计中服从项目设总领导，并对所承担的设计工作的质量和进度全面负责。

（3）在项目设总统一安排下，组织收集验证本专业的设计输入、技术接口资料，落实开展工作条件，对资料的完整及正确性负责。

（4）在项目设总及专业室主管的领导下，制订项目中本专业的设计计划，并组织实施。负责编写卷册作业指导书，必要时编写本专业的创优目标和创优措施计划。

（5）负责本专业设计文件的编制工作，组织方案研究和技术经济比较，提出技术先进、经济合理的推荐意见。

（6）负责本专业与有关专业的联系配合，以及本专业内部各设计人员间的联系配合，负责内部、外部接口资料的提出与接收。验证并签署本工程本专业相关文件、图纸和计算书，校对专业间互提资料及组织图纸会签。

（7）协助项目设总做好与本专业有关的对外联系和协调配合工作。

（8）协助工地代表向生产、施工单位进行技术交底。归口处理施工、安装、运行中的专业技术问题。参加项目设总组织的工程设计回访，编写本专业回访报告。

（9）做好工程各阶段本专业的技术文件资料的立卷归档工作。

（10）负责编写（或组织编写）工程各阶段本专业的设计（或工程）总结。

四、设计人的岗位职责

设计人的岗位职责如下：

（1）贯彻执行相关的法律法规、规章制度、规范规程、技术标准的规定；贯彻执行质量、环境、职业健康安全管理体系文件的要求。

（2）根据公司下达的设计任务，在项目设总、专业室主管、主要设计人指导下，积极主动按照生产计划、项目设计计划、专业卷册作业指导书的要求，保质保量完成所分配的工作，并对质量和进度负责。

（3）负责运用正确的设计输入和设计方法进行具体设计工作，并按规定签署设计文件，对设计成品质量控制负直接责任。

（4）负责专业间联系沟通的工作，签署提供外专业资料，接收并验证外专业资料，对资料的正确性和完整性负责。

（5）根据主要设计人委托，参与讨论和本人承担的卷册或项目的有关会议。会签外专业与本人承担的卷册或项目的有关的文件和图纸。

（6）协助主要设计人就本人承担的项目设计文件向施工单位进行技术交底。

（7）根据工作安排，担任项目工代。

（8）负责整理移交所负责部分的设计资料。

五、校核人的岗位职责

校核人的岗位职责如下：

（1）贯彻执行相关的法律法规、规章制度、规范规程、技术标准的规定；贯彻执行质量、环境、职业健康安全管理体系文件的要求。

（2）根据内部/外部接口资料、原始资料、项目审查意见、法律法规、规范、设计计划等设计输入文件，按本章第六节规定全面校核设计人的设计成品，对验证中发现的问题认真填写验证记录，并按规定签署设计文件，对所校审的设计文件负责。

（3）根据公司下达的设计任务，在专业室主管、主要设计人指导下，执行专业室生产计划，保质保量完成所分配的生产任务，并对工作质量和进度负责。

第二节　设计阶段划分及相应工作要求

根据建设项目开展时序和相应的工作内容，将设计阶段划分为可行性研究设计（编制）、初步设计、施工图设计、竣工图编制阶段。输变电工程各阶段设计必须贯彻国家的技术政策和产业政策，依据相关法律、法规、规章，执行各专业的有关设计规程和规定。在输变电工程建设中积极采用“三通一标”（通用设计、通用造价、通用设备，标准工艺），“两型三新一化”（资源节约型、环境友好型，新技术、新材料、新工艺，工业化），以优秀的设计产品和服务助力坚强智能电网建设。

一、可行性研究设计（编制）阶段

编制可行性研究报告应以审定的电网规划或审定的电源送出方案为基础。电网工程设计应采用通用设计方案、通用设备及通用造价，对确实不能采用的

可行性研究报告应进行专题论述。

可行性研究应包含电力系统一次、电力系统二次、站址选择及工程设想、线路工程选线及工程设想、节能降耗分析、环境保护和水土保持、投资估算及经济评价等内容。因工程引起的拆除需明确设备范围及处理方式。

（1）在电网规划的基础上，应对工程的必要性、系统方案及投产年进行充分的论证分析，提出项目接入系统方案、远期规模和本期规模。

（2）提出影响工程规模、技术方案和投资估算的重要参数要求。

（3）提出二次系统的总体方案。

（4）新建工程应有两个及以上可行的站址，开展必要的调查、收集资料、现场踏勘、勘测和试验工作，进行全面技术经济比较，提出推荐意见。

（5）新建线路应有两个及以上可行的路径方案，开展必要的调查、收集资料、勘测和试验工作，进行全面技术经济比较，提出推荐意见。大跨越工程还应结合一般段线路路径方案进行综合技术经济比较。

（6）投资估算应满足控制工程投资要求，并与通用造价、限额指标进行对比分析。

（7）财务经济评价采用的原始数据应真实可靠，测算的指标应合理可信。

（8）根据国家有关规定，应取得县级及以上的规划、国土等方面协议。视工程具体情况落实文物、矿业、军事、环境保护、交通航运、水利、海事、林业（畜牧）、通信、电力、油气管道、旅游、地震等主管部门的相关协议。

（9）设计方案应符合国家环境保护和水土保持的相关法律法规要求。选择的站址、路径涉及自然保护区、世界文化和自然遗产地、风景名胜区、森林公园、地质公园、重要湿地、饮用水水源保护区等生态敏感区及文物保护单位时，应取得相应主管部门的协议文件。

（10）可行性研究报告应包含方案的节能分析及防灾减灾分析等相关内容，包括系统设计、变电设计及线路设计的节能分析及变电站、线路的防灾减灾设计要求。

二、初步设计阶段

设计文件的编制应遵守国家及有关部门颁发的设计文件编制和审批办法的规定。设计文件的编制应执行国家规定的基本建设程序。核准的可行性研究报告和设计基础资料是初步设计的前提条件。

1. 初步设计文件

初步设计文件包括：

（1）设计文件总目录。

（2）设计说明书。

（3）设计图纸。

（4）主要设备材料清册。

（5）概算书。

（6）勘测报告。

（7）专题报告（需要时）。

（8）附件。

2. 初步设计文件编制的一般要求

初步设计文件编制的一般要求如下：

（1）说明书、设备材料清册和概算书宜按A4版面出版。设计图纸不宜大于1号。设计说明书应包括设计总说明、各专业设计说明。初步设计文件的内容包含封面（写明项目名称、设计阶段、编制单位、编制年月）和扉页（写明设计人、校核人、审核人和批准人，并经上述人员签署或授权盖章）。

（2）对于改建、扩建工程，应说明已建工程建设及规划情况。图纸应采用规定的图线标明已建、本期和远期规模。

（3）设计说明书、设计图纸原则上不分专业成册。对于规模较大、设计文件较多的项目，设计说明书和设计图纸可按系统、电气、土建等分别成册。

（4）初步设计文件中应包含外委项目的初步设计文件，主体设计单位应负责概算汇总。

（5）对于设计中的重大问题，应进行多方案（宜为两个或以上）的技术经济综合比较，并提出推荐方案。当进行专题论证时，应对各方案中各专业的技术优缺点、工程量及技术经济指标做详细论述。如做经济比较时，应做到概算深度。

3. 初步设计内容深度

初步设计内容深度应满足以下几方面的要求：

（1）设计方案的确定。

（2）主要设备材料的确定。

（3）土地征用。

（4）建设投资管理。

（5）施工图设计的编制。

（6）施工准备和生产准备。

三、施工图设计阶段

1. 施工图设计文件要求

设计文件必须符合国家有关法律法规和现行工程建设标准规范，必须符合电力行业技术标准和国家电网有限公司企业标准的规定，其中的强制性条文及反事故措施必须严格执行。设计文件应遵守国家及其有关部门颁发的设计文件编制和审批办法的规定。设计文件应执行国家规定的基本建设程序。批准的初步设计文件、初步设计评审意见、设备订货资料等设计基础资料是施工图设计的主要依据。

2. 施工图设计文件

施工图设计文件应包含的内容如下：

（1）施工图设计总说明及目录。

（2）主要设备材料清册。

（3）施工图预算书。

（4）勘测报告（水文气象、岩土工程等报告）。

3. 施工图设计内容深度的基本要求

施工图设计内容深度的基本要求如下：

（1）施工图设计文件，应内容规范齐全、引用标准正确、表达方式一致、方案表达简明。

（2）施工图设计文件，应能正确指导施工、方便竣工验收、保证运行档案正确齐全。

（3）施工图设计文件，应满足设备材料采购、施工招标、业主单位管理、施工和竣工结算的要求。

（4）施工图设计文件各部分具体的设计及计算深度要求，在本规定各章节中各部分内容中分别说明。

（5）各专业计算书不属于必须交付的设计文件，但应按照本规定有关条款的要求编制并归档保存。

四、竣工图编制阶段

工程竣工后，设计单位应按合同约定编制竣工图。

竣工图编制应符合下列规定：

（1）竣工图阶段应重新编制全套图纸，竣工图文件编制应充分反映设计变更文件的信息。

（2）新绘制的图纸卷册编号和图纸流水号、图纸图标同原施工图，其中“设计阶段”栏由“施工图设计”改为“竣工图编制”，相应代字由“S”改为“Z”。若有新增图纸，其编号在该册图纸的最后一个编号依次顺延。

（3）应在卷册说明、图纸目录和竣工图上逐张加盖监理单位相关责任人审核签字的竣工图审核章，单位为 mm（见图 1－1）。

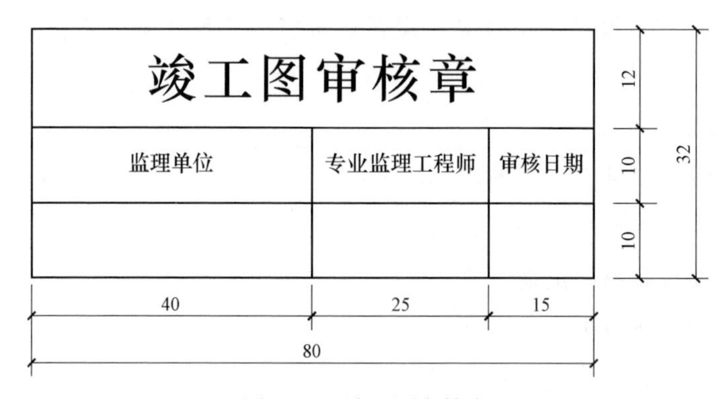

图 1－1　竣工图审核章

（4）应编制竣工图总说明、卷册说明和图纸目录。总说明及分册说明也应像卷册图纸一样予以编号，编号方法同卷册图纸的编号，但其中设计阶段代字用“Z”表示，总说明的设计专业代字用“A”表示（综合部分）。竣工图编制总说明的内容应包括竣工图涉及的工程概况、编制人员、编制时间、编制依据、编制方法、变更情况、竣工图张数和套数等。各卷册说明应附有本册图纸的“修改清单表”，表中应详细列出“变更通知单”清单编号，无修改的卷册应注明“本卷无修改”。

（5）竣工图内容应与施工图设计、设计变更、施工验收记录、调试记录等相符合，应真实反映项目竣工验收时的实际情况；各专业均应编制竣工图，专业之间应相互协调，相互配合；在各分册竣工图中，对于发生变更部分的内容，各相关图纸的变更表示应相互对应一致。

（6）竣工图编制完成后，应对竣工图的内容是否与设计变更的有关文件、施工验收记录、调试记录等相符合进行审核。

（7）竣工图的审核由设计人（修改人）编制完成后，经校核人校核和批准人审定后签字。

（8）竣工图文件的编制参照《电力工程竣工图文件编制规定》（DL/T 5229）、《国家电网有限公司电网建设项目档案管理办法》［国网（办/4）571－2018］。

（9）竣工图应按《技术制图复制图的折叠方法》（GB/T 10609.3）的规定统一折叠。

第三节 设计过程控制

一、设计策划

在接到中标通知书或委托书后，分管副主任组织开展产品和服务要求确定和评审，并提出项目设总人选，报主管领导批准。分管副主任下达“项目设计任务单”（见附录B1）。

开始设计之前，项目设总应根据项目的特点、顾客或合同要求、主要设计原则、各种风险进行策划等，与专业室主管协商并确定各专业主要设计人、设计人、校核人，策划须重点考虑以下内容：

（1）设计活动的性质、持续时间和复杂程度；

（2）所需的过程阶段，包括适用的设计评审；

（3）所需的设计验证、确认活动；

（4）设计过程涉及的职责和权限；

（5）产品和服务的设计所需的内部、外部资源；

（6）设计过程参与人员之间接口的控制需求；

（7）顾客及使用者参与设计过程的需求；

（8）对后续产品和服务提供的要求；

（9）顾客和其他有关相关方所期望的对设计过程的控制水平；

（10）证实已经满足设计要求所需的成文信息。

1. 项目设计计划的编制

“项目设计计划”（见附录B2）由项目设总负责编制。在可行性研究、初步设计和施工图设计三个阶段，应编写项目设计计划，其主要内容包括以下方面

（但不限于）：

（1）项目名称及编号。

1）项目名称：依据“项目设计任务单”给定的项目名称编写。

2）设计编号：依据“项目设计任务单”给定的项目编号编写。

3）设计阶段：依据“项目设计任务单”给定的项目设计阶段编写。

（2）设计依据。

1）“项目设计任务单”；

2）顾客委托书、设计招投标文件或设计合同；

3）设计审批部门对前一阶段设计成品的确认文件；

4）适用的法律、法规、规章、管理和技术标准等。

列入设计依据的文件一般应有文号、名称、发文单位（签章）和时间。

（3）设计范围及规模、分工。

1）设计包括的范围及规模，包括功能和性能要求、参数、电压等级、线路长度和路径、出线回路数、变压器容量和台数、无功补偿容量等；

2）设计不包括的范围；

3）需供方提供的部分；

4）相关项目之间的设计分界，如变电与送电之间的设计分界。

（4）主要设计原则，阐明：

1）系统规划与站址总体规划，线路路径选定原则，大跨越的设计原则；

2）变电站总平面布置和竖向规划原则，进出线规划布置原则；

3）与地方、军事、通信、工业、农业及远近期规划的关系；

4）主要工艺系统设计和设备选择（一次、二次、通信、远动）原则；

5）主要建（构）筑结构选型和地基处理；

6）用水、环境保护、消防；

7）对优化设计方案提出的具体要求或注意的问题；

8）对推广新技术，采用新工艺、新设备、新材料的要求；

9）对项目或对某专业或对某专项技术问题的特殊要求。

（5）项目质量、环境和职业安全健康管理目标及保证措施。

1）质量目标。质量目标是本项目设计文件拟达到的各项质量特性要求，以及主要的技术经济指标，可考虑以下内容（但不限于）：

——变电项目。单位造价：元/kVA。站区占地：hm^2。全站总建筑面积：m^2 等。

——输电项目。单位造价：元/km。单位钢材消耗量：t/km。单位混凝土消耗量：m^3/km 等。

2）质量目标保证措施。质量目标保证措施包括项目拟达到的主要技术经济指标、类似项目设计质量信息的借鉴和应用、具体项目特殊问题处理办法、注意事项、保证质量的预防措施、设计文件的编制要求等，如：

——严格执行国家相关的法律法规、项目建设强制性标准条文、行业技术标准和其他要求等，保证设计深度符合相关规定要求。

——认真执行公司质量管理体系有关的程序文件、作业文件及内部管理标准。

——具体措施应结合项目实际、技术质量要求、创优要求等。如：如何做好设计方案论证、技术接口设计、设计验证、设计评审等环节的管理；采用哪些成熟的典型设计或通用设计、成熟的新技术、新工艺、新材料等；本项目设计关键技术和薄弱环节及其控制措施；确定采纳的以前设计提供的质量信息，以防止质量问题的再发生和注意克服的设计常见病等。

——特殊质量措施。为特定的技术要求和条件而采取的特殊质量保证措施，如：增加设计评审次数或进行专项评审；邀请施工、运行、安装专家参加设计评审；限额设计控制项目造价。

——针对本项目的风险和机遇识别评价及应对措施。

3）职业健康安全管理目标。职业健康安全管理目标是指针对本设计阶段可能出现的重大风险和重要危险源，设定安全管理目标。如：设计或服务过程中不发生人身伤害、健康损害；设计最终产品符合有关职业健康和安全生产的法规要求，不发生因项目设计原因造成的生产安全事故。

4）环境管理目标。环境管理目标是指针对本设计阶段可能出现的重要环境因素和实际或潜在环境影响，设定环境管理目标。如：设计或服务过程中不发生不利环境影响和环境污染事故、注意保护环境和节能降耗；设计最终产品符合适用的环境法规要求，不发生负直接责任（设计原因）的环境污染事件、事故。

5）环境和职业健康安全管理目标保证措施。

a. 严格执行国家适用的环境和职业健康安全法律法规、项目建设强制性标准条文和其他要求等，保证履行合规义务。

b. 认真执行公司环境和职业健康安全管理体系文件，注意节约用地、节能降耗、环境保护、资源综合利用的要求，避免因设计原因导致的不良环境影响和生产安全事故。

c. 设计中认真考虑施工安全操作和防护的需要，对涉及施工安全的重点部位和环节在设计文件中注明，并对防范生产安全事故提出指导意见；在采用新结构、新工艺、新材料时，设计文件中应提出保障施工作业人员安全和预防生产安全事故的措施建议。

d. 在设计和现场服务过程中，对项目的环境因素和危险源进行识别与评价，并落实控制措施。

e. 在现场踏勘、选站址和选线、工地服务过程中。熟悉有关的现场处置方案，掌握事故及风险特征、预防措施和应急响应程序，避免发生人员高处坠落、物体打击、触电、交通事故、火灾、食物中毒等，不发生不利环境影响及环境破坏、人身伤害及健康损害。

（6）人员组织。根据项目规模及阶段的不同要求配备符合资质要求的各专业设计人员、校核人和工代人员，并列出人员名单。

（7）项目进度计划。应根据合同或项目通知单的规定编写，并具体规定专业资料接口，包括互提资料名称、提资时间、收发专业，项目各专业设计完成日期，设计评审、设计验证和成品交付的时间等。以上设计活动（但不限于）应在计划中明确负责人或责任人。

（8）设计输入。

1）设计依据性内容；

2）主要原始资料、顾客提供资料和供方提供的产品，包括主要气象资料和有关的基础技术资料；

3）内部接口资料；

4）以前类似项目设计信息（已经证明有效的和必要的要求）；

5）假定设计条件。

（9）设计文件编制要求。明设计文件内容深度、章节编写格式、编写分工、图纸编号、出版日期等，必要时编制文件编写提纲。

（10）设计评审、验证和确认。

1）设计评审时机、内容和参加人员等安排；

2）设计验证的要求；

3）设计确认的时机、方式和参加人员安排。

（11）项目文件与资料的标识、控制及归档要求。

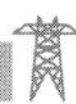

（12）附件目录：列出为实施项目设计计划增加的补充文件目录。

2. 项目设计计划修改

随着设计工作的进展，设计计划应及时进行修正和调整。在执行过程中，如果需修改项目设计计划中的设计原则、因客观原因必须调整设计进度或变更主要设计人员，那么由设总提出修改填写“项目设计计划修改记录单”（见附录B3）。由分管副主任批准签署，且由设总负责通知有关专业主要设计人。

3. 项目设计计划的审批与归档

（1）“项目设计计划”由设总负责编制，分管副主任审核，主管领导批准，分发至各专业室主管、主要设计人。

（2）项目结束后，设总负责将“项目设计任务单”“ 项目设计计划”及其修改记录一并归档。

4. 项目启动会

（1）综合性工程项目，项目启动会由设总组织、分管副主任主持，各相关专业室主管、主要设计人参加。

（2）小型项目（110kV及以下项目、单一专业项目），一般情况下不召开项目启动会，前期收资调查中因项目情况复杂或特殊，设总应及时将信息上报分管副主任，必要时召开项目启动会。

（3）项目启动会以会议形式召开，由项目设总负责会议记录整理，并形成会议记录。项目启动会后，及时下达“项目设计计划”。

5. 编制卷册设计任务书

在各设计阶段，在卷册设计开始前，主要设计人依据项目设计计划和专业室主管的要求，确定是否需要编制“专业卷册作业指导书”（见附录B4）。卷册设计任务书内容包括设计依据及条件、主要设计/编制原则、设计及计算内容、内外配合要求、质量信息反馈及其他注意事项等。由专业室主管审批，下达至卷册负责人。

6. 内部和外部技术接口

（1）内部组织和技术接口。

1）各专业主要设计人应按设总的安排开展工作。参与工程设计的各专业工作范围按本章第四节规定执行。

2）各设计专业间的联系配合，按本章第五节规定执行。互提资料应填写“专业间互提资料单”（见附录B，表B5），通过电子设计管理系统或书面方式传递，作为联系配合的依据保存。具体要求如下：

a. 各专业提出资料由卷册负责人提出，经主要设计人、专业室主管校审后提交给接收专业。

b. 接收专业应由主要设计人评审签收。接收专业若发现专业资料有异议时，返回提资人，若影响到工期时，应及时反馈给设总协调。

c. 各提资专业主要设计人负责按规定组织专业图纸会签，并对会签的正确性负责。

d. 当设计方案已确定，但专业资料不全又急于设计时，提资专业提出参考资料，并在提资单上注明“假定”，并跟踪落实。当正式资料到达后应对假定资料确认并记录。当正式资料未到达，顾客要求先提供一版设计资料时，应在设计图纸上加盖“仅供参考图”章，不作为正式成品。

3）设计与测量的接口。

a. 由专业主要设计人提出“工程测量任务书”（见附录 B，表 B6），经专业室主管校审，设总审批后交至勘测室。

b. 测量人员完成测量成品经各级校审后，将电子版文件提交委托专业，委托专业主要设计人在《工程测量任务书》上确认签署。

（2）外部组织和技术接口。

1）外部组织一般有供方、协作（联合设计）单位及顾客（顾客有参与设计过程的需求），公司和参与设计过程的单位之间的顾客、供方、联合设计单位等的接口为外部接口，综合性外部接口由设总协调沟通，专业性外部接口由主要设计人负责协调沟通。

外委项目与公司设计分工及接口按《外部提供过程、产品和服务控制程序》的规定执行。

2）外部组织与技术接口一般包括（不限于）：

a. 互相传递书面信息的内容、职责和进度。

b. 联系渠道和方法（如联络会议）。

c. 外委项目及联合设计单位、顾客与公司的设计分工及技术接口计划。

3）顾客提供的工程项目设计原始资料由设总负责组织有关人员接收和评审。综合性资料由设总评审，分管副主任批准；专业资料由主要设计人评审，专业室主管批准。

4）设计成品出版后提交设总上报审批或交付。

5）技术协议由主要设计人或专业室主管负责签署，加盖公章，项目结束后

由主要设计人归档。

二、设计输入

1. 设计输入要求

设计输入是设计的主要依据和制约条件，设计输入应正确、完整、清楚，满足设计目标和要求。设计输入一般在“项目设计计划”和“设计（勘测）输入评审/验证记录”（见附录B，表B7）中表述，确保设计输入的充分性和适宜性。设计输入内容一般如下：

（1）顾客提供的基础资料、设备资料及市政规划建设批文。

（2）设计依据性文件，包括：① 设计合同及其评审结果、设计委托书、设计任务通知单、经批准的设计计划；② 上一设计阶段的设计输出及其上级的设计确认、批复文件（包括政府主管部门审查意见或顾客确认意见）等。

（3）适用的法律法规和技术标准，包括项目建设标准强制性条文等。

（4）技术接口资料，包括：① 项目的功能和性能要求，建设规模、容量等技术参数要求；② 新规范、新技术、新工艺、新设备、新材料、新设计方法；③ 各类计算机软件的采用；④ 专业之间的接口资料。

（5）设计原始资料，包括水文、气象、地形、地质、测量、文物、矿藏、军事设施、交通、环保、线路跨越、电力负荷、电力系统、城市规划、站址周围社会概况等资料。

（6）选用设备的厂家及设备图纸、技术协议及其他有关资料。

（7）以前类似项目建设及设计的有关信息。

1）设计套用标准设计、典型设计及项目实践证明优秀的设计图纸，是提高设计质量和效率的重要手段，但应注意套用条件，对所套用的图纸应重新进行设计校审。

2）应用以往设计质量反馈信息，包括来自顾客、施工单位、运行单位的各类设计质量信息。

（8）由产品和服务的性质所导致的潜在失效后果，如生产安全事故、顾客不满意等。

（9）与产品质量、环境和职业健康安全有关的信息，如风险、环境因素、危险源识别评价及控制措施等。

（10）本项目顾客在专业技术上的特殊要求和其他要求。

当设计输入因某种原因引起变更需要修改时，应以书面形式通知相关专业人员。

2. 项目设计原始资料收集

（1）对于新技术、新设备及其他技术问题，需要开展收资调研时，应由设总或主要设计人拟订收资提纲，填写“设计（勘测）输入评审/验证记录”，由设总编制，分管副主任批准。专业性收资提纲由主要设计人拟订，报室主管批准。

（2）原始资料验证：资料收集人应对收回的资料整理、编目，将收集资料的成果形成书面意见，并对资料适用性提出意见，填写在“设计（勘测）输入评审/验证记录”中，综合性资料由项目设总评审，分管副主任批准使用；专业性资料由专业主要设计人评审，专业室主管批准使用，确保输入资料的正确性。套用图纸应由专业项目师评审其适用性。

项目/专业设计输入资料，分别由设总/专业主要设计人负责保存并归档。

（3）原始资料收集范围一般包括以下内容：

1）项目设计基础资料（如水文、气象、环保等）。

2）新规范、新技术、新工艺、新设备、新材料及新系统、新布置、新设计方法。

3）各类计算机软件的采用。

4）经过生产、运行考验的项目设计参考资料，并注意收集顾客的意见及其反馈信息，收集来自施工单位、运行单位的各类设计质量信息。

5）收集主要设备厂商的各种设备资料。

6）其他资料。

3. 例外转程控制

（1）在设计过程中，往往由于客观条件不具备，无法及时获得项目设计真实的设计输入资料，为满足项目进度的需要，需采用假定的资料以开展设计工作，在获得真实资料后再对设计进行验证或必要的修正，此办法称为例外转程。

（2）例外转程的申请与认可。在设计过程的任一阶段或任一专业的任一步骤中，当真实设计资料一时难以获得，可以参阅有关项目资料假设本次的设计输入资料（包括设计原则、设备厂家等），待正式资料收到后再进行核对修正。在各专业进行资料交接时，必须在“专业间互提资料单”（见附录B8）上注明“假定”。

（3）当获得真实资料后，专业设计人或设总应将真实资料与假设资料进行对比、分析，如果相符，原设计不做任何修改，如果有不符之处，专业设计人或设总应通知相关设计人员对原设计进行相应修改，甚至重新设计出图，并由专业室主管审核、由分管副主任核实批准。

（4）无论按假设资料进行设计或当真实资料获得后修改设计，其过程控制、接口程序、验证程序均应遵守正常程序进行，设总应进行跟踪管理。

三、设计控制

1. 总要求

在确定设计输入后，项目组应按照设计计划实施和控制设计活动，以确保设计过程有效，控制内容包括规定设计活动拟取得的结果、开展设计评审、设计验证、设计确认活动，以及针对评审、验证和确认活动中发现问题所采取的对策。

设计评审、验证和确认具有不同目的。根据公司产品和服务的具体情况，可单独或以任意组合的方式进行。

2. 设计评审

（1）在项目各设计阶段的适当时机，要有计划地对设计结果进行正式的评审，并填写“设计评审记录”（见附录B9）。设计评审一般在下列时机进行：

1）可行性研究阶段，在现场踏勘完毕形成初步方案后进行评审。

2）初步设计阶段，在形成初步设计方案后进行评审。

3）施工图设计阶段，在主体专业总图设计完成后进行评审。

（2）设计评审是为评价设计结果满足要求的能力，识别问题并提出解决办法。一般包括（但不限于）以下内容：

1）是否符合国家有关的法规、建设项目标准强制性条文、技术标准、规范和其他技术管理文件的要求。

2）是否符合合同规定和标书条款的要求及顾客要求，是否符合前阶段设计确认（审批）意见和本阶段的项目设计计划要求。

3）是否符合设计阶段内容深度的要求。

4）主要技术原则和设计方案是否恰当。

5）内部接口（各专业间接口、专业内部接口）和外部接口是否正确。

6）设计要求与施工安装技术条件是否具有相容性。

7）主要技术经济指标是否合理。

8）设计更改对顾客和相关方的影响及采取的措施是否适宜。

（3）设计评审由设总组织，由分管副主任主持，由专业室主管、专业主要设计人员等参加，特殊项目聘请内外部专家等代表参加，并在评审记录上签到，主持者应对评审中的问题做出裁定。项目设总应填写“设计评审记录”，并报分管副主任批准。设计评审中提出问题和措施，相关主要设计人负责落实设计评审意见，由设总记录实施情况，并保存评审记录。必要时由专业室主管组织进行专业评审。

3. 设计验证

（1）为确保设计输出满足输入的要求，应依据设计计划的安排对各设计阶段的产品全部进行验证。

（2）一般情况下，设计成品的校审已达到设计验证的要求。当建（构）筑物的地基复杂，采用新技术、新设备、新型结构设计等，除了规定的各级设计校审外，必要时还应进行专门的设计验证：

1）将输入要求与过程的输出进行比较。

2）采用比较的方法，如变换方法进行计算比较，采用不同的计算机软件计算比较。

3）对照类似的设计和以往的项目经验进行评价。

4）进行现场试验和证实（如人工地基、新型杆塔设计等）。

（3）设计验证按照各级岗位职责逐级校审，详见本章第六节，在验证中，各级校审人员提出校审意见，填写“成品校审记录”（见附表B10）。设计人必须逐条修改落实，在执行栏打“√”标识，校审人核对后也应在执行栏打“√”标识。校审人在校审意见栏最后一条校审意见后签署姓名和日期形成闭环。对校审意见有异议时，经协商后，若同意设计人意见的，校审人应在校审记录单的执行栏进行签署；若经协商意见仍不统一，由上一级裁定，仲裁人在校审意见栏签署意见、姓名和日期。

（4）质量评定。质量评定阶段单元包括：

1）可行性研究报告及附图。（附图分专业）。

2）初步设计文件［包括说明书、图纸（分专业）、概算书、设备材料清册］。

3）施工图设计文件［包括说明书、图纸（分专业）、预算书、设备材料清册（按卷册）］。

设计成品质量的评定标准，参照 DLGJ 159.6—2001《电力设计成品质量评定办法》执行。

4. 设计确认

（1）为确保产品能够满足规定的使用要求或已知的预期用途的要求，按照国家规定或合同要求，项目可行性研究及初步设计阶段的设计成品由项目的主管部门或授权机构组织审查会议，进行设计确认，由主审部门出具审查纪要作为设计确认的结果。设总负责组织各专业设计人员参加设计审查会，并落实审查会意见。确认后才能继续进行下阶段的工作或提交使用。

（2）项目施工前，设总应根据“项目设计计划”或现场进度安排，组织各专业主要设计人参加由建设单位（或其代表）组织的施工图设计文件会审（施工图设计交底），解释设计意图，采纳合理意见，进行设计确认。由会审各方签署的审查纪要作为设计确认的结果予以执行。

（3）设总应组织各专业主要设计人、有关验证人员做好准备，参加设计确认，在审查确认过程中充分解释设计意图和答疑，并在必要时参加调试、试运行。

（4）当设计产品和服务不能全部满足顾客要求时，主要设计人应采取更改或重新设计等有效的纠正措施，并将更改或重新设计的产品提交给顾客进行再确认。

（5）当设计确认的正式文件不能及时得到时，可以确认会议记录作为假定设计条件开展设计或现场服务。

四、设计输出

（1）设计输出要形成文件，并应以能够针对设计输入要求进行验证和确认的方式表达。设计输出文件一般包括：

1）二维、三维设计图纸、计算模型。

2）说明书。

3）设备材料清册。

4）概、预算书。

5）专题论证报告书（需要时提供）。

6）技术规范书（需要时提供）。

7）计算书（除合同规定外，一般不对外提供）。

8）招、投标文件（需要时提供）。

（2）设计输出文件必须符合下列要求：

1）满足设计输入的要求。

2）对于产品和服务提供的后续过程是充分的。

3）包括或引用监视和测量的要求，适当时，包括接收准则。

4）设计输出的内容、深度、格式应符合规定要求。

5）规定对于实现预期目的、保证安全和正确提供（使用）所必需的产品和服务特性。

6）三维设计模型和三维设计数据一致性和完成性；各专业间和专业内部碰撞检测针对模型进行；模型设计深度满足要求。

（3）设计输出文件送交出版前，应按设计验证的要求经各级校审人员校审并签署。设计输出文件在发放前应经过审批。

（4）假定资料的设计输出。

1）因设备资料不全等原因而假定资料设计的施工图分册，在正式资料到达之前，原则上不能交付给用户。如确因施工准备工作急需参考，应在施工图中注明“因××设备资料不全，仅供参考”字样，并在施工图交底时给予说明。

2）正式设备资料到达后，设计人应立即进行核对，如与原认可的资料不符，应及时修改原设计，重新校审，通知有关专业进行相应的修改，并报设总。还应将原参考图全部收回，当正式图纸交付时，应在交底时说明修改处。

五、设计产品的标识

（1）通过产品标识、项目原始资料的归档、保存产品的验证记录和产品的发放记录，以实现产可追溯性。

（2）项目设计产品的标识如下：

1）项目代号、卷册检索号及图纸编号执行本章第七节规定。

2）纸管理图标和说明书、概（预）算书、计算书等设计文件的封面标志（注明公司名、项目名称、设计阶段等）。

3）项目专用章。设计文件封面、设计变更通知单等盖公司出版专用章。

4）用章、日期。设计图纸和项目文件出版标注日期，便于可追溯。

（3）项目设计图纸、说明书、概（预）算书、计算书的校审及会签的签署，作为产品检验状态的标识。

六、设计更改

（1）应识别、评审和控制产品设计期间及后续所做的设计更改，以便避免不利影响，确保符合要求。

（2）设计更改的原则。

1）必须说明发生设计更改的原因。

2）必须全面评估设计更改可能产生的影响及涉及的范围。

3）设计更改一般由原设计、验证、批准的人员进行或由被授权人员完成。

4）设计更改一定要有书面记录，并把更改的资料及时送有关单位，并及时归档。

5）未按程序的更改是无效更改，由此产生的问题由当事人负责。

（3）设计更改的原因。设计更改是指各设计阶段已经评审、验证或确认的设计结果的更改，一般包括：

1）在设计过程中后续阶段发现设计的差错或不适宜。

2）重要设计资料的变化。

3）顾客要求的更改。

4）安全性法规或其他社会要求改变。

5）在设计完成后发现难以进行施工或安装。

6）设计完成后，现场环境及条件发生变化或与设计资料不符。

（4）设计更改的控制。

1）上一阶段的审查意见及顾客的合理要求，可在下一设计阶段执行，或通过设计收口等方式进行更改。

2）一般性的设计更改由设计人填写 “设计变更登记单”，必要时再附修改图纸。在“工程设计变更登记单”上应注明修改的内容及原因，设计修改涉及其他专业时，相关专业人员在“设计变更登记单”上会签，工代/设计人同时填写“设计变更审批单”“设计变更审批单”，由设总、项目管理、施工单位、监理等单位代表多方签署确认。

3）涉及技术政策标准的更改或原审批方案的重大变化（改变原设计所确定的原则、方案、规模等）按重大设计变更处理。

（5）设计变更补充和修改的图纸，在竣工图阶段重新绘制竣工图。

七、设计流程图

一般的项目设计流程，如图 1–2 所示。

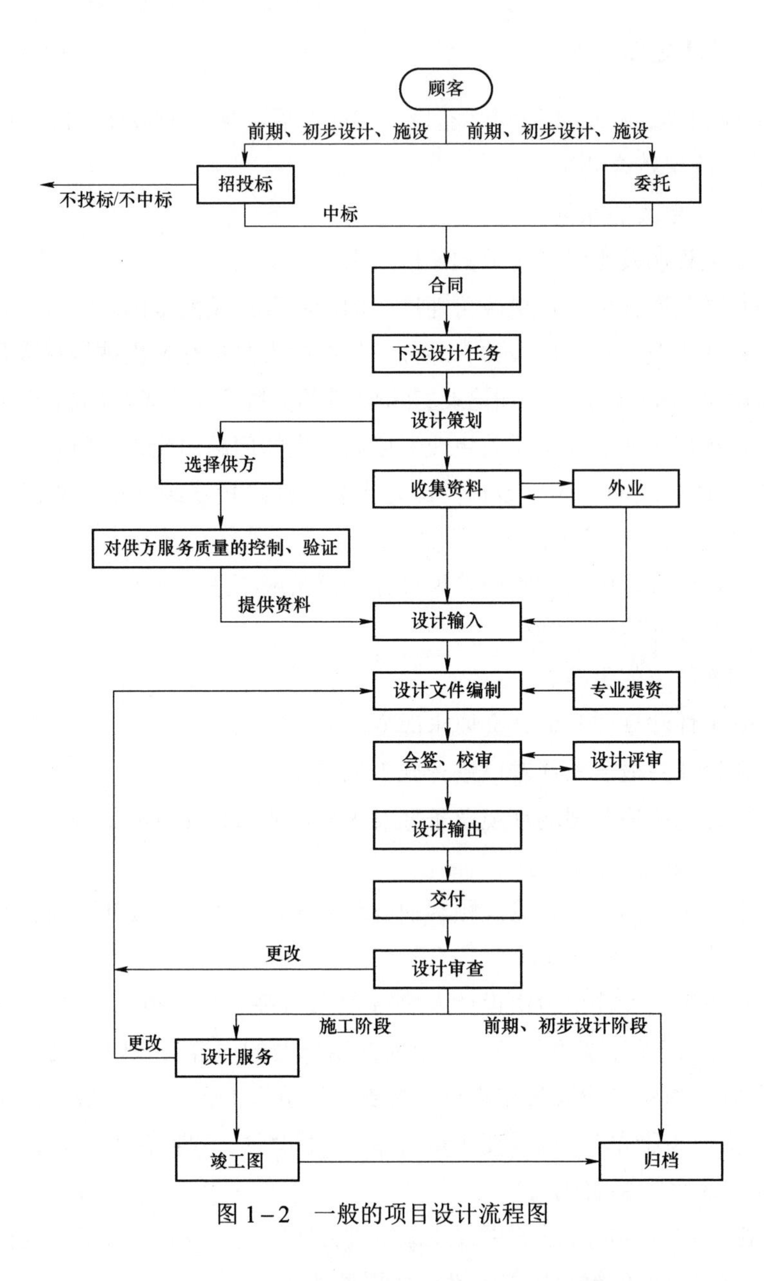

图1－2　一般的项目设计流程图

第四节　工程设计专业分工管理

各专业具体分工见表1－1和表1－2，表内所列为常规情况，对于部分工程中遇到的特殊分工问题，应由工程项目设总根据具体情况裁定。

表 1-1　　各专业分工界限表

序号	项目	专业	分工界限	备注
1	各级电压接线方式	系统一次	一般由系统论证后提出接线建议	
2	各级电压出线间隔排列	系统一次	由系统提供地理位置排列，具体排列由电气一次、线路确定	
3	主变压器型式容量、分接头、调压方式及中性点接地方式等	系统一次	由系统提供型式及参数要求和建议，电气一次具体选型，若有问题再会同系统研究确定	
4	无功补偿容量及型式	系统一次	由系统提供补偿方式容量及接线方式等要求	
5	线路输送功率及母线穿越功率	系统一次	由系统按 5～10 年规划提供远景及本期的母线、线路最大电流及导线规格	
6	消弧线圈	系统一次	提供系统侧近期及远期应补偿的单相接地电容电流及消弧线圈的容量、分接头和调节方式的建议	
7	短路电流计算	系统一次	由系统按 5～10 年规划计算系统侧短路电流、中性点入地短路电流、线路短路电流	
8	系统安稳计算	系统一次	系统安全稳定计算	
9	系统保护配置	系统二次	由系统明确系统侧（包括高压电源进线）的保护方式及设备选型	
10	自动化范围	系统二次	由系统明确调度对本期工程要实现的自动化要求	
11	通信	通信	由系统明确通信组织方式、通信室设备平断面布置、通信电源的要求及设备连接。光缆通信电气一次完成通信室的照明和动力箱的安装设计	
12	通信室	土建	通信提资土建完成留孔和预埋铁件及暖通设计	
13	变电站总平面布置图	电气一次、土建	由电气一次完成电气总平面图，提交土建完成总平面及竖向布置图	
14	电气主接线	电气一、二次	一次专业确定各级电压出线的名称、接线方式、设备规格、主变压器中性点接线方式；二次专业确定互感器配置及参数	
15	配电装置平面（各层平面）图	电气一次	主变压器、各配电装置室、主控制室的布置，按规程要求满足各种电气距离	
16	地下（各层）各种埋管及沟道布置图	电气一、二次，通信，土建	由电气一、二次，通信提资，土建专业完成各种沟道埋管布置	
17	出线相序和偏角	电气一次、线路	由电气一次专业提出出线侧相序、挂线点高度，提交线路专业，线路专业确定最大允许偏角及终端塔位置，特殊情况协商解决	
18	出线架构	线路电气、土建	线路电气提出出线张力、偏角，土建进行架构设计	

续表

序号	项目	专业	分工界限	备注
19	出线间隔	电气一次、线路电气	电气一次开列至出线架构，出线架构以外的绝缘子串由线路专业开列。变电站出线架构外的耦合电容器、电压互感器及其连接线属于电气一次；屋内布置电气一次开列至穿墙套管，线路侧绝缘子串由线路开列	
20	栅栏、网门及设备支架、母线桥架	电气一次、土建	由电气一次专业提资，土建专业设计	
21	电缆线路的避雷器和电缆头布置（变电站侧）	线路、电气一次	线路专业完成设备选型并统计在该专业设备材料表中，电气一次在平断面图中布置并做设备安装图，不统计设备	
22	电缆沟道	电气一、二次，线路电气，土建	站内电力电缆、控制电缆及所外的电力电缆敷设由电气一、二次提资，土建专业设计；站外的电力电缆敷设由线路电气专业提资，线路结构设计，变电、土建专业配合	
23	主变压器、电容器、消弧线圈、防火	电气一次、土建	由电气一次提资，土建完成储油坑及排油设施的设计，消防完成有油设备的自动喷洒设计	
24	变电站避雷针	电气一次、土建	电气一次提资，土建设计	
25	各级电压等级的导线张力、弛度	电气一次、线路	根据各种组合方式计算出在各种工况情况下的导线张力、弛度	
26	铁塔结构设计	线路	由线路电气提出铁塔的设计资料，由线路结构完成铁塔结构的设计图纸	
27	输电线路平断面图及变电站地形图	线路电气、土建、测量	由线路电气、土建专业提出测量任务书，测量完成	
28	选线	线路、测量	由线路电气专业在图上或现场根据具体工程要求进行选线（线路结构、测量专业配合）	
29	现场定线	线路、测量	由线路电气专业确定转角点，线路结构专业配合，测量专业测出坐标和高程	
30	估算、概算、施工图预算文件	技经	各相关专业向技经提资，技经专业与各专业提资相关的成果文件由各专业进行会签确认	
31	变电站站址附着物迁改－电力线路	变电土建、线路、通信	在可行性研究、初步设计阶段对站址范围内电力线路进行搜集资料，主要包括电压等级、线路归属（电网、用户）。管道迁改方案一般由属地单位或用户确定，土建专业负责提供线路现状情况及迁改要求，线路专业对属地单位或用户确定的迁改方案进行专业确认，土建、线路、通信、技经协商合理计列迁改补偿费用。 专业界限划分：变电设总为总负责，所涉及的相关费用计列在变电工程中，线路专业负责相关的技术方案	

续表

序号	项目	专业	分工界限	备注
32	变电站站址附着物迁改–外部通信光缆	变电土建、通信	主要工作：在可行性研究、初步设计阶段对站址范围内架空或埋地光缆进行搜集资料，主要包括光缆资料、光缆归属。管道迁改方案一般由业主协调光缆归属单位确定，土建、通信专业负责提供光缆现状情况及迁改要求，通信专业对属地单位或光缆归属单位确定的迁改方案进行专业确认，土建、通信、技经协商合理计列迁改补偿费用。 专业界限划分：变电设总为总负责，所涉及的相关费用计列在变电工程中，通信专业负责相关的技术方案。 备注：对于天然气等危险气体管道、电力线路、通信光缆施工图阶段设计分工，应根据施工图预算费用划分合理确定。当相关费用划分在四通一平时，需光缆归属单位出具设计委托函或项目管理单位出具工程联系单后，我院参与设计施工图阶段设计任务；当相关费用划分在属地协调费用中时，由属地单位全权负责，施工图阶段设计我院不必参与，但初步设计阶段均需要通信专业提供技术方案支撑概算计列费用	
33	站外电源和临时施工电源	线路、变电、通信	变电设总为总负责，所涉及的相关费用计列在变电工程中，统筹考虑施工监控及变电投运业务调试通道方案。 变电工程的站外电源和临时施工电源，参照输变电工程中的专业划分界限，电源侧以开关柜为界限（敞开式设备以线路侧隔离开关），变电站侧以站用变压器为界限，变电专业负责电气设备部分工作，线路负责架空、电缆部分设计工作。 临时通信光缆部分由通信专业提资给线路、土建，线路设计时统筹考虑	
34	电缆线路工程专业分工	线路、变电	见表 1–2	
35	光缆新建及更换	线路、通信	通信设总为总负责，所涉及的相关费用计列在线路工程中。 通信专业负责光缆路由通道设计、光缆路由开断接续、光缆纤芯确定、进站光缆的路由设计、老旧光缆纤芯提资、管道光缆和槽盒材料的提报。线路专业负责 OPPC、ADSS 光缆设计，以及 OPGW 地线复合光缆的热稳定计算、选型、架线安装设计。分流线的选型确定、应力弧垂的确定计算、架线安装、光缆的防雷接地等。 光缆分界点以变电站站内光缆接头盒或站外电缆终端塔光缆接头盒为界，变电站侧导引光缆由通信专业负责设计和材料计划提报；线路侧光缆、接续盒等附件由线路专业负责设计和材料计划提报。对于排管、电缆沟或隧道工程，通信专业负责管道光缆敷设数量、方式的提资，以及光缆、槽盒材料的提报。线路专业统筹设计，同期预留管道光缆敷设位置，避免专业沟通带来的问题。所有的专业提出资料，均需要受资专业出版的设计图纸上进行会签	

表 1－2　　电缆线路工程专业分工

序号	项目	主要工作内容	负责专业	配合专业
1	电缆综合部分	综合部分施工图设计说明、图纸（电缆线路走向总图、电缆线路接线示意图、电缆纵断面图）、主要设备材料清册（电气部分、土建部分）	线路电气、线路结构	变电一次、变电二次、变电土建
2	电缆电气部分	电缆电气部分施工图设计说明	线路电气	线路结构、变电一次、变电二次
3		电缆电气部分施工图设计图纸	线路电气	线路结构
4		隧道电源（变压器等设备选型）	变电一次	线路电气、变电二次
5		隧道电源引接线路（10kV）	线路电气	线路结构、变电一次
6		电缆监控系统（在线监测系统图和安装图等）	变电二次	线路电气、变电一次
7	电缆土建部分（电缆沟/隧道/桥架）	电缆土建部分施工图设计说明	线路结构	线路电气、变电土建
8		电缆沟/隧道（明挖、暗挖、顶管等）	线路结构	变电土建
9		电缆桥架	线路结构	变电土建
10		多层工作井	变电土建	线路结构
11		基坑	线路结构（岩土）	变电土建
12		辅助系统部分：通风、排水、消防	变电土建	线路结构
13		辅助系统部分：照明	变电一次	线路电气 变电二次

第五节　工程设计专业间联系配合及会签管理

一、专业间提供资料总的原则

专业间提供资料总的原则如下：

（1）资料提供的内容与深度，以满足工程需要为主要原则；本书所列出的是输变电工程各专业间常规的原则性互提资料项目，详见后面各章节中每个阶段工程设计专业间互提资料项目，作为各专业提供基本设计资料的指导，以减少漏项，如接收方有需要时可提出补充要求。

（2）专业联系配合工作中，主体专业必须先行，保证在各设计阶段的准备期间能向有关专业提供必要的设计资料。各专业间在联系配合工作中应积极主

动联系，及时提供或返回符合设计深度要求的配合资料，以利整个工程全面顺利地开展工作。

（3）设总应根据工程具体情况，参照各专业在每个设计阶段所列的专业间常规的互提资料项目，在“项目设计计划”中编制专业间互提资料综合进度，各专业按照综合进度安排，及时提供资料；当不能按时提供资料时，应提前与接收专业协商更改日期。若因此而影响对方提交设计成品进度时，双方应与设总协商共同解决。

二、工程设计联系配合要求

1. 提资单填写要求

提资专业均应填写“专业间互提资料单”，一式两份，按规定签署后由提资专业交接收专业主要设计人。接收专业主要设计人验收确认，原件由接收专业留存并归档，提出专业应保留一份备查。

资料内容可直接填写于提资单上，当提资单容纳不下提资内容时可增加附页、附图、附表，附页应以分数编码，分母表示总页数，分子表示页序。

2. 提出资料的签署

由提出专业填写提资单，提出专业应有主要设计人、校核人、专业室主管三人签署，接收专业应由主要设计人确认签署。

对未按要求格式填写或签署不全的资料，接收专业可以拒收。

各专业间互提的资料应书写清楚，附图符合标准，文字说明及签署一律不得用铅笔、圆珠笔书写。

3. 附图要求

用作提资的图纸应加盖提资专用章进行标识，提资专用章上的资料编号应该与“专业间互提资料单”上所写的资料编号一致，并由提资人、校核人、室主任/专业工程师各级签署后有效。

提资专用章上的资料编号按照以下所示标注：

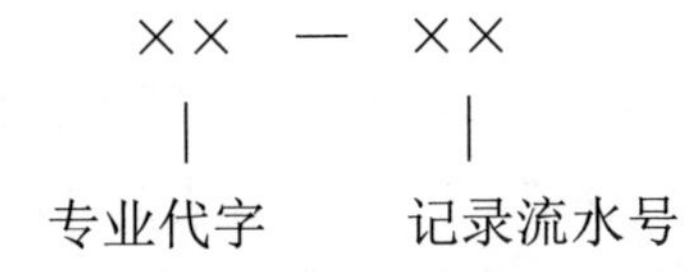

专业代字见《工程设计图纸管理》的要求。设计专业代字，如系统专业X、电气专业D（包括电气一、二次，送电电气）、土建专业T（包括送电和变电建筑、结构等）、通信专业U、测量专业L、技经专业E（包括预算、概算及技术

经济分析）等。

4. 资料接收和管理

接收资料一般由主要设计人签收。当主要设计人出差不在时可由专业室主管代收并在提资单上签字。接收专业主要设计人应对接收的资料妥善保管，工程结束后整理归档。

接收专业发现各专业资料有矛盾时，退回相关专业。当意见不统一时，由设总组织各专业主要设计人、室主管/专业工程师协商解决，必要时由分管副主任裁定。

5. 资料修改

专业间资料交接后如需修改，可由提资专业和接收专业协商解决。仅需局部修改时，由提资专业主要设计人在原资料上修改处签字并注明日期。修改较多时，提资专业应重新提供再版资料，在“专业间互提资料单”上说明和原版的关系，按规定重新审批签署后交接收专业，并对原版资料进行标识。

6. “假定设计条件”的提资

当提资条件不具备时，根据以往工程经验提出“假定设计条件”。应在提资单状态栏中注明“假定”字样，并对假定资料跟踪记录。正式资料到达后，提资专业主要设计人应负责进行核对，并在提资单上标识。如与原假定的资料不符时，应及时采取修改措施。

7. 配合协调和归档管理

（1）专业配合协调。

1）在工作起始阶段，专业间联系配合工作中，主体专业必须先行，保证在各设计阶段的准备期间立即能向有关专业提供必要的设计资料，以利于整个工程全面顺利地开展工作。设总负责专业间协调，落实接口内容要求和计划。

2）如遇有设计方案复杂或专业配合有困难的，应由设总或分管副主任协调各专业进行工作，设总或分管副主任协调的结果应落实到“专业间互提资料单”中。

3）收资专业在工作过程中发现提资专业所提资料存在问题或对所提资料存在疑义，可通过“工作联系单”（见附录 B，表 B13）的形式进行专业沟通协调。

（2）资料归档。专业间互提资料，在设计结束后，接收专业主要设计人负责进行整理归档，包括资料修改记录。由设总或分管副主任协调工作的结论，应作为各专业的设计依据，专业主要设计人应做好记录并予归档。

三、测量任务书

测量任务书的要求如下：

（1）设总在编制“设计计划”时应对需要测量任务的专业进行安排，并督促有关专业提出测量任务书，做到测量任务不遗漏。

（2）“工程测量任务书”（见附录 B，表 B14）的编制由委托专业主要设计人负责，经相关专业室主管、设总各级签署后下达勘测室。委托测量任务时应写清楚设计意图、测量范围和需要的测量资料。测量任务完成后，委托专业在接收资料时应进行签署确认。

四、图纸会签要求

图纸会签要求如下：

（1）设计专业送交会签的图纸，应在对设计成品进行校核后，由设计人加上会签图标，填写应会签的专业名称后连同“成品校审记录单”送相关专业会签。

（2）会签专业对会签的设计成品应按下列要求认真核对。

（3）设计成品内容与会签专业所提资料的要求一致，并与会签专业的设计意图相符。

（4）专业之间在设计成品内容上衔接协调。

（5）对于会签中发现的问题，提供资料专业应将修改意见填写在“成品校审记录单”上，供设计专业进行修改，待修改完成并复核无误后再在会签图标中签署。

（6）设计专业对会签图纸的质量负责。如其他专业提供的资料没有反映在图纸上或设计不符原提资料的要求，应由设计专业负责。如其他专业提供的资料使本专业设计有困难时，设计专业应及时进行反馈，并报告设总，以进行协调，协调结果应形成文件，然后再进行设计。

（7）设计成品会签后，施工时若发现仍有不符合原提供资料要求的差错，除接收资料的设计专业应负主要责任外，提供资料的会签专业应负次要的、校对不周的责任。

（8）对于凡需要会签的设计成品，设计专业设计人应负责确认应会签的专业会签齐全后再送审或送印出版。

第六节　工程设计成品校审管理

一、设计成品校审范围

设计成品校审范围如下：

（1）工程项目设计全过程的各项成品（图纸、计算书和说明等）。

（2）标准（典型、通用、定型、参考设计）设计成品。

（3）套用图纸：对于通用图纸的校审，应特别注意套用条件相同与否。

工程设计成品审签范围及级别见附录C。

二、成品校审和质量等级评定一般要求

成品校审和质量等级评定一般要求如下：

（1）各级校审人员应将校审意见准确地填入“成品校审记录单”中，未填写校审意见或不执行校审意见时，下一级校审人员有权不予接收。

（2）设计（勘测）人员对各级校审意见必须逐项认真修改，在“成品校审记录单”（可行性研究阶段的说明书、图纸应分别填写设计验证记录）的执行情况栏“设计人”中打“√”进行标识，并在“校审意见”栏最后一条校审意见后签署姓名和日期，做到修改和校审闭环。当发生意见分歧时，专业室内的问题由专业工程师或专业室主管负责处理；专业间的问题由设总协调处理，必要时由分管副主任裁定。分管副主任应在校审意见栏记录作出的裁定意见并签署姓名和日期。

（3）校审人员经确认审核中的问题修改无误后，在“执行情况”栏“校审人”中打“√”进行标识。

（4）经过协商，校审人员同意不执行校审意见时，校审人应在相应的“执行情况”一栏中签署认可。

（5）质量等级由审核人、批准人两级评定，等级分为“合格”“不合格”两种。

三、设计成品分级

本书的各专业在各个设计阶段提交的成果中列出了典型的设计资料分级内容，可在工作中参照执行。设计资料一般按以下原则分级。

1. 图纸分级

图纸分级如下：

（1）一级图确定原则。前期工作及初步设计的全部成品，施工图设计的综合性工程总图、各专业主体系统图和布置图、重要标准设计总图等。

（2）二级图确定原则。专业系统图及布置总图、新技术和标准设计的主要图纸等，设备和材料汇总表。

（3）三级图确定原则。专业辅助或次要系统图及布置图、主要的组装图等。

（4）四级图确定原则。辅助设备、附属机械安装图及设备次要组装图、端子排图。

（5）五级图确定原则。零件、一般构件、元件等。

2. 计算书分级

计算书分级如下：

（1）一级计算书确定原则。确定主要设计原则和方案，主要系统和设备选择、重要建（构）筑物结构及主要技术经济指标的计算。

（2）二级计算书确定原则。确定工程辅助系统、分部系统的出力和设备选择及部件、构件的计算。

（3）三级计算书确定原则。零件、次要构件的计算及不属于前两级的计算者。

（4）采用新的技术、工程条件复杂、地质构造复杂等工程的计算，等级可相应提高一个级别。

3. 说明书分级

说明书分级如下：

（1）一级说明书确定原则。前期工作报告、初步设计说明书总的部分及专业部分、工程施工图设计总说明书。

（2）二级说明书确定原则。施工图设计专业部分说明书和其他的专业报告。

四、各级校审主要职责内容

设计成品校审过程中，各级校审职责应有所侧重。图纸校审、计算书校审、说明书校审具体职责分别见表 1－3～表 1－5。表中“√”为各校审岗位职责。

表1-3　图纸校审职责表

序号	主要校审内容	校核人	审核人	批准人
1	设计内容明确，设计输入符合法律、法规、规程和合同规定要求	√	√	√
2	设计规划合理，本期工程项目建设规模和建设标准恰当，遵守安全、经济、适用的原则	√	√	√
3	系统合理，自动化水平适度，设备选择落实，调度灵活，安全可靠。积极慎重采用新技术、新工艺、新系统、新设备、新材料，未通过技术鉴定者不准使用	√	√	√
4	布置紧凑合理，整体协调，符合工艺流程和生产运行需要。便于施工和安装，运行维护方便，满足检修起吊要求	√	√	
5	生产和生活场所安排适度，有必要的交通运输通道、适当的设备检修场地。检修设备、仪表适度	√		
6	设计界限明确，符合专业间配合资料要求，内容深度满足要求，无错、漏、碰、缺，综合质量好	√		
7	满足环境评价、防火、安全及工业卫生等规定要求	√	√	√
8	技术先进，经济指标合理，工程造价控制严格	√	√	√
9	图面正确，符合制图标准，数据完整，清晰美观	√		

表1-4　计算书校审职责表

序号	主要校审内容	校核人	审核人	批准人
1	符合有关规范、规程、规定	√	√	√
2	原始资料和数据（含电算原始数据）正确可靠	√	√	√
3	计算项目齐全完整	√	√	√
4	计算公式正确，电算程序需经鉴定	√	√	√
5	运算准确，并判断计算结果的正确性	√	√	√
6	计算书齐备清晰	√	√	

表1-5　说明书校审职责表

序号	主要校审内容	校核人	审核人	批准人
1	设计依据落实，设计原则明确	√	√	√
2	方案论证内容详实，论据有力，论述清楚，结论明确	√	√	√
3	内容完整，重点突出，叙述简练，情况介绍主次分明，条理清楚	√	√	
4	对存在问题交代清楚，不遗漏，提出解决问题措施	√	√	√
5	编排组织有条理，内容完整	√	√	
6	说明书内容、数据等与图纸、计算书相符	√	√	
7	文字通顺，用词确切，标点符号及单位使用正确，字迹清晰	√	√	

五、各级校审签署岗位的作业要求

校审签署一般执行测量设计人自校、校核人、审核人及批准人四级校审签署，但不得少于三级。各级校审签署范围见附录C。

1. 自校

勘测设计成品（包括套用图纸）经认真自校并填好验证记录后，勘测设计人员应将成品及有关文件（包括卷册作业指导书、设计评审记录等）连同计算书（含复核计算书，每个数据要点标示）、套用图纸的蓝图、有关的原始资料等一起交专业室内指定的全校人进行全面校核。

2. 校核

（1）校核人对勘测设计成品负全面校核的责任。勘测设计人编制的勘测设计成品，一般由专业主要设计人（测量人）负责全面校核。必要时由专业室主管指定具有一定技术经验者担任校核。当专业室主管负责编制二级及以上图纸时，按照不得少于三级签署的原则，允许专业室主管在审核栏缺签。

（2）校核人应进行全面校核，填写“成品校审记录单”，见《设计过程控制》，成品退交勘测设计人员进行第一次修改。修改后的成品经校核人核对无误签署后，将成品送交审核人。

（3）计算书的校核应填写“成品校审记录单”，应在每个数据后标示；软件计算时，只校核输入数据，以及软件和版本是否为该公司有效版本清单中所列软件。当发现差错时，不允许校核人在计算书上直接修改，应由勘测（设计）人自行修改并签署。

3. 审核

审核人按职责规定的审签范围进行审核，并将审核意见填入“成品校审记录单”。“成品校审记录单”随成品一起退勘测（设计）人进行第二次修改，修改后的成品审核人需进行核对。签署后将成品及“成品校审记录单”送交批准人。

4. 批准

（1）批准是指勘测设计成品经审签范围中规定的最后一级审定批准。

（2）批准人将审定意见填入“成品校审记录单”后，交审核人组织修改，批准人对修改后的成品确认并签署。

（3）对二级及以上级别的建筑图、结构图，根据需要由注册建筑师、注册结构师签署，技经专业技术文件应加盖造价人员图章。

设计、测量成品校审流程见附录A。

第七节　工程设计图纸管理

一、工程设计图纸的幅面、图标及目录

1. 图纸的幅面及图标

（1）图纸幅面一般规定应符合设计图纸图幅和图框尺寸，见表1－6。

表1－6　　图纸图幅和图框尺寸

幅面代号	A0	A1	A2	A3	A4
宽 B（mm）	841	594	420	297	210
长 L（mm）	1189	841	594	420	297
边宽 C（mm）	10			5	
装订侧边宽 a（mm）	25				

（2）图幅的短边不应加长，长边可加长幅面。幅面A0、A2、A4的加长量应为幅面A0长边（1189mm）1/8的倍数；幅面A1和幅面A3的加长量应为A0短边（841mm）1/4的倍数。

工程制图中应尽量避免图幅加长，且整套图纸中应避免出现过多图幅，应优先采用A2幅面和A3幅面。图纸图幅不得无限加长，最大加长量：幅面A0和幅面A2最长不得大于A0图长边的1/2倍数；A1图和A3图最长不得大于A0图短边的1倍数。

设计图标、会签图标，均应置于图纸的右下角。所有图纸采用统一图标，大小一致。图标及会签栏样式如图1－3和图1－4所示，需要时会签图标的栏数可以增加。图纸目录样式如图1－5所示，统一使用。

（3）图框线、图幅线、标题框线、对中符号线宽分别为0.7、0.25、0.5、0.5mm。对中符号线深入图框内5mm。图框样式如图1－6所示。

专业	会签人	日期

××××电力设计咨询有限公司					
工程名称		工程		施工图	设计阶段
批准		校核		图名	
		设计			
审核		比例	1:		
		日期	2020.	图号	BA00001Z-

图1－3　图标及会签栏（用于0号图和1号图）

专 业	会 签 人	日 期

××××电力设计咨询有限公司				工程名称	工程	施工图	设计阶段
批 准		校 核		图名			
		设 计					
审 核		比 例	1:				
		日 期	2020.	图号	BA00001Z-		

图 1－4 图标及会签栏（用于 2、3 号图和 4 号图）

××××电力设计咨询有限公司 图纸目录

卷册检索号

__________工程 ____ 设计阶段 第 页

____部分 第___卷 第___册 第___分册 共 页

卷册名称 __________________

图 纸 ___ 张___本 说明___本 清册___本

批 准 __________ 校 核 __________

年 月 日 审 核 __________ 设 计 __________

序号	图 号	图 名	张数	套用原工程名称卷册检索号图号
1				
2				
3				
4				
5				
6				
备 注				

图 1－5 图纸目录样式

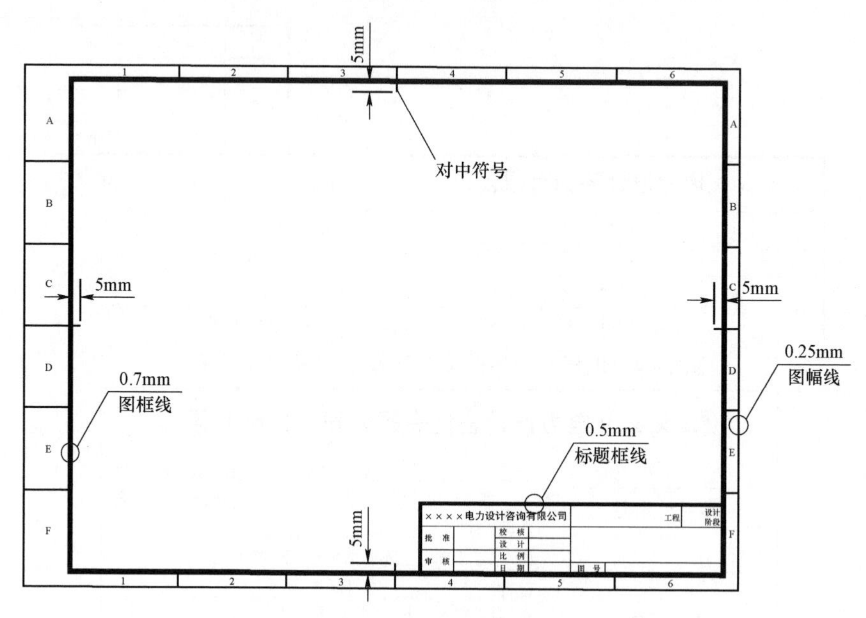

图 1－6　图框样式

2. 工程制图应采用公司标准图（含会签图标）

工程制图应采用公司标准图（含会签图标），且符合以下要求：

（1）图标放置在图纸的右下角，并以图块的形式存在，不能将其分解。

（2）图标中文字宜采用仿宋字体，其中工程名称文字宜采用 4 号字，其余文字为 5 号字。

（3）工程名称各专业应参照《工程设计内容深度及编制规定》的有关规定。

（4）图标的尺寸应符合《电力工程制图标准》（DL/T 5028—2015）的有关规定。

3. 比例

（1）制图比例选用见表 1－7。

表 1－7　　制图比例选用

种类	比例
与实物相同	1:1
缩小的比例	1:2　1:5　1:10　1:20　1:25　1:50 1:60　1:100　1:150　1:200　1:250　1:300 1:500　1:1000　1:2000　1:5000　1:10000 1:20000　1:50000　1:100000　1:200000　1:500000
放大的比例	50:1　20:1　10:1　5:1　4:1　2.5:1 2:1

（2）比例符号应以冒号表示，其数字应以阿拉伯数字表示。

（3）当视图采用同一比例时应将比例填写在标题栏中，当视图采用不同比例时，宜在每个视图名称右方标注相应的比例，具体格式如：××平面图1:100。

二、字体

同一性质的一段或几段文字，同一表格中的文字字体、高度、宽度等应一致。局部字体宽度允许有差别，但不应有明显差异，宽度因子差一般不应大于0.1。

图中所有文字一律使用 gbenor.shx 和 gbcbig.shx。可通过“style”命令将“院统一”文字样式中的字体设置为上述两种字体。

单独的说明字高 4mm，表格内字高 3mm，图中汉字标注采用 3.5、4、4.5、5、5.5、6、7mm，以美观为准。

字符宽度比例一般取 1.0，可根据需要调整，以美观为准，一般不小于 0.5。

图中的汉字、数字、字母和符号等均应从左到右横向书写，方向与图标中文字一致；需竖向排列时，将文字向逆时针旋转 90°，从下到上的方向书写。当有引出线或其他限制时可与其同方向。

图中字行距应不大于字体高度的 1 倍，一般为 0.7 倍；字体间距说明引出线或基准线的距离为 1.0mm。

三、尺寸标注

所有尺寸标注中文字、尺寸线等特性应一致。

尺寸线标注：尺寸终端符号一般采用实心箭头，箭头大小为 2mm；数字高度一般为 3mm。

标注密集时，如 500kV 总平面可采用 2.5mm 字高；数字离尺寸线 1.0mm。延伸线的固定长度为 3mm，延伸线范围为 1mm，固定的延伸线“开”。小尺寸标注形式如图 1－7 所示。

线型：ByLayer（Continuous）。线宽 0.25。图层：标注。

尺寸标注单位一般采用 mm。

尺寸界线和尺寸线应采用细实线绘制，尺寸界线可从图形的轮廓线、轴线或中心线引出，轮廓线、轴线或中心线也可作为尺寸界线。

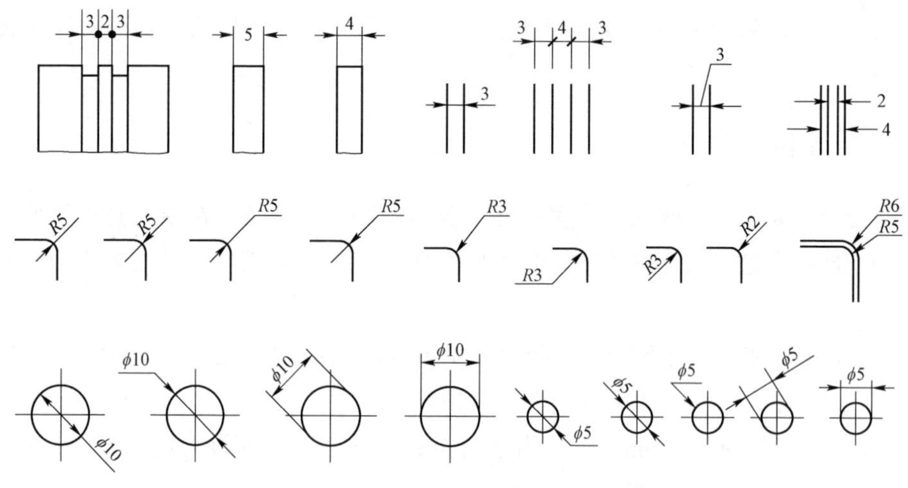

图1－7　小尺寸标注形式

当图样采用断开画法时，尺寸线不得间断，并应标注实际尺寸数值。

尺寸标注应有目的性，十字定位，清晰简洁，连续真实。多个间隔尺寸相同，可标注为“单个尺寸×个数=总尺寸”形式。注意使用“连续标注”等工具，以保证一行标注整齐美观。

标高：标高宜以 m 为单位，精确到小数点后三位数，应标明单位。标高符号采用三角形带水平引线的表示方法，三角形高度宜为 2.5mm，标高字高宜为 3mm。管道应标注管中心标高。

四、设计图纸及卷册编号

1. 编号规则

（1）根据 DL/T 1108—2009《电力工程项目编号及产品文件管理规定》，工程设计图纸图号与卷册检索号的基本模式如图 1－8 所示。

1）设计单位代号用三位阿拉伯数字表示，山东智源电力设计咨询有限公司代号：370。

2）工程项目分类代码用一个汉语拼音字母表示，见表 1－8。

3）图 1－6 中单项工程编号为可选，如有单项工程（如对侧间隔扩建、站外电源），编号以 E01、E02…顺序依次编。

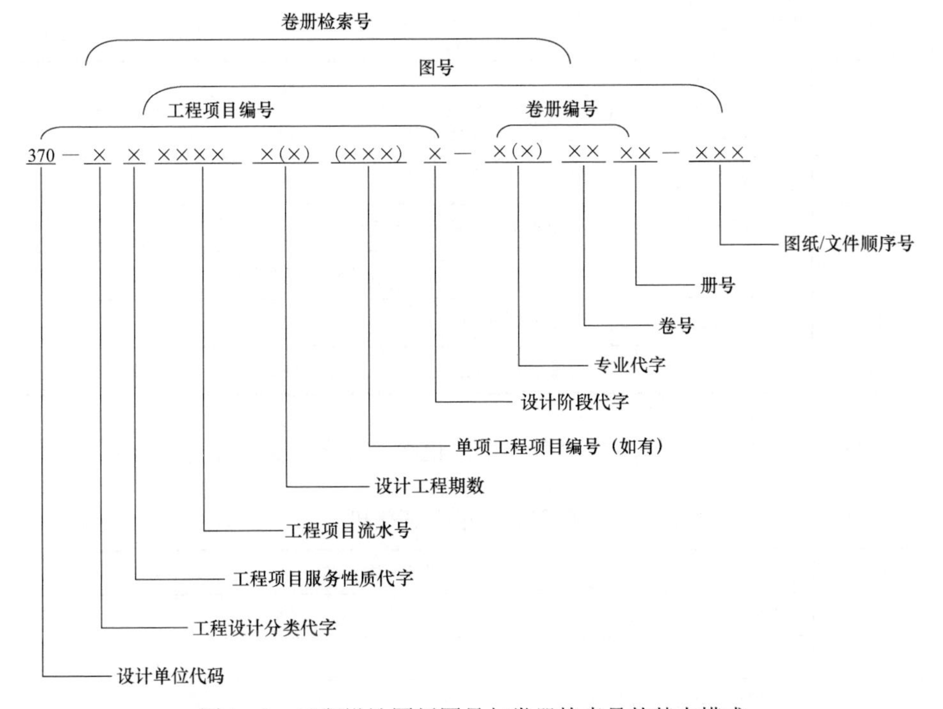

图 1－8　工程设计图纸图号与卷册检索号的基本模式

表 1－8　　　　**工 程 项 目 分 类 代 码**

代码	工程类别	说明
F	火电工程	包括常规火电（燃煤、燃油、燃气）、整体煤气化联合循环发电、燃气轮机及燃气蒸汽联合循环、生物质发电、垃圾等发电工程
H	核电工程	以核能为燃料的发电工程
A	水电工程	包括水电站、潮汐发电和抽水蓄能电站
N	可再生能源发电工程	包括太阳能、风能、地热等发电工程
W	电网工程	包括捆绑在一起的送变电工程
S	送电工程	包括送电工程、大跨越工程
B	变电工程	包括变电站、换流站、开关站等
D	调度工程	包括调度所、调度自动化等工程
T	通信工程	包括载波、光纤、微波等通信工程
X	系统规划设计	包括系统的规划和设计两部分
R	热力工程	包括热源及热输送管道工程
U	建筑工程	包括自身建设等建筑工程

续表

代码	工程类别	说明
C	信息工程	包括企业信息化建设工程
Y	岩土工程	包括地质、地基处理等工程
Z	水资源工程	包括水文地质和供水等工程
P	环境工程	包括污水处理，脱硫、脱硝烟气治理等工程
K	勘测工程	包括测量等
Q	其他工程	包括分布式能源系统（站）等表 1－8 以上未包含的工程类别

（2）工程项目服务性质代码用一个汉语拼音字母表示，见表 1－9。

表 1－9　　工程项目服务性质代码

代码	服务性质
A	工程设计
B	工程采购
C	工程总承包/工程项目管理
D	工程施工
E	工程安装
F	工程调试
G	工程评估
H	环境影响评价
J	工程监理
K	工程勘测
L	劳动安全卫生评价
M	工程项目后评价
N	工程招标
P	工程评审
S	水土保持评价
T	独立工程师
Y	业主工程师
Z	工程咨询
Q	其他工程服务

（3）工程项目阶段代码用一个汉语拼音字母表示，见表 1－10。

表 1-10 工程项目阶段代码

代码	项目阶段
T	投标阶段
B	招标阶段
F	方案研究阶段
G	初步可行性研究阶段
K	可行性研究阶段
C	初步设计阶段
S	施工图设计阶段
Z	竣工图设计阶段
H	运行回访阶段
P	施工阶段
A	采购阶段
O	调试阶段
W	不分阶段

注 如可行性研究、初步可行性研究、初步设计收口，不再分阶段，采用图纸升版的方式进行修改，编号不变。

（4）工程流水号用 4 位阿拉伯数字表示，由计划经营部在下达设计任务单时确定；工程期数代号由 1 位阿拉伯数字符表示，用 1～9 表示，1 代表新建工程。同一项目在扩建时使用原有工程流水号，仅更新工程期数。

（5）设计专业代码用一个汉语拼音字母表示，见表 1-11。

表 1-11 设计专业代码

代码	设计专业名称
A	综合
X	系统专业
D	电气专业（包括电气一次、电气二次、送电电气），区分电气一次、电气二次时，可分别使用 D1、D2
Y	远动专业
U	通信专业
T	土建专业（包括送电和变电建筑、结构等）
N	暖通专业
S	水工专业（包括水工布置、消防、给水、排水）
E	技经专业（包括预算、概算及技术经济分析等）

续表

代码	设计专业名称
G	工程地质专业（包括岩土工程专业）
L	测量专业
B	水文地质专业
W	水文气象专业
P	环保专业
Z	总图专业
Q	其他（上述专业不含的内容，包括劳动安全卫生、施工组织设计等）

（6）卷号、册号与图号分别用两位阿拉伯数字表示。卷册划分由各专业主要设计人自定。

（7）卷册修改代字用一位英文字母表示在卷册号后，无修改则省略。每阶段纸质文档保存最新版，修改的图纸作为设计变更单附件进行保存。电子版按照草稿、送审稿、修改稿、审定稿分文件夹保存。

2. 其他资料编号

单独出版的可行性研究说明书、初步设计说明书、估算书、概算书、设备材料清册及专题报告等，与设计卷册图纸一样予以编号。其中，说明书作为综合第一册，设备材料清册作为综合第二册，估（概）算书作为技经专业第一册（分专业编制每专业一册），各专业图纸各一册。

3. 基本模式举例

（1）可行性研究阶段。

370－W　A 0006　1 E01　K－A 01

1）370——山东智源电力设计咨询有限公司。

2）W——电网工程（输变电工程）。

3）A——工程设计。

4）0006——第六个工程。

5）1——第I期设计；以此类推。

6）单项工程，以E01、E02…编号。

7）K——可行性研究设计阶段。

8）A——综合。

9）01——第一册（可行性研究说明书）。

（2）初步设计阶段。

370 —B　A 0006　1 E01 C — D01－01

1）370——山东智源电力设计咨询有限公司。

2）B——变电工程。

3）A——工程设计。

4）0006——第六个工程。

5）1——第Ⅰ期设计；以此类推。

6）单项工程，以E01、E02…编号。

7）C——初步设计阶段。

8）D01——电气专业第一册（仅一册）。

9）01——卷册内第一号图纸（电气主接线图）。

（3）施工图阶段。

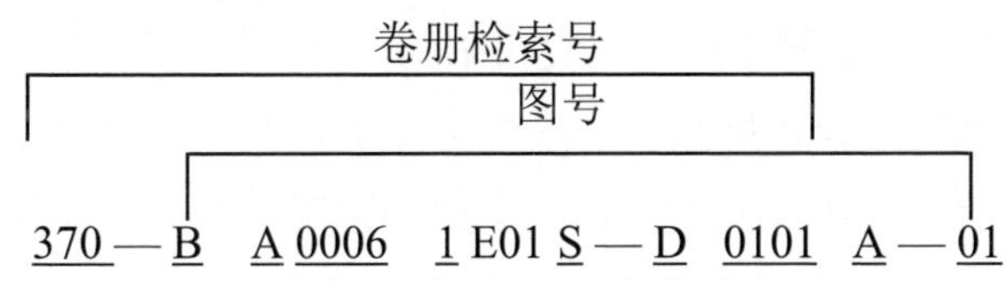

1）370——山东智源电力设计咨询有限公司。

2）B——变电工程。

3）A——工程设计。

4）0006——第六个工程。

5）1——第Ⅰ期设计；以此类推。

6）单项工程，以E01、E02…编号。

7）S——施工图设计阶段。

8）D——电气专业。

9）0101——第一卷（变电一次专业）第一册（总图）。

10）A——第一次修改（没有修改的省略）。

11）01——卷册内第一号图纸（电气主接线图）。

五、套用图纸的管理

套用图纸的管理要求如下：

（1）工程设计图纸的套用是指局部或全部采用技术经济条件相同的已证实成功的工程设计、通用设计或典型设计的图纸。

（2）套用标准设计图纸，应核对设计原始资料及使用条件，条件适宜时方可采用。套用工程设计图纸，应研究其使用条件是否适合本工程，施工运行中是否做过修改，技术是否先进可靠，经济是否合理，设备能否落实、可行，必要时还应进行补充核算或与其他设计方案进行比较，验证其确实可用后方能套用。套用者应对使用条件的正确性负责。

对经审定批准的标准设计图纸，如使用条件合适，必须采用。对优秀工程设计图纸，应积极采用。

（3）各级必须校审套用的原图，其校审的范围和职责按《工程设计成品校审管理》执行。

（4）套用标准设计图纸时，在图纸目录中应写明标准设计的名称及图号。

套用成册的标准设计图纸时，图纸目录上的卷册检索号，一般应按新工程规定的编号重新编写。向施工单位提供的反复常用的标准设计图集，其图纸目录可一并套用，但在本专业的总目录上应注明套用来源。

（5）单张套用工程图纸时，在图纸目录中应写明原工程的名称及图号。套用成册的工程图纸时，原图纸目录不再套用，应重新编制图纸目录，并编上本工程的卷册检索号。

（6）对设计图纸的修改应慎重，按《设计过程控制》中“4.6　设计更改”的要求控制，并按《工程设计专业间联系配合及会签管理》《工程设计成品校审管理》中规定的职责逐级校审。图标中有关的签名栏应重新签署。

1）当需要调取底图进行修改时，经办人应填写底图修改申请，由专业室主管批准；对综合性的图纸修改时，还需经设总批准同意。

2）当设计图纸修改涉及其他专业时，应与有关专业联系，共同修改、会签。

（7）图纸修改后，应及时更换相应有关档案资料。对于已发送至施工、运行单位且正在施工或将要施工的图纸，应及时发函通知“图纸已修改，暂停施工”，并及时将已批准修改的图纸送到现场。

第二章

系　统　设　计

电力系统的设计是电力工程前期工作的重要组成部分，是具体建设项目实施的总体规划，是确定项目的总体方针原则。输变工程的系统设计是系统规划的继续和深化，它应以国家和省市审批通过的电力规划及电网公司规划为依据，在电网发展的重大原则已经明确的前提下，按照相关电力系统的技术导则、规程规范要求，从系统整体效益出发，研究设计年度内输变电工程的建设方案及主要技术规范和参数要求，为输变电工程可行性研究、初步设计等提供依据。

第一节　可行性研究阶段

输变电工程的系统设计贯穿于输变电工程可行性研究始终，是可行性研究的重要组成部分，以下分别从研究输变电工程系统设计的研究内容及深度要求、接入系统方案制订、提交的成果内容等方面分别说明。

一、深度要求

（一）电力系统概况

1. 系统现况

概述与本工程有关电网的区域范围：① 全社会、全网（或统调）口径的发电设备总规模、电源结构、发电量；② 全社会、全网（或统调）口径用电量、最高负荷及负荷特性；③ 电网输变电设备总规模；④ 与周边电网的送受电情况；⑤ 供需形势；⑥ 主网架结构、与周边电网的联系及其主要特点。

说明本工程所在地区同一电压等级电网的变电容量、下网负荷，所接入的发电容量，本电压等级的容载比；电网运行方式，电网存在的主要问题，主要在建发输变电工程的容量、投产进度等情况。

2. 负荷预测

说明与本工程有关的电力（或电网）发展规划的负荷预测结果，根据目前经济发展形势、用电增长情况及储能设施的接入情况，提出与本工程有关电网规划水平年的全社会、全网（或统调）负荷预测水平，包括相关地区（供电区或行政区）过去 5 年及规划期内逐年（或水平年）的电量及电力负荷，分析提出与本工程有关电网设计水平年及远景水平年的负荷特性。

3. 电源建设安排及电力电量平衡

说明与本工程有关电网设计水平年内和远景规划期内的装机安排，列出规划期内电源名称、装机规模、装机进度和机组退役计划表等内容。计算与项目有关地区的逐年电力、电量平衡。若本工程为大规模新能源送出工程，必要时需对新能源不同出力情况（冬、夏）进行电力电量平衡计算及相关电网的调峰能力分析。确定与工程有关的各供电区间电力流向及同一供电区内各电压等级间交换的电力。

4. 电网规划

说明与本工程有关的电网规划。

（二）工程建设必要性

根据与本工程有关的电网规划及电力平衡结果，关键断面输电能力、电网结构说明，分析当前电网存在的问题、本工程（含电网新技术应用）建设的必要性、节能降耗的效益及其在电力系统中的地位和作用，说明本工程的合理投产时机。

（三）系统方案

根据原有网络特点、电网发展规划及工程建设必要性等情况，综合考虑节约用地、电网新技术的应用等因素，提出本工程两个及以上系统方案，进行多方案比选，提出推荐方案。必要时包含与本工程有关的上下级电压等级的电网研究。对系统方案进行必要的电气计算和分析，并进行技术经济综合比较，提出本期工程推荐方案，并对远景水平年的系统方案进行展望。

1. 变电站工程

根据变电站在电网中所处位置、供电范围、负荷预测、变电站布点等，并结合电网规划，确定变电站本期及远期规模，包括主变压器规模、各电压等级出线回路数、出线方向和连接点选择，并绘出变电站本期及远期接入系统方案示意图。

2. 线路工程

对电源送出工程及网架加强或改造线路工程，确定线路工程起讫点及回路数。

（四）电气计算

1. 计算主要边界条件

说明电气计算的主要原则，明确电气计算的各水平年、网架边界条件及需考虑的各种运行方式等。

2. 潮流稳定计算

根据电力系统有关规定，进行正常运行方式、故障及严重故障的潮流稳定计算分析，校核推荐方案的潮流稳定和网络结构的合理性，必要时进行安全稳定专题计算。若本工程为大规模新能源送出工程，需对新能源不同出力情况进行电气校验。电气计算结果可为选择送电线路导线截面和变电设备的参数提供依据。

在必要时进行严重故障条件下的稳定校核，分析设计方案的稳定水平。当稳定水平较低时，分析和研究提高电网稳定水平的措施。选取工程近区电网与直流输电工程以及同步互联电网范围内主要网架及省际联络线的故障来进行充分校核。故障类型、校核判据应满足 Q/GDW 1404《国家电网安全稳定计算技术规范》的要求。

3. 短路电流计算

短路电流计算应考虑以下内容：

（1）按设备投运后远景水平年计算与本工程有关的各主要站点最大三相和单相短路电流，对短路电流问题突出的电网，对工程投产前后系统的短路电流水平进行分析以确定合理方案，选择新增断路器的遮断容量，校核已有断路器的适应性。

（2）系统短路电流应控制在合理范围。对于 220kV 及 110（66）kV 输变电工程，若系统短路电流水平过大，应优先采取改变电网结构的措施，并针对新的电网结构进行潮流、稳定等电气计算。必要时开展限制短路电流措施专题研究，提出限制短路电流的措施和要求。

4. 无功补偿及调相调压计算或无功补偿及系统电压计算

对设计水平年推荐方案进行无功平衡计算，研究大、小负荷运行方式下的无功平衡，确定无功补偿设备的型式、容量及安装地点，选择变压器的调压方式。当电缆出线较多时，应计及电缆出线的充电功率，必要时应增加如下计算：

（1）调相调压专题分析或无功电压专题分析。

（2）如需加装动态无功补偿装置，应对加装的必要性进行论述，并进行必要的电气计算和论证。

（3）开展过电压计算。

5. 工频过电压和潜供电流计算

必要时进行设计水平年工频过电压、潜供电流、自励磁计算，当存在问题时，提出限制措施。

6. 线路形式及导线截面选择

可根据正常运行方式和事故运行方式下的最大输送容量，考虑到电网发展，对不同导线形式及截面、网损等进行技术经济比较，对线路形式及导线截面提出要求。同一方向线路，需结合远期规划、线路走廊情况及电网安全稳定分析结论开展单回路、双回路、多回路方案的技术经济比较，对线路架设方式提出要求。

（五）电气主接线

应结合变电站接入系统方案及分期建设情况，提出系统对变电站电气主接线的要求。如系统对电气主接线有特殊要求时，需对其必要性进行论证，必要时进行相关计算。

（六）主变压器选择

根据分层分区电力平衡结果，结合系统潮流、工程供电范围内负荷及负荷增长情况、电源接入情况和周边电网发展情况，合理确定本工程变压器单组容量和本期建设的台数等内容。

（七）系统对有关电气参数的要求

1. 主变压器参数

结合潮流、短路电流、无功补偿及系统电压或调相调压计算，确定变压器的额定主抽头、阻抗、调压方式等。扩建主变压器，若与前期主变压器并列运行，参数应满足主变压器并列运行条件。应说明变压器中性点接地方式，必要时对变压器第三绕组电压等级及容量提出要求。扩建主变压器参数应与前期已有主变压器参数保持一致。

2. 配电装置设备参数要求

应结合系统要求，对变电站母线通流容量、电气设备额定电流及高、中压母线侧短路电流水平等参数提出要求。

（八）无功补偿容量

1. 高压并联电抗器

根据限制工频过电压、潜供电流，防止自励磁计算结果，并结合无功补偿等要求，确定高压并联电抗器容量、台数及装设地点（包括中性点小电抗）。

2. 无功补偿容量

按变电站规划规模和本期规模，根据分层分区无功平衡结果，结合调相调压及短路电流计算，分别计算提出远期和本期低压无功补偿装置容量需求，并确定分组数量、分组容量。

二、工作开展

输变电工程的接入系统设计应贯彻执行国家法律、法规及有关的方针和政策，符合国家标准和行业标准，是输变电工程可行性研究的重要组成部分，其成果作为开展工程可行性研究的依据。输变电工程接入系统设计应以电网发展规划为指导，以安全稳定为基础，以经济效益为中心，做到远近结合、科学论证，推荐的接入系统方案应技术先进、经济合理、适应性强、运行灵活、节能降耗。

（一）资料收集

输变电工程可行性研究过程中，系统专业收集资料内容主要见表 2-1。

表 2-1　　系统专业收集资料内容

序号	收集资料项目	具体收集资料内容	收集资料对象	备注
1	规划报告	（1）省公司电网五年规划（滚动修编稿）。 （2）项目所在地市公司电网五年规划（滚动修编稿）。 （3）省级电力、能源发展规划	省经研院、地市经研所、省能源局	
2	运行方式报告	（1）省公司电网年度运行方式报告。 （2）项目所在地市公司电网年度运行方式报告	省调控中心、地市调控中心	
3	电网地理接线图	（1）现状、规划年 220kV 以上主网架地理接线图。 （2）现状、规划年项目所在地市 35kV 以上电网地理接线图	省经研院、地市经研所	
4	项目规划库	主网及配网项目规划库	省经研院、地市经研所	
5	电网年度负荷实测报告	夏季、冬季电网负荷实测报告	省经研院	
6	拟开断/调整的线路情况	拟开断/调整的线路及周边线路的导线截面、投运年限、运行情况、路径、交叉跨越情况等	地市公司发展部、线路专业	必要时结合现场踏勘确定

续表

序号	收集资料项目	具体收集资料内容	收集资料对象	备注
7	拟接入的变电站情况	拟接入变电站的电气主接线、平面布置、分期建设情况、预留间隔、变压器容量、主要电气设备形式、额定电流电压等	地市公司发展部、变电专业	必要时结合现场踏勘确定
8	拟建变电站位置情况	拟建变电站与周边各电压等级变电站、线路的位置关系，变电站大体布局，各级进出线方式	线路专业、变电专业	必要时结合现场踏勘确定

（二）设计要点

变电站接入系统设计应论证变电站建设必要性，研究变电站接入系统方案，确定变电站建设规模，提出系统对主要设备技术参数要求。接入系统设计的设计水平年宜选择工程投产年份，并对远景水平年进行展望。

1. 建设必要性论证分析

（1）结合区域规划报告、运行方式报告等，落实电网的区域范围，主网架结构、与周边电网的联系及其主要特点；发电设备总规模、电源结构、发电量；全网用电量、最高负荷及负荷特性；电网输变电设备总规模等，明确电网基本参数；结合项目实际情况编制，必要时向省公司、地市公司发展部进行核实。220kV 及以下输变电工程描述所在地市、所在区县两级电网的主要情况。

（2）分析地区经济发展趋势、产业布局和产业结构等，确定规划期内地区总体负荷水平、负荷分布等。对于负荷热电地区应特别注意其负荷增长速度，提出与本工程有关电网规划水平年的全网负荷预测水平，包括相关地区现状及规划期内逐年的电量及电力负荷情况（涵盖现状年、投产年、远景年）。220kV 及以下输变电工程描述所在地市（或区县）、所在电网片区的两级电网的负荷预测情况。

（3）分析地区内已投产、在建、核准和路条电源项目情况，包括电源类型、特性、接入电压等级等情况；分析区域电网结构及已投产及规划建设的变电站的规模、接入系统方案以及各级变电站的变压器台数、容量、主要负荷情况，为电力平衡分析创造条件。

（4）通过对规划期内逐年进行电力平衡分析，确定该电压等级电网降压容量，并根据该电压等级电网的容载比标准，计算规划期内逐年的变压器容量需求（涵盖现状年、投产年、远景年）。其中容载比定义为

$$R_S = \frac{\sum S_{ei}}{P_{max}}$$

式中　R_S——容载比，kVA/kW；

P_{max}——该电压等级的全网最大预测负荷；

S_{ei}——该电压等级变电站 i 的主变压器容量。

Q/GDW 156—2006《城市电力网规划设计导则》中根据经济增长和城市社会发展的不同阶段，对应的负荷增长速度可分为较慢、中等、较快 3 种情况，相应各电压等级的容载比宜控制在 1.5～2.2，各电压等级电网容载比具体取值见表 2–2。

表 2–2　　各电压等级电网容载比具体取值

城网负荷增长情况	较慢增长	中等增长	较快增长
年负荷平均增长率（建议值）	小于 7%	7%～12%	大于 12%
500kV 及以上	1.5～1.8	1.6～1.9	1.7～2.0
220～330kV	1.6～1.9	1.7～2.0	1.8～2.1
35～110kV	1.8～2.0	1.9～2.1	2.0～2.2

区域电网电力平衡见表 2–3。

表 2–3　　区域电网电力平衡表　　单位：MW、MVA

项目	2021 年	2022 年	2023 年	2024 年	2025 年	2030 年	2035 年
一、网供最大负荷							
考虑与周边电网相互接带后最高网供负荷							
二、电网装机总容量							
其中：							
1. ××电厂							
2. ××电厂							
……							
三、电力盈亏							
1. 电厂满发时							
2. 停运最大一台机组时							
3. ××%备用（负荷备用×%，事故备用×%）							
四、需××kV 变电容量（容载比××）							
五、区域电网现有××kV 变电容量							
六、需新增××kV 容量							

（1）根据与本工程有关的规划及电力平衡分析计算的结论，提出项目在建设的必要性，着重从满足负荷增长、优化网架结构（提升供电可靠性）等方面进行论述，必要时通过潮流、短路等分析计算，对项目投产的必要性进行定量描述。

（2）明确项目在电网中的地位和作用，说明项目开工及投产时间。一般220kV变电站为地区重要变电站。

2. 接入系统方案确定

（1）对于输变电工程来说，接入系统方案研究的首要工作是结合电网规划成果，纳入年度计划的规划项目库。根据建设必要性论证分析的结论，明确需建设变电站的最终主变压器容量和各电压等级的进出线回路数，以及本期需建设的主变压器容量和各电压等级进出线回路数量，确定项目的整体建设规模及大体区域位置。其次，结合远景规划及区域电网情况、经济发展情况，确定远景各电压等级全部出线去向及本工程与周边其他工程的结合情况，明确项目所在区域远景年整体网架方案。最后，根据项目本期需建设的主变压器容量及各电压等级进出线，考虑项目本期工程接入系统方案，本期工程的接入系统方案必须与远景电网规划相衔接，为远景本工程扩建的实施及周边其他工程的实施创造条件，避免造成后续项目建设时发生迁改线路、倒换间隔等情形。对于电网加强工程或送出工程来说，主要从电网发展的角度考虑，结合所在区域电网的整体规划，结合本工程的实施必要性，考虑项目的系统方案。

（2）确定接入系统方案前，系统专业需首先对变电一次专业、线路电气专业进行收集资料，落实所建变电站大体进出线形式（架空或电缆等），以及所建线路与周边线路的位置关系，结合电网规划及年度规划项目库，提出初步可行的接入系统方案，说明各电压等级新建线路形式、截面、接入位置等，并绘制现状、本期、远景接入系统图初稿，提交可行性研究设计总工程师，为项目的现场选站、选线及收集资料创造条件。

（3）在可行性研究项目设计总工程师的统一组织下，参加项目选站、选线及现场收集资料等工作。在选站、选线前，需准备项目纸质版接入系统图，现场落实拟选站址与周边电网的位置关系是否有误，并会同变电一次、线路电气等专业确定拟选站址的各电压等级朝向、进出线方式等，变电站朝向的安排应以流畅合理、利于出线为原则，考虑经济性，各级线路尽量采用架空出线，各电压等级出线均应比较开阔，直接朝向主要接入方向，尽量避免同电压等级之间或不同电压等级之间线路在本站周边交叉迂回，造成建设的困难。

（4）结合现场选站选线及其他专业推荐的站址及线路路径情况，结合电网规划成果纳入年度计划的规划项目库，根据现状电网特点，提出项目两个及以上的接入系统方案，接入系统方案应说明为满足该项目接入需要新建的线路起止位置、新建线路的形式（架空或电缆）、线路的截面。对于变电站工程、送出工程来说，还应说明对应变电站的间隔排序情况。注意接入系统方案确定前应充分与区域供电公司发展部、调控中心进行沟通，落实好区域电网现状运行情况（机组开机、开环、现状存在的问题）及未来发展情况，以及周边其他项目方案、进度等情况，做到心中有数，接入系统方案的制定是综合性的工作，掌握全面的资料、准确的收资是制定合理方案的前提，在此基础上才能有的放矢地确定合理的接入系统方案。

（5）绘制项目接入系统图，插入可行性研究报告接入系统方案所在章节，接入系统图范围应涵盖项目所在的供电分区，体现现状主要电厂和电网的连接方式，主干线的走向、导线截面、长度、变电容量、装机容量、电网开环（解列）点等信息，体现与本期工程投产时间和设计方案有关的电厂、变电站和线路等，虚线表明本期接入系统线路的大体路径，范围外的联络线应注明“至××站”。注意，接入系统图中的线路的走向及顺序应与实际线路基本对应，体现各变电站的间隔排列、剩余间隔情况及线路的交叉跨越情况。

（6）对于改扩建工程，需收集待扩建变电站现状电气接线图、平面布置图等，并现场核实扩建位置及备用间隔情况，落实好出线间隔排序，在此基础上确定本期扩建规模及位置。

（7）从技术、经济两个方面对接入系统方案进行对比分析论证，技术方面通过初步的潮流、短路、安稳分析计算，从潮流流向、线路变压器负载率、网络损耗、供电可靠性、短路电流控制、电网安全稳定性等方面对方案进行对比分析，提出技术上的推荐方案；经济方面初步分析不同方案经济指标差异，提出经济上的推荐方案。综合技术、经济两方面的综合比较，提出工程推荐的接入系统方案。

3. 电气计算

（1）潮流、安稳、短路计算年水平年按照投产年进行考虑，并对投产两年的水平年进行校核。

（2）明确计算边界条件，边界条件包括如下内容：计算年区域电网的负荷水平，周边发电机组规模及开机情况，区域电网与外部电网的连接情况，电网开环情况，主要变电站变压器容量及阻抗情况，主要变电站母线并列、分列情况。

（3）潮流计算首先应说明采用的计算程序、版本号，说明计算条件，计算水平年，计算负荷及机组开机情况、电网接线、变电容量及分段运行情况等。

（4）潮流计算是电气计算的基础，潮流计算的基础方式选择对于电气计算的整体结果影响巨大。首先应利用仿真计算程序建立所在区域电网目标年的网架结构，该网架结构需与规划确定的网架结构一致（包含线路数量、变电站数量、变压器容量、开环情况等），应结合已有的各变电站历年最大负荷情况及负荷预测，确定目标年各变电站的负荷水平；结合现状机组运行及未来装机规划，确定目标年各发电机开机情况。考虑实际可能出现的不利情况，合理安排基础方式，基础方式应满足以下要求：

1）各断面潮流分布合理，线路及变压器均不过载，满足 $N-1$ 静态安全性要求。

2）无功功率分布合理，基本满足分层分区平衡的要求。

3）各主要节点电压都在正常范围内。

4）发电机组开机方式具有代表性且处理分布合适。

网架确定后，在项目接入系统前，必须首先进行目标年项目接入前基础方式的计算，应反复调整负荷、开机、无功补偿、功率因数等数据，使得基本方式能够满足以上要求，并将所进行的调整作为进行潮流方式的必要条件，反应在计算条件中，予以明确指出，如限制开机、网架开环、限制接带的负荷情况等。

（5）首先计算项目推荐接入系统方案正常运行方式下的潮流，然后进行静态安全分析，根据《电力系统安全稳定导则》，校核 $N-1$、$N-2$ 及特殊情形下系统的安全性，一般是在正常方式下，逐个断开线路、变压器等元件，分析元件停运后其他元件负载率情况、各主要节点电压水平，找出网架薄弱环节，确定接入方案的可行性。注意对于同塔线路，其同时检修或故障概率大，分析静态安全性时，虽然按照同时断开考虑，但是其对网架的影响也应能满足 $N-1$ 的静态安全性要求。

（6）在可行性研究报告中体现各方式潮流计算情况。插入潮流图，潮流图中应标示研究区域的线路潮流、主要节点电压、主要电厂出力、各主要变电站负荷等情况。对于所关注的变压器，应体现变压器的降压负荷数据。说明不同方式下潮流计算的结果，重点说明该工程线路、变压器潮流情况，以及周边关

系较大的线路、变压器潮流情况，说明与该项目相关的主要节点的电压水平，给出该方式潮流计算的分析结论。

（7）对于一般输变电工程来说，主要是满足负荷增长要求，进行大负荷方式下潮流计算，但是对于新能源汇集工程或区域新能源占比较大的项目，应考虑新能源消纳的因素。结合负荷曲线，对于风电占主导的地区，由于风电出力一般在后半夜，因此应补充计算小负荷方式、风电大发状态下正常方式及 $N-1$、$N-2$ 等方式；对于光伏占主导地区，由于光伏一般是中午出力较大，且春秋二季效率最高，因此应补充计算腰荷或平峰方式、光伏大发状态下正常方式及 $N-1$、$N-2$ 等方式。另外，为满足新能源的消纳，需调整常规机组出力，应关注机组的调峰能力，且新能源开发方式对系统的电压水平提出了更高的要求，要注意系统无功配置情况。

（8）对于新能源汇集工程，需进行安全稳定性分析计算。电力系统的稳定性分为功角稳定性、频率稳定性、电压稳定性三类。进行计算时，故障的设置类型主要有交流线路的三相永久性故障；同塔双回线路同杆异名相跨线故障；检修方式下叠加母线故障等，故障点的设置应选在对系统稳定影响最严重的地点，线路应选在两侧的变电站出口处。

（9）安稳计算章节应说明计算选用的发电机组的模型、负荷模型、选择的故障方式等。根据安稳分析计算，列表给出系统是否稳定的结论，如出现不稳定情况应提出解决措施，一般是调整网架结构、切机、切负荷等措施，需要在报告中予以明确。对于安稳分析较为复杂的项目，必要时出具安稳专题分析计算报告。暂态稳定计算结果见表 2-4。

表 2-4　　暂态稳定计算结果

序号	故障线路	故障侧	故障类型	结论
1	××～××Ⅰ线	××站	××短路	稳定/不稳定
2	……			

（10）短路计算应首先注明计算年度的边界条件，包括计算水平年，主要电网接线及开环情况，周边电源装机及机组接入情况，主要变电站变压器台数、容量，变压器阻抗，变电站分段运行，变压器中性点小电抗安装情况等。利用短路计算软件，建立短路计算模型文件，计算工程投运后及远景年与本工程有

关的主要站点的三相及单相短路电流。注意常用短路计算软件的计算方法一般提供了基于方案和基于潮流两种计算方法，基于方案的计算方法采用等效电压源法，计算由等值点和大地进行等效的全系统戴维南等效阻抗，取母线基准电压标幺值作为短路点开路电压，以此作为基础进行短路计算；而基于潮流的方法需先进行潮流计算，母线电压按照潮流计算的结果进行确定。工程规划设计阶段一般选择基于方案的短路电流计算，根据区域电网的情况选择基准电压标幺值，一般为 1.0～1.1。

（11）短路计算时，应对项目所在电网分区主要节点的短路电流进行扫描，输出分区所有节点短路电流值，首先与调度提供的年度运行方式报告的数据进行比较，确保计算结果的合理性；其次，分析工程投运对所在电网分区短路电流的影响，重点关注短路临界或超标场站的情况。

（12）影响电网短路电流的主要因素包括：① 电源布局及地理位置，特别是大型发电厂距离负荷中心的电气距离；② 发电厂的装机容量、电压等级、接线方式、电机及变压器的阻抗等；③ 网架的紧密程度及不同电压的电磁耦合程度；④ 系统中性点接地方式和数量对单相短路电流影响较大。

（13）系统短路电流必须限制在合理范围内，若短路计算发现区域电网出线短路电流超标的情形，应优先调整网络结构，通过母线分列运行、网架开环运行等方式进行限制，评估方案效果，并重新按照新的边界条件进行潮流、安稳分析计算。因此，建议制定接入系统方案并完成正常方式潮流计算后，即要进行一次短路计算，如该方案短路超标，立即采取措施，直到短路电流满足要求后再进行新的潮流计算及静态、暂态安全性分析，避免后期因短路电流问题造成前期大量无效工作。

（14）除调整网络结构外，其他解决短路电流超标问题的措施还有采用高阻抗的变压器和发电机、安装限流电抗器、更换断路器提高遮断容量、在变压器中性点安装小电抗等。以上措施中，对于新建工程，提高变压器阻抗容易实施，效果好，应优先采用；其次为调整网络结构，改变电网开环方式，这对于区域整体供电可靠性有影响，需要在满足整体供电可靠性的基础上采用；安装限流电抗器、变压器中性点小电抗均需新增设备，且变压器中性点小电抗仅对限制单相短路电流有作用，要结合项目用地、投资等情况确定；最后选择是更换断路器提高遮断容量，因为设备造价高、需要施工的周期长，实施难度较大。

（15）电网单相短路电流一般较大，若限制增加变压器中性点小电抗，需选择多个小电抗分别计算各点的短路电流，比较不同小电抗数值对于短路电流的

限制作用，尽量减小电抗值，降低工程投资。

（16）如短路电流的限制措施较为复杂，必要时应出具专题分析报告，进行方案的技术经济对比，确定限制措施和要求。

（17）完成短路计算后在可行性研究报告中列表描述项目相关的主要厂站及厂站母线的三相、单相短路电流，与设备遮断电流进行比较，给出短路计算的结论。短路电流计算结果见表2－5。

表2－5　短路电流计算结果

分类	断路器截断容量（kA）	三相短路电流（kA）	单相短路电流（kA）
××站××kV A母线			
××站××kV B母线			
××站××kV母线			
……			

4. 主要电气参数选择

（1）对设计水平年推荐方案进行无功平衡计算，确定无功补偿设备的型式、容量及安装地点。

（2）无功配置应遵循Q/GDW 10212《电力系统无功补偿技术导则》的要求，坚持“全面规划、合理布局、分层分区、就地平衡”的总体原则，整体上实现“总体平衡与局部平衡相结合，以局部为主；集中补偿与分散补偿相结合，以分散补偿为主；高压补偿与低压补偿相结合，以低压补偿为主”，小负荷方式下，站内无功配置主要考虑配置电抗器，以平衡系统的充电功率；大负荷方式下，站内无功配置主要考虑配置电容器，主要用于平衡变压器无功，并向系统提供适度无功功率。根据以上原则分析计算远景、本期变电站电容、电抗器的配置容量，使得各侧电网的补偿容量、功率因数、电压水平等满足Q/GDW 10212《电力系统无功补偿技术导则》和电能质量等的要求。典型感性无功平衡见表2－6。

表2－6　典型感性无功平衡

出线方向	线路长度（km）	线路充电功率（Mvar）	应补偿感性无功容量（Mvar）
××			
××			
……			
合计			

注　1　××截面导线充电功率按×× Mvar/km计算。

2　本站出线对侧为变电站，两侧变电站各补偿线路充电功率的1/2；对侧为电厂，本站补偿全部充电功率。

典型容性无功平衡见表2－7。

表2－7　　典型容性无功平衡

分类	容性无功补偿容量			
	0 Mvar	×Mvar	×Mvar	×Mvar
××kV母线电压（kV）（高压侧）				
××kV母线电压（kV）（中压侧）				
××kV母线电压（kV）（低压侧）				
××功率因数				
……				

（3）确定好站内电容、电抗的总容量后，还结合通用设备，设定无功补偿装置的分组容量，并计算各台电容、电抗投退时电网的电压波动，周边各电压等级站点的电压波动不应超过额定电压的2.5%。投切1组电容/电抗引起的母线电压变化见表2－8。

表2－8　　投切1组电容/电抗引起的母线电压变化表

母线名称	基准电压	投低容前母线电压	投低容后母线电压	电压波动（%）
××站××kV母线				
××站××kV母线				
……				

（4）对于长距离输变电工程、长距离电缆输电、海岛供电等，必要时进行设计水平年工频过电压、潜电流等计算，根据计算结果确定是否配置高压电抗器。这种情况一般需要进行无功过电压的专题研究，根据专题研究的结论，综合考虑高、低压侧无功配置方案。

（5）进行变压器的调压计算，应计算正常方式下母线电压的波动范围，确定主变压器的调压方式、调压主抽头及分接头。调压计算应首先说明计算条件，包括计算水平年、大小负荷方式、网络接线方式、无功补偿设备配置及运行情况、发电机组功率因数取值、负荷功率因数取值、各级电压等级母线电压的控制范围等。计算大方式、小方式下电网典型运行方式下变压器各侧分接头处于不同位置时本站及相关变电各侧母线的电压水平，并在报告中列表体现。最后提出变压器额定电压的选择及正常运行下主变压器抽头的运行位置，提出主变

压器是否需要采用无励磁调压变压器的结论。典型调相调压计算结果见表2-9。

表2-9　　典型调相调压计算结果

运行方式	××站				××站母线电压（kV）
	主变压器抽头	无功配置（Mvar）	母线电压（kV）	主变压器潮流（MVA）	
一、大方式					
方式1					
方式2					
……					
二、小方式					
方式1					
方式2					
……					

（6）根据分层分区电力平衡结果，结合系统潮流、工程供电范围内负荷及负荷增长情况、电源接入情况和周边电网发展情况，确定本工程变压器单组容量和本期建设的台数等内容。

（7）变电站主变压器容量的确定一般遵循以下原则：

1）主变压器容量一般按变电站建成后5～10年的规划负荷选择，并适当考虑到远期10～20年的负荷发展。对于城郊变电站，主变压器应与城市规划相结合。

2）根据变电站所带负荷的性质和电网结构来确定主变压器的容量。对于有重要负荷的变电站，应考虑当一台主变压器停运时，保证用户的一级和二级负荷正常供电；对于一般性变电站，当一台主变压器停运时，其余变压器容量应能保证全部负荷的 70%～80%供电。

3）同级电压的单台降压变压器容量的级别不宜太多，应从全网出发，推行系列化、标准化。

（8）变电站主变压器台数的确定一般遵循以下原则：

1）对于大城市郊区的一次变电站，在中、低压侧已构成环网的情况下，变电站以装设两台主变压器为宜。

2）对于地区性孤立的一次变电站或大型工业用变电站，在设计时应考虑装设 3～4 台主变压器的可能性。

3）对于规划只装设两台变压器的变电站，应结合远景负荷的发展，研究其变压器基础是否需要按大于变压器容量的要求设计，以便负荷发展时，有调换更大容量的变压器的可能性。

（9）变电站主变压器形式选择主要是确定主变压器的相数（单相或三相）、备用相设置、绕组数量及其连接方式。

1）变压器相数。对于 220kV 及以下电压等级变电站，若大件运输条件允许，主变压器应选用三相变压器。

2）绕组数量和连接方式。对于具有三种电压的变电站，如通过主变压器各侧绕组的功率均在该变压器额定容量的 15%以上，或在变电站内需装设无功补偿设备时，主变压器宜选用三绕组变压器。对于深入负荷中心，具有直接从高压降为低压供电条件的变电站，为简化电压等级或减少重复降压容量，一般宜采用双绕组变压器。一台三相变压器或拟接成三相的单相变压器组，其绕组接线方式应根据该变压器是否与其他变压器并联运行、中性点是否引出和中性点负荷要求来选择。系统采用的绕组接线方式一般是星形联结、三角形联结。

3）自耦变压器的选择。对于 220kV 及以下电压等级电网，则应根据地区电网具体特点研究论证确定。

（10）依据电气计算结果，确定变压器的额定主抽头、调压方式、短路阻抗参数等。

1）变压器额定电压、调压方式及调压范围的选择，应满足变电站母线的电压质量要求，并考虑系统 5～10 年发展的需要。

2）变压器额定电压应结合系统结构、变压器所处位置、系统运行电压水平、无功电源分布等情况进行优化选择。降压变压器高压侧额定电压宜与所处电网

运行电压相适应，一般选用 1～1.05 倍系统额定电压；中压侧额定电压一般选用 1.05～1.1 倍系统额定电压；低压侧额定电压一般选用 1.0～1.05 倍系统额定电压。

3）220kV 及以上交流变电站主变压器一般选用无励磁调压型，经调压计算论证确有必要且技术经济比较合理时，可选用有载调压型。110kV 及以下交流变电站主变压器一般至少有一级变压器采用有载调压方式。

4）无励磁调压变压器抽头宜选用±2×2.5%；有载调压变压器抽头宜选用±8×1.25%。

5）变压器各侧短路阻抗应根据电力系统稳定、无功平衡、电压调整、短路电流、变压器间并联运行方式等因素综合考虑。注意扩建主变压器若与前期主变压器并列运行，参数应满足主变压器并列运行条件。

（11）变压器中性点接地方式的选择需要综合考虑多项因素。

1）对于 110kV 及以上系统，一般采用中性点直接接地方式。当单相短路电流大于三相短路电流时，应考虑使用中性点经小电抗接地的方式。

2）10～66kV 电网一般采用中性点不接地方式，当单相接地故障电流大于 10A 时，采用中性点经消弧线圈或低电阻接地的方式。

（12）提出对变电站电气主接线的要求如下：

1）220kV 变电站主接线如下：根据 DL/T 5218《220kV～750kV 变电站设计技术规程》的要求，对于 220kV 变电站中的 220kV 配电装置，当在系统中居重要地位、出线回路数为 4 回及以上时，宜采用双母线接线；当出线和变压器等连接元件总数为 10～14 回时，可在一条母线上装设分段断路器，15 回及以上时，在两条母线上装设分段断路器；对于 220kV 变电站中的 110、66kV 配电装置，当出线回路数为 6 回及以上时，可采用双母线或双母线分段接线；对于 35、10kV 配电装置，宜采用单母线接线，并根据主变压器台数确定母线分段数量。

2）110kV 及以下变电站一般采用单母线、桥、扩大内桥等简单接线方式。注意，双母线分段的设定除满足以上标准外，还可根据系统的需要确定，如必须进行分列运行控制短路电流、提升供电可靠性时，可进行分段，分段方案应经过专题分析论证；另外，根据《国家电网有限公司十八项电网重大反事故措施》的要求，为防止变电站全停及重要客户停电，220kV 及以上新建工程采用双母线双分段接线方式的组合电器开关设备，本期进出线回路数 4 回及以上，应将母联及分段开关一次性配置齐全。

（13）提出导线截面选择结论。注意变电站出线回路数及导线截面，应根据变电站在系统中的地位和作用，在考虑变电站送出（受入）电力的容量和电气距离，选择与之相匹配的送出线路的导线截面和回路数，以满足正常方式时导线运行在经济电流密度附近，事故情况下不超过导线发热电流的要求，列表注明不同截面导线的经济输送容量及 25、40℃下导线的极限热稳定电流；对于电缆线路应说明不同截面电缆在各种敷设方式下的输送容量，最终给出导线截面选择的结论。

（14）在满足规定的技术要求，应尽可能加大线路的导线截面，这样不仅可以节约土地资源和减少对环境的影响，在经济上也是有利的。应优先采用同塔双回路或多回路的送电线路，变电站每一组送电回路的最大输送功率所占总负荷的比例不宜过大，除应保证正常情况下突然失去一回线时系统稳定以外，还须考虑严重故障，如失去整个通道（所有回路）时，保持受端系统电压与频率的稳定。

5. 其他电气参数选择

（1）依据运行方式、潮流分析等，确定母线通流容量和相关电气设备额定电流水平，结合通用设备，向变电专业提供基础资料。

（2）必要时进行操作过电压分析计算，根据分析结果，对断路器合闸电阻及接地开关提出初步要求。

6. 系统专业可行性研究计算内容

系统专业可行性研究计算内容见表 2-10。

表 2-10　　可行性研究计算项目

序号	计算项目	备注
1	电力平衡分析计算	
2	潮流计算	
3	安稳计算	如需
4	短路计算	
5	无功平衡计算	
6	调压计算	
7	工频过电压计算	如需
8	潜供电流计算	如需
9	操作过电压计算	如需

三、专业配合

专业间工作配合内容及要求见本书第一章第六节《工程设计专业间联系配合及会签管理》。系统专业工作范围见表2-11。

表2-11　　系统专业工作范围

序号	项目	专业	分工界限
1	各级电压接线方式	系统一次	一般由系统论证后提出接线建议
2	各级电压出线间隔排列	系统一次	由系统提供地理位置排列，具体排列电气一次、线路确定
3	主变压器型式及容量、分接头、调压方式及中性点接地方式等	系统一次	由系统提供型式及参数要求和建议，电气一次具体选型，若有问题再会同系统研究确定
4	无功补偿容量及形式	系统一次	由系统提供补偿方式容量及接线方式等要求
5	线路输送功率及母线穿越功率	系统一次	由系统按5～10年规划提供远景及本期的母线、线路最大电流及导线规格
6	短路电流计算	系统一次	由系统按5～10年规划计算系统侧短路电流、中性点入地短路电流、线路短路电流

送电工程专业间互提资料项目见表2-12。

表2-12　　送电工程专业间互提资料项目

序号	资料名称	资料主要内容	类别	接收专业	备注
1	系统配电资料	线路建设必要性、建设规模导线型号截面、出线回路、间隔排列等	重要	送电电气	
2	地理接线图	—	重要	送电电气	
3	系统短路电流曲线	本体及有关分支线路	重要	送电电气	

变电工程设计专业间互提资料项目见表2-13。

表2-13　　变电工程设计专业间互提资料项目

序号	资料名称	资料主要内容	类别	接收专业	备注
1	电力系统资料	变电站规模、出线电压等级、出线回路数及方向、工作电流、无功补偿装置配置	重要	变电一次、变电二次、通信	
2	短路容量	系统阻抗	重要	变电一次、变电二次	
3	站址	规划选站址资料	重要	有关专业	

系统专业需要进行会签的图纸见表 2－14。

表 2－14　　会签图纸列表

序号	图纸名称	设计专业	会签专业	备注
1	电气主接线图	变电一次	系统	
2	电气总平面图	变电一次	系统	
3	线路路径图	线路电气	系统	

四、输出成果

输出成果列表见表 2－15。提交设计图纸质量要求见本书第一章第七节《工程设计图纸管理》。

表 2－15　　输出成果列表

序号	名称	图纸级别
1	可行性研究报告（系统部分）	
2	现状地理接线图	一级
3	本工程接入前周边电网地理接线图	一级
4	本工程接入系统示意图	一级
5	远景年周边电网地理接线图	一级

第二节　初步设计阶段

输变电工程初步设计阶段系统设计是对可行性研究阶段系统设计的进一步深化和细化，应根据工程建设的具体条件，对可行性研究阶段确定的工程规模和设备参数进行校核分析，并为其他专业提供系统参数。

一、深度要求

（一）概述

简述与工程有关的电力系统现状及系统发展规划。初步设计阶段应对可行性研究阶段确定的规模和设备参数等进行校核，如有重大变化时，提出相应的论证报告。

（二）建设规模

建设规模分别如下：

（1）主变压器规模。变电站远期、前期、本期主变压器规模。

（2）出线规模。变电站各电压等级远期、前期、本期出线规模、方向和分期建设情况。

（3）无功补偿装置。远期、前期、本期无功补偿装置的型式、组数和容量等。

（三）主要电气参数

主要电气参数应包括以下内容：

（1）主要电气参数的确定应满足通用设备的选用要求，若不满足应重点论述。

（2）主变压器型式及参数选择，包括容量、台（组）数、绕组数、接线组别、额定电压比、调压方式（有载或无励磁、调压范围、分接头档位数）及阻抗等参数的选择。

（3）为满足电力系统各种运行方式的需要对主接线提出要求。

（4）说明各电压等级母线通流容量、相关电气设备额定通流容量。

（5）提出电力系统短路电流计算结果，包括电力系统（投产年限）归算到变电站有关电压母线的阻抗；电力系统中期或远景年归算到变电站有关电压母线的阻抗。

（6）110（66）～220kV 输变电工程提出变压器中性点接地方式、变压器低压侧出线电缆和架空线路的规格及长度。

（7）110（66）～220kV 输变电工程必要时应计算感应电压和感应电流。

（8）必要时应对谐波含量及限制措施做专题研究。

二、工作开展

（一）资料收集

输变电工程初步设计过程中，系统专业收集资料主要内容见表 2－16。

表 2－16　系统专业收集资料主要内容

序号	收集资料项目	收资对象	备注
1	收口的可行性研究资料	业主单位	
2	可行性研究批复意见	业主单位	

（二）设计要点

设计要点如下：

（1）初步设计要落实项目投产时间、建设范围等，如与可行性研究不一致，需重新进行全部系统计算，以落实项目可行性；若整体规模及投产时间与可行性研究一致，需对关键参数进行校核。

（2）输变电工程初设阶段重点校核的参数包括：① 出线规模及电气主接线，变电站各电压等级远期、前期、本期出线规模、方向和分期建设情况、间隔排序情况等，对各电压等级电气主接线的要求等；② 主变压器型式及参数选择，包括容量、台（组）数、绕组数、接线组别、额定电压比、调压方式（有载或无励磁、调压范围、分接头档位数）及阻抗等参数的选择；③ 各电压等级母线通流容量，相关电气设备额定电流；④ 短路电流计算结果等；⑤ 系统各级中性点接地方式等。

（3）对于低压侧有出线的变电站，计算中性点入地电流，根据Q/GDW 10370《配电网技术导则》、GB/T 50064《交流电气装置的过电压保护和绝缘配合设计规范》及调控部门关于配电网中性点接地方式的相关要求，确定低压侧中性点接地方式。

（4）注意初步设计时，进行短路计算时应提供单相接地短路时各线路贡献的短路电流及变压器中性点入地电流，提供给变电一次专业，用于主接地网的设计；同时计算各条线路上各点单相接地短路的短路电流曲线、两端变电站对于短路电流的贡献等，提供线路、通信等专业，用于线路地线的选择校核。

（5）初步设计需要进行的系统计算内容见表2－17。

表2－17　　电力系统计算项目目次表

序号	计算项目	备注
1	潮流计算	如需
2	短路计算	

注　对于110（66）kV输变电工程，若未与高电压、大容量输电线路同杆架设，不需计算。

三、专业配合

专业间工作配合内容及要求见本书第一章第六节《工程设计专业间联系配合及会签管理》。变电工程专业间互提资料项目分别见表2－18。

表 2－18　　　　　　　　变电工程专业间互提资料项目

序号	资料名称	资料主要内容		类别	接收专业	备注
1	系统资料	新建、扩建及开断等情况，运行方式，主接线形式、线路长度、备用电源自投要求、安全自动装置原则要求		重要	继电保护	
2	短路容量	①	远景及本期工程的规模	重要	变电、保护、远动、通信	
			主变压器台数及主要参数			
			各级电压进出线回路数			
			各级电压母线的结线方式			
			无功补偿分组容器及容量			
			消弧线圈台数及容量			
		②	系统短路容量			
		③	母线穿越功率或母线规模			
		④	手动准同期的位置			
		⑤	110kV 以下线路对侧有电源并需环网运行的线路名称			
		⑥	220kV 及以上线路最大潮流			

四、输出成果

输出成果见表 2－19。提交设计图纸质量要求见本书第一章第七节《工程设计图纸管理》。

表 2－19　　　　　　　　输 出 成 果 汇 总 表

序号	文件名称	图纸级别
1	初步设计说明（系统部分）	
2	现状地理接线图	一级
3	本工程接入前周边电网地理接线图	一级
4	本工程接入系统示意图	一级
5	远景年周边电网地理接线图	一级

第三章

变 电 一 次 设 计

本章从可行性研究、初步设计、施工图设计三个阶段分别阐述变电一次设计的相关工作内容和深度，并辅以说明变电一次专业与其他专业的配合工作内容，可为设计人员提供参考和指导。

第一节　可行性研究阶段

一、深度要求

（一）系统概况

应简要描述工程所在地近远期电力网络结构、变电站变电容量、各级电压出线回路数、无功补偿等。

（二）电气主接线及主要电气设备选择

根据变电站规模、线路出线方向、近远期情况、系统中位置、站址具体情况和短路电流水平、中性点接地方式等，在进行综合分析比较的基础上，对变电站的电气主接线和主要电气设备的选择提出初步意见，对新技术的采用进行简要分析。对采用紧凑型设备和大容量电气设备方案，需进行技术经济比较，提出推荐意见。

对于扩建变压器、间隔设备工程，需注意与已有工程的协调，校核现有电气设备及相关部分的适应性，有无改造搬迁工程量。对涉及拟拆除的一、二次设备进行设备寿命评估和状态评价，列举拟拆除设备清单并提出拟拆除设备处置意见。

（三）电气布置

电气布置应包含以下内容：

（1）说明各级电压出线走廊、排列顺序，新建变电站应提供两个及以上的全站电气总平面布置方案。

（2）应简述各级高压配电装置型式选择、高压配电装置的间隔配置及近远期配合措施等。

（3）应说明站用电源方案及直击雷防护方案。

（4）根据土壤情况及必要的电气计算，分析确定接地网型式。

二、工作开展

设计人员接收工作任务后，在开展设计前应根据设计任务书做好设计规划，并进行设计准备工作，包括了解业主对设计的要求、收集相关的设计资料、进行现场踏勘等。设计人员应根据设计计划的时间要求开展工作。

（一）资料收集

收集的资料内容如下：

（1）项目设计基础资料，气象报告包含最高气温、最低气温、最热月平均最高温度、最冷月平均温度、地震烈度、平均最大风速、平均相对湿度、日照强度、覆冰厚度、污秽等级等信息；地勘报告包含土壤电阻率、土壤对钢的腐蚀性、土壤酸碱度等信息。

（2）新规范、新技术、新工艺、新设备、新材料及新系统、新布置、新设计方法，可从国家重点节能低碳节能技术应用、电力行业“五新”技术及电力建设低碳技术应用、建筑业10项新技术应用、公司基建新技术推广目录应用里查找，并在设计方案中予以使用。

（3）经过生产、运行考验的项目设计参考资料，并注意收集顾客的意见及其反馈信息，收集来自施工单位、运行单位的各类设计质量信息，根据变电站的电压等级和使用维护单位，收集最新要求，比如设计审查手册、验收问题汇总、标准工艺及做法等。

（4）国网最新版本的通用设计、通用设备。

（5）其他资料。

（二）工作要点

1. 选站址

（1）认真消化、理解系统专业提资，明确工程规模，根据工程规模选用合适的通用设计方案并根据实际情况进行调整，确定整站尺寸。

（2）准备好电气总平面图纸及测距装备，联系业主方（最好有发展部、运检部相关人员），约定时间地点一同前去一个或几个备选站址实地勘测。

（3）站址应避开生态红线，应与站址附近易燃、易爆源（油库、炸药库等）保持安全距离。

（4）会同线路专业人员实地考察站址，根据线路专业有利于出线的方向确定站址方向。

（5）会同土建专业人员实地考察站址，根据土建专业有利于设备运输的方向确定变电站的大门朝向。

（6）当需要外引专线电源时，待站址确定后，向属地运维人员咨询并核实距离最近的 10kV 或 35kV 备用间隔，作为站用电源。

2. 内业设计

（1）系统概况。应简要描述工程所在地近远期电力网络结构、变电站变电容量、各级电压出线回路数、无功补偿等。

（2）电气主接线。电气主接线应根据变电站的规划容量，线路、变压器连接元件总数，设备特点等条件确定。结合“两型三新一化”的要求，电气主接线应结合考虑供电可靠性、运行灵活、操作检修方便、节省投资、便于过渡或扩建等要求。对于终端变电站，当满足运行可靠性要求时，应简化接线形式，采用线变组或桥型接线。对于 GIS、HGIS 等设备，宜简化接线形式，减少元件数量。

（3）主变压器中性点接地方式。主变压器 220、110kV 侧中性点采用直接接地方式，并具备接地打开条件；实际工程需结合系统条件考虑是否装设主变压器直流偏磁治理装置。

66、35（10）kV 依据系统情况、出线路总长度及出线路性质确定系统采用不接地、经消弧线圈或小电阻接地方式。

（4）短路电流。

220kV 电压等级：短路电流控制水平 50kA，设备短路电流水平 50kA。

110kV 电压等级：短路电流控制水平 40kA，设备短路电流水平 40kA。

66kV 电压等级：短路电流控制水平 31.5kA，设备短路电流水平 31.5kA。

35kV 电压等级：短路电流控制水平 25kA，设备短路电流水平 25kA。

10kV 电压等级：短路电流控制水平 25kA，设备短路电流水平 31.5kA。

（5）主要设备选择。电气设备选型应从《国家电网有限公司标准化建设成果（通用设计、通用设备）应用目录》（基建技术〔2023〕5 号）中选择，并且应按照《国家电网有限公司输变电工程通用设备 35～750kV 变电站分册（2018 年版）》（注：实际应用需按最新版）的要求统一技术参数、电气接口、二次接口、土建接口。

（6）导体选择。母线载流量按最大系统穿越功率外加可能同时流过的最大下载负荷考虑，按发热条件校验。出线回路的导体按照长期允许载流量不小于送电线路考虑。

220、110kV 导线截面应进行电晕校验及对无线电干扰校验。

主变压器高、中压侧回路导体载流量按不小于主变压器额定容量 1.05 倍计算，实际工程可根据需要考虑承担另一台主变压器事故或检修时转移的负荷。主变压器低压侧回路导体载流量按实际最大可能输送的负荷或无功容量考虑；220、110kV 母联导线载流量应按不小于接于母线上的最大元件的回路额定电流考虑；220、110kV 分段载流量应按系统规划要求的最大通流容量考虑。

（7）电气总平面布置。电气总平面应根据电气主接线和线路出线方向，合理布置各电压等级配电装置的位置，确保各电压等级线路出线顺畅，避免同电压等级的线路交叉，同时避免或减少不同电压等级的线路交叉。必要时，需对电气主接线做进一步调整和优化。电气总平面布置还应考虑本期、远期结合，以减少扩建工程量和停电时间。

各电压等级配电装置的布置位置应合理，并因地制宜地采取必要措施，以减少变电站占地面积。配电装置应尽量不堵死扩建的可能。

结合站址地质条件，可适当调整电气总平面的布置方位，以减少土石方工程量。

电气总平面的布置应考虑机械化施工的要求，满足电气设备的安装、试验、检修起吊、运行巡视及气体回收装置所需的空间和通道。

（三）专业配合

接收外专业资料见表 3－1。提供外专业资料见表 3－2。会签图纸列表见表 3－3。

表 3-1　　接收外专业资料表

序号	资料名称	资料主要内容	提供专业
1	电力系统资料	变电站规模、出线电压等级、出线回路数及方向、工作电流、无功补偿装置配置	系统
2	短路容量	系统阻抗	系统
3	二次设备室平面布置图	二次设备室平面、屏位布置方案	二次
4	TA/TV 参数	—	二次
5	总平面布置图	—	土建

表 3-2　　提供外专业资料表

序号	资料名称	资料主要内容	接收专业
1	电气总平面图	占地面积、总体布置方案	土建、通信、线路
2	电气主接线图	接线形式	二次
3	户外配电装置断面参考图	架构及设备支架布置	土建
4	户内配电装置平断面参考图	配电装置室布置及高度	土建
5	主控楼面积估算资料	主控楼面积及各层高度	土建
	技经资料	变电站电气一次主要设备材料	技经

表 3-3　　会签图纸列表

序号	图纸名称	设计专业	会签专业	备注
1	电气主接线图	变电一次	系统、变电二次	
2	电气总平面图	变电一次	土建、变电二次、线路	

（四）设计输出成果

设计输出成果见表 3-4。

表 3-4　　设计输出成果汇总表

序号	文件名称	比例	图纸级别
1	电气主接线	—	一级
2	电气总平面	1:200～1:500	一级

第二节　初步设计阶段

一、深度要求

（一）电气主接线

电气主接线的深度要求如下：

（1）简述变电站远期、本期建设规模［包括主变压器容量和台（组）数，出线回路数及其名称，无功补偿装置的容量、台（组）数等］。改扩建工程应分别说明工程远期、前期和本期建设规模。

（2）电气主接线方案应与通用设计及输变电工程“两型三新一化”建设技术要求一致。说明选用的通用设计方案，不一致时应说明理由。

（3）论述电气主接线方案（包括各级电压远期、本期接线），必要时应分析论证分期建设方案过渡方式。主接线优化应提出比选方案。

（4）说明各级电压中性点接地方式。如需采用中性点经消弧线圈或小电阻接地方式的，应计算出线电容电流，论述其装设的必要性。

（二）短路电流计算及主要设备选择

短路电流计算及主要设备选择的深度要求如下：

（1）说明短路电流计算的依据和条件，并列出短路电流计算结果。

（2）说明导体和主要电气设备的选择原则和依据，包括系统条件、变电站自然条件、环境状况、污秽等级、地震烈度等。

（3）说明通用设备的应用情况，未采用时应说明理由。

（4）说明导体和主要电气设备的选择结果（包括选型及主要技术规范，主要电气设备及导体选择结果表和主要技术规范应同时标注在电气主接线图中）。改、扩建工程应校验原设备参数。大容量变压器的选型应结合变电站所在地区大件运输条件加以说明。当采用金属封闭气体绝缘组合电器（GIS、HGIS 等）设备时，应论述其必要性。

（5）根据工程特点及运行需求，提出设备状态监测范围及参量，提出各传感器的安装方式及前置 IED 配置方案，说明互感器选型情况。设计方案应符合 GB/T 51072《110（66）kV～220kV 智能变电站设计规范》、Q/GDW 410《智能高压设备技术导则》、Q/GDW 534《变电设备在线监测系统技术导则》及 Q/GDW 10393《110（66）kV～220kV 智能变电站设计规范》中的相关规定，必要时进行专题论述。

（6）结合工程实际情况，提出新技术、新设备、新材料的应用。因地制宜地推广采用节能降耗、节约环保的新产品。

（7）对于同杆架设线路，必要时应根据感应电压和感应电流计算结果选择线路侧接地开关型式。

（三）绝缘配合及过电压保护

绝缘配合及过电压保护的深度要求如下：

（1）论述各级电压电气设备的绝缘配合，说明避雷器选型及其配置情况，必要时专题论述。

（2）说明电气设备外绝缘的爬电比距和绝缘子串的型式、片数选择。

（四）电气总平面布置及配电装置

电气总平面布置及配电装置的深度要求如下：

（1）说明各级电压出线走廊规划、站区自然环境因素等对电气总布置的影响。

（2）说明电气总平面布置方案。电气总平面方案设计应与通用设计及输变电工程“两型三新一化”建设技术要求一致，说明选用的通用设计方案及适应性依据，未采用通用设计时应说明理由。必要时进行方案论证比选。

（3）说明各级电压配电装置型式选择、间隔配置及远近期结合的合理性。

（4）根据变电站所在地区地震烈度要求，说明电气设备的抗震措施。

（五）站用电及照明

站用电及照明的深度要求如下：

（1）说明站用工作/备用电源的引接及站用电接线方案，必要时进行可靠性论述。

（2）说明站用负荷计算及站用变压器选择结果。

（3）简要说明站用配电装置的布置及设备选型。

（4）说明工作照明、应急照明、检修电源和消防电源等的供电方式，并说明主要场所的照明及其控制方式。当选用清洁能源作为照明电源时，应说明供电方式，论证其必要性及经济技术合理性。

（六）防雷接地

防雷接地的深度要求如下：

（1）说明变电站的防直击雷保护方式。

（2）提供变电站土壤电阻率和腐蚀性情况，说明接地材料选择、使用年限、

接地装置设计技术原则及接触电位差和跨步电位差计算结果，需要采取的降阻、防腐、隔离措施方案及其方案间的技术经济比较。高土壤电阻率地区宜进行专题论证。说明二次设备的接地要求。

（3）改、扩建工程应对原有地网进行校验。

（七）光缆、电缆设施

光缆、电缆设施的深度要求如下：

（1）说明站区光缆、电缆设施型式及尺寸，光缆、电缆敷设方式的选择。

（2）说明光缆、电缆设施及其构筑物采取的防火和阻燃措施。

二、工作开展

设计人员接收工作任务后，在开展设计前应根据设计任务书做好设计规划，并进行设计准备工作，包括了解业主对设计的要求、收集相关的设计资料、进行现场踏勘等。设计人员应根据设计计划的时间要求开展工作。

（一）资料收集

收集的资料内容如下：

（1）项目设计基础资料，气象报告包含最高气温、最低气温、最热月平均最高温度、最冷月平均温度、地震烈度、平均最大风速、平均相对湿度、日照强度、覆冰厚度、污秽等级等信息；地勘报告包含土壤电阻率、土壤对钢的腐蚀性、土壤酸碱度等信息。

（2）新规范、新技术、新工艺、新设备、新材料及新系统、新布置、新设计方法，可查找国家重点节能低碳节能技术应用、电力行业“五新”技术及电力建设低碳技术应用、建筑业10项新技术应用、公司基建新技术推广目录应用里可用、适用的新技术，并在设计方案中予以使用。

（3）各类计算机软件的采用，使用最新的设计工具和计算工具，如绘图软件、接地计算软件、感应电压计算软件、短路电流计算程序、导体力学计算、跨线张力计算等。

（4）经过生产、运行考验的项目设计参考资料，并注意收集顾客的意见及其反馈信息，收集来自施工单位、运行单位的各类设计质量信息，根据变电站的电压等级和使用维护单位，收集最新要求，比如设计审查手册、验收问题汇总、标准工艺及做法等。

（5）收集主要设备厂商的各种设备资料，每种设备应收集 3 家以上的厂商设备资料，综合比较选用最合适的尺寸和价格进行变电站的布置和设备造价。

（6）其他资料。

（二）工作要点

1. 电气主接线

电气主接线应根据变电站的规划容量，线路、变压器连接元件总数，设备特点等条件确定。结合“两型三新一化”的要求，电气主接线应结合考虑供电可靠性、运行灵活、操作检修方便、节省投资、便于过渡或扩建等要求。对于终端变电站，当满足运行可靠性要求时，应简化接线形式，采用线变组或桥型接线。对于 GIS、HGIS 等设备，宜简化接线形式，减少元件数量。

（1）220kV 电气接线。当出线回路数为 4 回及以上时，宜采用双母线接线；当出线和变压器等连接元件总数为 10～14 回时，可在一条母线上装设分段断路器；当出线回路数为 15 回及以上时，可在两条母线上装设分段断路器；当出线回路数为 4 回及以下时，可采用其他简单的主接线，如线路变压器组或桥形接线等。实际工程中应根据出线规模、变电站在电网中的地位及负荷性质，确定电气接线，当满足运行要求时，宜选择简单接线。

（2）110（66）kV 电气接线。对于 220kV 变电站中的 110、66kV 配电装置，当出线回路数为 6 回以下时，宜采用单母线或单母线分段接线；当出线回路数为 6 回及以上时可采用双母线；当出线回路数为 12 回及以上时，也可采用双母线单分段接线。当采用 GIS 时可简化为单母线分段。对于重要用户的不同出线，应接至不同母线段。

（3）35（10）kV 电气接线 35（10）kV 配电装置宜采用单母线分段接线，并根据主变压器台数和负荷的重要性确定母线分段数量。当第三台或第四台主变压器低压侧仅接无功时，其低压侧配电装置宜采用单元制单母线接线。

当有 3 台主变压器时，可采用单母线四分段（四段母线，中间两段母线之间不设母联）接线；对于特别重要的城市变电站，3 台主变压器且每台主变压器所接 35（10）kV 出线不少于 10（12）回时宜采用单母线六分段接线，并结合地区配网供电可靠性考虑，A+供电区可采用单母线分段环形接线。

2. 主变压器中性点接地方式

当主变压器 220、110kV 侧中性点采用直接接地方式，并具备接地打开条件；实际工程需结合系统条件考虑是否装设主变压器直流偏磁治理装置。

66、35（10）kV 主变压器依据系统情况、出线路总长度及出线路性质确定系统采用不接地、经消弧线圈或小电阻接地方式。

3. 主要设备选择

（1）电气设备选型应从《国家电网有限公司标准化建设成果（通用设计、通用设备）应用目录》（基建技术〔2023〕5 号）中选择，并且应按照《国家电网有限公司输变电工程通用设备 35～750kV 变电站分册（2018 年版）》（注：实际应用需按最新版）的要求统一技术参数、电气接口、二次接口、土建接口。

（2）变电站内一次设备应综合考虑测量数字化、状态可视化、功能一体化和信息互动化；一次设备应采用“一次设备本体+智能组件”的形式；与一次设备本体有安装配合的互感器、智能组件，应与一次设备本体采用一体化设计，优化安装结构，保证一次设备运行的可靠性及安全性。

（3）主变压器采用三相三绕组/双绕组，或三相自耦低损耗变压器，冷却方式：ONAN 或 ONAN/ONAF。位于城镇区域的变电站宜采用低噪声变压器。当低压侧为 10kV 时，户内变电站宜采用高阻抗变压器。主变压器可通过集成于设备本体的传感器，配置相关的智能组件实现冷却装置、有载分接开关的智能控制。

（4）220kV 开关设备可采用瓷柱式 SF_6 断路器、罐式 SF_6 断路器或 GIS、HGIS 设备。对于高寒地区，当经过专题论证瓷柱式 SF_6 断路器不能满足低温液化要求时，可选用罐式 SF_6 断路器对配电装置进行优化调整。开关设备可通过集成于设备本体上的传感器，配置相关的智能组件实现智能控制，并需一体化设计，一体化安装，模块化建设。位于城市中心的变电站可采用小型化配电装置设备。

（5）110(66)kV 开关设备可采用瓷柱式断路器、罐式断路器或 GIS、HGIS 设备。对于高寒地区，当经过专题论证瓷柱式断路器不能满足低温液化要求时，可选用罐式断路器，对 110kV 配电装置进行优化调整。开关设备可通过集成于设备本体上的传感器，配置相关的智能组件实现智能控制，并需一体化设计，一体化安装，模块化建设。位于城市中心的变电站可采用小型化配电装置设备。

（6）互感器选择宜采用电磁式电流互感器、电容式电压互感器（瓷柱式）或电磁式互感器（GIS），并配置合并单元。具体工程经过专题论证也可选择电子式互感器。

（7）35（10）kV 户外开关设备可采用瓷柱式 SF_6 断路器、隔离开关。35（10）kV 户内开关设备采用户内空气绝缘或 SF_6 气体绝缘开关柜。并联电容器回路宜选用 SF_6 断路器。

位于城市中心的变电站可采用小型化配电装置设备。

4. 导体选择

母线载流量按最大系统穿越功率外加可能同时流过的最大下载负荷考虑，按发热条件校验。

出线回路的导体按照长期允许载流量不小于送电线路考虑。

220、110kV 导线截面应进行电晕校验及对无线电干扰校验。

主变压器高、中压侧回路导体载流量按不小于主变压器额定容量 1.05 倍计算，实际工程可根据需要考虑承担另一台主变压器事故或检修时转移的负荷。主变压器低压侧回路导体载流量按实际最大可能输送的负荷或无功容量考虑；220、110kV 母联导线载流量须按不小于接于母线上的最大元件的回路额定电流考虑，220、110kV 分段载流量须按系统规划要求的最大通流容量考虑。

5. 避雷器设置

本通用设计按以下原则设置避雷器，实际工程避雷器设置根据雷电侵入波过电压计算确定。

（1）户外 GIS 配电装置架空进出线均装设避雷器，GIS 母线不设避雷器。

（2）户内 GIS 配电装置架空出线装设避雷器。三卷变压器高中压侧或两卷变压器高低压侧进线不设避雷器，自耦变压器进线设避雷器。GIS 母线一般不设避雷器。

（3）户内 GIS 配电装置全部出线间隔均采用电缆连接时，仅设置母线避雷器。电缆与 GIS 连接处不设避雷器，电缆与架空线连接处设置避雷器。

（4）HGIS 配电装置架空出线均装设避雷器。三卷变压器高中压侧或两卷变压器高低压侧进线不设避雷器，自耦变压器进线设避雷器。HGIS 母线是否装设避雷器需根据计算确定。

（5）柱式或罐式断路器配电装置出线一般不装设避雷器，母线装设避雷器。三卷变压器高中压侧或两卷变压器高低压侧进线不设避雷器；自耦变压器进线设避雷器。

（6）GIS、HGIS 配电装置架空出线时出线侧避雷器宜外置。

6. 电气总平面布置

电气总平面应根据电气主接线和线路出线方向，合理布置各电压等级配电装置的位置，确保各电压等级线路出线顺畅，避免同电压等级的线路交叉，同时避免或减少不同电压等级的线路交叉。必要时，需对电气主接线做进一步调整和优化。电气总平面布置还应考虑本、远期结合，以减少扩建工程量和停电时间。

各电压等级配电装置的布置位置应合理，并因地制宜地采取必要措施，以减少变电站占地面积。配电装置应尽量不堵死扩建的可能。

结合站址地质条件，可适当调整电气总平面的布置方位，以减少土石方工程量。

电气总平面的布置应考虑机械化施工的要求，满足电气设备的安装、试验、检修起吊、运行巡视及气体回收装置所需的空间和通道。

7. 配电装置

（1）配电装置布局应紧凑合理，主要电气设备、装配式建（构）筑物及预制舱式二次组合设备的布置应便于安装、扩建、运维、检修及试验工作，并且需满足消防要求。

（2）配电装置可结合装配式建筑及预制舱式二次组合设备的应用进一步合理优化，但电气设备与建（构）筑物之间电气尺寸应满足 DL/T 5352《高压配电装置设计规范》的要求，且布置场地不应限制主流生产厂家。

（3）户外配电装置的布置应能适应预制舱式二次组合设备的下放布置，缩短一次设备与二次系统之间的距离。

（4）户内配电装置布置在装配式建筑内时，应考虑其安装、试验、检修、起吊、运行巡视及气体回收装置所需的空间和通道。

（5）GIS、HGIS 出线侧电压互感器单相配置时宜内置。

（6）应根据站址环境条件和地质条件选择配电装置。对于人口密度高、土地昂贵地区，或受外界条件限制、站址选择困难地区，或复杂地质条件、高差较大的地区，或高地震烈度、高海拔、高寒和严重污染等特殊环境条件地区宜采用 GIS、HGIS 配电装置。位于城市中心的变电站宜采用户内 GIS 配电装置。对人口密度不高、土地资源相对丰富、站址环境条件较好地区，宜采用户外敞开式配电装置。

（7）220kV 配电装置采用户内 GIS、户外 GIS、HGIS、柱式断路器、罐式断路器配电装置；110kV 配电装置采用户内 GIS、户外 GIS、柱式断路器、罐式断路器配电装置；66kV 配电装置采用户内 GIS、户外 HGIS、罐式断路器配电装置；35（10）kV 配电装置采用户内开关柜配电装置。

8. 站用电

全站配置两台站用变压器，每台站用变压器容量按全站计算负荷选择；当全站只有一台主变压器时，其中一台站用变压器的电源宜从站外非本站供电线路引接。站用变压器容量根据主变压器容量和台数、配电装置形式和规模、建筑通风采暖方式等不同情况计算确定，寒冷地区需考虑户外设备或建筑室内电热负荷。通用设计较为典型的容量为 315、400、630、800 kVA，实际工程需具体核算。

站用电低压系统应采用 TN－S，系统的中性点直接接地。系统额定电压为 380/220V。

站用电母线采用按工作变压器划分的单母线接线，相邻两段工作母线同时供电分列运行。

站用电源采用交直流一体化电源系统。

9. 电缆

电缆选择及敷设按照《电力工程电缆设计标准》（GB 50217）进行，并需符合《火力发电厂与变电站设计防火标准》（GB 50229）、《电力设备典型消防规程》（DL 5027）有关的防火要求。

高压电气设备本体与汇控柜或智控柜之间宜采用标准预制电缆连接。变电站线缆选择宜视条件采用单端或双端预制形式。变电站火灾自动报警系统的供电线路、消防联动控制线路应采用耐火铜芯电线电缆。其余线缆采用阻燃电缆，阻燃等级不低于 C 级。

宜优化线缆敷设通道设计，户外配电装置区不宜设置间隔内小支沟。在满足线缆敷设容量要求的前提下，户外配电装置场地线缆敷设主通道可采用电缆沟或地面槽盒；GIS 室内电缆通道宜采用浅槽或槽盒。高压配电装置需合理设置电缆出线间隔位置，使之尽可能与站外线路接引位置良好匹配，减少电缆迂回或交叉。同一变电站应尽量减少电缆沟宽度型号种类。结合电缆沟敷设断面设计规范要求，较为推荐的电缆沟宽度为 800、1100、1400mm 等。电缆沟内宜采用复合材料支架或镀锌钢支架。

户内变电站当高压电缆进出线较多，或集中布置的二次盘柜较多时可设置电缆夹层。电缆夹层层高需满足高压电缆转弯半径要求及人行通道要求，支架托臂上可设置二次线缆防火槽盒或封闭式防火桥架。二次设备室位于建筑一层时，宜设置电缆沟；位于建筑二层及以上时，宜设置架空活动地板层。

当电力电缆与控制电缆或通信电缆敷设在同一电缆沟或电缆隧道内时，宜采用防火隔板或防火槽盒进行分隔。下列场所（包括：① 消防、报警、应急照明、断路器操作直流电源等重要回路。② 计算机监控、双重化继电保护、应急电源等双回路合用同一通道未相互隔离时的其中一个回路）明敷的电缆应采用防火隔板或防火槽盒进行分隔。

10. 接地

主接地网采用水平接地体为主、垂直接地体为辅的复合接地网，接地网工频接地电阻设计值应满足 GB/T 50065《交流电气装置的接地设计规范》的要求。

户外变电站主接地网宜选用热镀锌扁钢，对于土壤碱性腐蚀较严重的地区宜选用铜质接地材料。户内变电站主接地网设计考虑后期开挖困难，宜采用铜质接地材料；对于土壤酸性腐蚀较严重的地区，需经济技术比较后确定设计方案。

11. 照明

变电站内设置正常工作照明和疏散应急照明。正常工作照明采用 380/220V 三相五线制，由站用电源供电。应急照明采用逆变电源供电。

户外配电装置场地宜采用节能型投光灯；户内 GIS 配电装置室采用节能型泛光灯；其他室内照明光源宜采用 LED 灯。

12. 编制计算书

计算书不列入设计文件，一般只引述计算条件和计算结果。计算项目见表 3-5，根据具体工程增减，但必须存档妥善保存，以备查用。

表 3-5　　　　成果汇总表

序号	计算项目	依据及相关规范文件	备注
1	短路电流计算	（1）系统提资。 （2）电力工程电气设计手册（电气一次部分）	
2	各回路额定电流计算	（1）系统提资。 （2）电力工程电气设计手册（电气一次部分）	
3	出线电容电流计算	（1）低压出线线路供电半径及供电等级。 （2）电力工程电气设计手册（电气一次部分）	
4	设备选型（动稳定、热稳定及开断电流校验、容量）	（1）系统提资。 （2）短路电流计算结果。 （3）各回路额定电流计算结果。 （4）电力工程电气设计手册（电气一次部分）。 （5）DL/T 5222《导体和电器选择设计规程》。 （6）DL/T 5352《高压配电装置设计规范》。 （7）最新通用设备及应用目录。 （8）出线电容电流计算结果。 （9）鲁电调〔2023〕107 号文《国网山东省电力公司关于印发山东配电网中性点接地方式选取指导意见（试行）的通知》。 （10）GB/T 50064《交流电气装置的过电压保护和绝缘配合设计规范》	
5	导体力学计算	（1）短路电流计算结果。 （2）电力工程电气设计手册（电气一次部分）	

续表

序号	计算项目	依据及相关规范文件	备注
6	导体选型（载流量、电晕、热稳定校验）	（1）导体力学计算结果。 （2）电力工程电气设计手册（电气一次部分）。 （3）DL/T 5222《导体和电器选择设计规程》。 （4）GB 50217《电力工程电缆设计标准》	
7	接地计算	（1）工程岩土工程勘测报告。 （2）GB/T 50065《交流电气装置的接地设计规范》	
8	防雷保护计算	（1）GB/T 50064《交流电气装置的过电压保护和绝缘配合设计规范》。 （2）GB 500570《建筑物防雷设计规范》	
9	感应电压、电流计算	（1）系统提资。 （2）线路提资	
10	绝缘配合计算	（1）GB/T 50064《交流电气装置的过电压保护和绝缘配合设计规范》。 （2）GB 50057《建筑物防雷设计规范》。 （3）山东电力系统污区分布图（2020年）。 （4）DL/T 5222《导体和电器选择设计规程》	

13. 编制专题报告（按需编制）

（1）新建变电站工程本期安装1台主变压器，依据规范要求从站外引接1回可靠电源时，需编制站外电源可靠性专题报告或在说明书里补充相关内容。

（2）新建变电站所在地不属于低温（年最低温度为−30℃及以下）、日温差超过25K、重污秽e级或沿海d级地区、城市中心区、周边有重污染源（如钢厂、化工厂、水泥厂等）地区，363kV及以下GIS采用户内布置时，应充分论证采用户内GIS的必要性，需编制专题报告或在说明书里补充相关内容。

（3）当出线采用同塔双回架空线路时，需编制感应电压、电流计算专题报告或在说明书里补充相关内容。

三、专业配合

专业间工作配合内容及要求见本书第一章第六节《工程设计专业间联系配合及会签管理》。本阶段接收外专业收资内容见表3−6。

表3−6　　接收外专业资料表

序号	收资专业	主要收资内容	备注
1	系统	（1）远景及本期工程的规模。 1）主变压器台数及主要参数。 2）各级电压进出线回路数。	

续表

序号	收资专业	主要收资内容	备注
1	系统	3）各级电压母线的接线方式。 4）无功补偿分组容器及容量。 5）消弧线圈台数及容量。 （2）系统短路容量。 （3）母线穿越功率或母线规模。 （4）手动准同期的位置。 （5）110kV 以下线路对侧有电源并需环网运行的线路名称。 （6）220kV 及以上线路最大潮流	
2	线路	（1）杆塔塔形、数量及呼高。 （2）数量最多的杆塔塔头尺寸。 （3）悬垂串绝缘子平均长度。 （4）线路总长度。 （5）换位图。 （6）导线型号、内外半径、每公里直阻、分裂数、分裂间距、最大弧垂。 （7）地线根数、型号、内外半径、每公里直阻、最大弧垂	如有同塔双回
3	变电二次	主控制室及就地继电器室布置	
4	变电土建	（1）总平面及竖向布置图，包括平面布置、道路、位置、阶梯位置及各阶梯标高，主要沟道布置。 （2）主控制楼平剖面图。 （3）通信综合楼平剖面图。 （4）屋外变电架构资料。 （5）屋内配电装置平剖面图。 （6）辅助建筑平剖面图。 （7）附属建筑平剖面图。 （8）并联电容器、电抗器房间布置图	
5	暖通	（1）电动机资料，包括容量、台数。 （2）主控制室采暖、通风布置。 （3）各辅助生产建筑、附属生产建筑、采暖、通风布置要求	
6	通信	微波塔、沟道、布置要求	

本阶段向外专业提资内容见表 3-7。

表 3-7　　　　提供外专业资料表

序号	资料名称	主要提资内容	接受专业
1	电气总平面布置图	包括地下设施、电缆沟道布置	土建、水工、技经、送电电气、通信
2	屋外配电装置平面布置图	包括断面图及导线荷重	土建
3	出线构架资料	相序、相间距离、间隔排列顺序	送电电气
4	站外电源资料	对侧站站址和间隔，本侧站变容量	送电电气

续表

序号	资料名称	主要提资内容	接受专业
5	全所避雷针资料	位置及高度要求	土建
6	屋内配电装置电气设备布置	屋内净高要求、设备高度、相间距离	土建
7	采暖通风任务书	包括各种设备通风、采暖要求	暖通
8	变压器本体资料	包括外形、运输尺寸、充氮排油或设置总事故油池的油量	土建、水工、技经
9	并联电容器房布置	—	土建、暖通
10	所用配电间布置	—	土建、暖通
11	电气主接线方案	—	通信、变电二次、技经
12	技经资料	变电电气一次主要设备材料清册	技经

本阶段需要专业会签的图纸见表 3-8。

表 3-8　　专业会签图纸列表

序号	图纸名称	设计专业	会签专业	备注
1	电气主接线图	变电一次	系统、变电二次	
2	电气总平面图	变电一次	总图、建筑、结构、线路电气	
3	主控制楼及主控制室平面布置图	变电一次	建筑、结构、通信、自动化、变电二次	
4	各级电压配电装置平、剖面图	变电一次	总图、建筑、结构	
5	电容器室布置图（工艺与建筑合并出图）	变电一次、建筑	暖通	

四、输出成果

输出成果列表见表 3-9。提交设计图纸质量要求见本书第一章第七节《工程设计图纸管理》。

表 3-9　　输出成果列表

序号	文件名称	比例	图纸级别
1	电气主接线图		一级
2	电气总平面布置图	1:500～1:2000	一级
3	各级电压配电装置平断面图	1:100～1:500	二级

续表

序号	文件名称	比例	图纸级别
4	主变压器平断面图	1:100～1:200	二级
5	站用电接线图		二级
6	站外电源进线侧设备平断面图	1:100～1:200	二级
7	站用电室平面布置图	1:100～1:200	二级
8	全站直击雷保护范围图	1:500～1:2000	二级

第三节　施 工 图 阶 段

一、深度要求

本阶段设计深度应满足 Q/GDW 10381.1—2017《国家电网有限公司输变电工程施工图设计内容深度规定　第 1 部分：110（66）kV 智能变电站》、Q/GDW 10381.5—2017《国家电网有限公司输变电工程施工图设计内容深度规定　第 5 部分：220kV 智能变电站》、Q/GDW 10381.6—2017《国家电网有限公司输变电工程施工图设计内容深度规定　第 6 部分：330kV～750kV 智能变电站》的相关内容。

二、工作开展

设计人员接收工作任务后，在开展设计前应根据设计任务书做好设计规划，并进行设计准备工作，包括了解业主对设计的要求、收集相关的设计资料、进行现场踏勘等。设计人员应根据设计计划的时间要求开展工作。

（一）资料收集

收集的资料如下：

（1）工程初步设计审定稿、初步设计评审意见及批复；

（2）设总编制的工程项目设计计划；

（3）系统、变电二次、土建、通信、线路专业相关资料；

（4）设备厂商相关技术资料；

（5）扩建工程前期符合现场实际情况的设计资料。

（二）设计要点

1. 电气主接线

电气主接线根据初步设计所确定的接线形式开展施工图设计。

（1）220kV 电气接线。出线回路数为 4～9 回及以上时，宜采用双母线接线。当出线和变压器等连接元件总数为 l0～14 回时，可在一条母线上装设分段断路器；当出线和变压器等连接元件总数为 15 回及以上时，可在两条母线上装设分段断路器。出线回路数在 4 回及以下时，可采用其他简单的主接线，如线路变压器组或桥形接线等。

实际工程中应根据出线规模、变电站在电网中的地位及负荷性质，确定电气接线，当满足运行要求时，宜选择简单接钱。

若采用 GIS 设备，远期接线为双母线分段接线时，当本期元件总数为 6～9 回时，可提前装设分段断路器；当远期接线为双母线双分段时，建设过程中尽量避免采用双母线单分段接线。

（2）110（66）kV 电气接线。220kV 变电站中的 110、66kV 配电装置，当出线回路数在 6 回以下时，宜采用单母线或单母线分段接线；6 回及以上时可采用双母线；12 回及以上时，也可采用双母线单分段接线，当采用 GIS 时可简化为单母线分段，对于重要用户的不同出线，应接至不同母线段。

具体工程 110（66）kV 出线是否配单相电压互感器根据需求确定。

（3）35（10）kV 电气接线。35（10）kV 配电装置宜采用单母线分段接线，并根据主变压器台数和负荷的重要性确定母线分段数量。当第三台或第四台主变压器低压侧仅接无功时，其低压侧配电装置宜采用单元制单母线接线。

3 台主变压器时，也可采用单母线四分段（四段母线，中间两段母线之间不设母联）接线；对于特别重要的城市变电站，3 台主变压器且每台主变压器所接 35kV（10kV）出线不少于 10（12）回时宜采用单母线六分段接线，并结合地区配网供电可靠性考虑，A+供电区可采用单母线分段环形接线。

（4）主变压器中性点接地方式。主变压器 220、110kV 侧中性点采用直接接地方式；实际工程需结合系统条件考虑是否装设主变压器直流偏磁治理装置。

66、35（10）kV 依据系统情况、出线线路总长度及出线线路性质确定系统采用不接地、经消弧线圈或小电阻接地方式。

2. 电气总平面

变电站总平面布置应满足总体规划要求，并应遵循通用设计及“两型三新一化”变电站设计要求，使站内工艺布置合理、功能分区明确、交通便利、配

电装置引线流畅，以及其他相关专业配合协调，以最少土地资源达到变电站建设要求。

出线方向应适应各电压等级线路走廊要求，尽量减少线路交叉和迂回。变电站大门设置应尽量方便主变压器运输。

变电站大门及道路的设置应满足主变压器、大型装配式预制件、预制舱式二次组合设备等的整体运输要求；户外变电站宜采用预制舱式二次组合设备，宜利用配电装置附近空余场地布置预制舱式二次组合设备，优化二次设备室面积和变电站总平面布置；户内变电站宜采用智能控制柜，布置于装配式建筑内。

站内电缆沟、管布置在满足安全及使用要求下，应力求最短线路、最少转弯，可适当集中布置，减少交叉。电缆沟宽度宜采用 800、1100mm 或 1400mm 等规格。

变电站大门及道路的设置应满足主变压器、大型装配式预制件、预制舱式二次组合设备等的整体运输要求；户外变电站宜采用预制舱式二次组合设备，宜利用配电装置附近空余场地布置预制舱式二次组合设备，优化二次设备室面积和变电站总平面布置；户内变电站宜采用智能控制柜，布置于装配式建筑内。

在兼顾出线规划顺畅、工艺布置合理的前提下，变电站应结合自然地形布置，尽量减少土（石）方量。当站区地形高差较大时，可采用台阶式布置。

3. 配电装置

选择配电装置型式应根据设备选型及进出线的方式，结合工程实际情况，因地制宜，并与变电站总体布置协调，通过技术经济比较确定。在技术经济合理时，应优先采用占地少的配电装置型式。

配电装置布局紧凑合理，主要电气设备及建（构）筑物的布置应便于安装、消防、扩建、运维、检修及试验工作，尽量减小由此产生的停电影响。

配电装置可结合总平面布置进一步合理优化，确保在任一工况下配电装置内部电气设施之间及其与建（构）筑物之间距离符合 DL/T 5352—2018《高压配电装置设计规范》的要求。

220kV 模块化变电站中 220、110kV 及 66kV 配电装置主要考虑采用户外 AIS 配电装置、户外 GIS 组合电器、户外 HGIS 组合电器、户内 GIS 组合电器等。10kV 及 35kV 配电装置均采用户内交流金属封闭开关柜。

4. 户外配电装置要求

户外配电装置要求如下：

（1）总体要求。户外配电装置的布置，导体、电气设备、架构的选择，应满足在当地环境条件下正常运行、安装检修、短路和过电压时的安全要求，并满足规划容量要求。

220kV 户外配电装置应设置设备搬运及检修通道和必要的巡视小道。

配电装置各回路的相序排列宜一致。一般按人面对出线，从左到右、从远到近、从上到下的顺序，相序为 A、B、C。对户内硬导体及户外母线桥裸导体应有相色标志，A、B、C 相色标志应为黄、绿、红三色。对于扩建工程应与原有配电装置相序一致。

配电装置内的母线排列顺序，一般靠变压器侧布置的母线为Ⅰ母，靠线路侧布置的母线为Ⅱ母；双层布置的配电装置中，下层布置的母线为Ⅰ母，上层布置的母线为Ⅱ母。

（2）主母线设计。户外敞开式配电装置母线一般有户外支持管母线、户外悬吊式管母线和软母线三种。当地震烈度为 8 度以下时，高压配电装置管型母线一般采用支持式。当地震烈度为 8 度及以上时，220kV 配电装置母线形式宜采用悬吊式管型母线或软母线。对于 220kV 枢纽变电站，当地震烈度为 7 度及以上时，220kV 户外敞开式配电装置母线形式宜采用悬吊式管型母线或软母线。

管母截断长度可根据管母线总长及支柱绝缘子的设置灵活确定，管母线对接部分应设置与母线内径匹配的衬管，所有焊缝焊点要求平整光滑，焊接工艺应满足标准工艺及铝合金管焊接的有关规定。

支持型管型母线长度较长时设置管母伸缩金具，端部采用封端球或封端盖封堵。为消减支持型管型母线微风振动，支持型管型母线内需按管母线单位质量 10%～15%配置阻尼线。悬吊式管型母线宜采用斜吊串方式，可每两个间隔配置断开并采用跳线连接。

软母线的设置应主要考虑在不同天气条件、运行工况下母线周围的电气距离校验。

（3）跨线设计。220、110kV 各跨导线以上人状况为最大荷载条件。跨线耐张绝缘子串仅限于根部可以三相同时上人，三相上人总重（人及工具）不超过 1000N/相；跨线中部有引下线处仅可以单相上人，单相上人总重（人及工具）不超过 1500N/相。主变压器进线档不考虑三相同时上人。

各跨导线在安装紧线时应采用上滑轮牵引方案，牵引线与地面的夹角不大于 45°，并严格控制放线速度，以满足构架的荷载条件。安装紧线时梁上上人荷载不应超过 2000N。

主变压器架构的设计仅考虑220、110kV主变压器进线档导线的荷载，不考虑主变压器上节油箱的起吊重量，主变压器检修需起吊上节油箱时，必须采用吊车进行。跨线弧垂应根据跨线电压等级、导线型号、跨距长度、电气距离校验及构架受力要求等多方面因素确定。

（4）出线构架设计。当户外配电装置采用架空出线时，其出线构架应满足线路张力要求及进线档允许偏角要求。如果出线零档线采用同塔双回路，则终端塔宜设在两出线间隔的垂直平分线上。

各级电压配电装置出线挂环常规控制水平张力为220kV导线10kN/相、地线5kN/根；110kV导线5kN/相、地线3kN/根。实际工程中出线梁受力要求应根据线路资料进行复核。

（5）专业配合要求。户外配电装置设计需要向土建专业提供以下资料：

1）平面布置资料。其中包括构、支架的定位，道路围墙等的布置等。

2）设备支架资料。其需包含设备支架制作详图、设备荷重、埋管要求等。

3）构架资料。构架资料需包括构架受力、导线挂线角度要求、爬梯设置要求等。构架受力计算应按单相上人、三相上人、最大风速、最低温度、最高温度等不同工况下的计算结果分别给出。爬梯设置需满足检修需要和安全距离的要求，必要时可设置护笼。

5. *户内配电装置*

（1）总体要求。与GIS配电装置连接并需单独检修的电气设备、母线和出线，均应配置接地开关。一般情况下，出线回路的线路侧接地开关和母线接地开关应采用具有关合动稳定电流能力的快速接地开关。

GIS配电装置宜采用多点接地方式，当选用分相设备时，应设置外壳三相短接线，并在短接线上引出接地线通过接地母线接地。

GIS配电装置每间隔应分为若干个隔室，隔室的分隔应满足正常运行、检修和扩建的要求。

（2）布置原则。GIS配电装置布置的设计，应考虑其安装、检修、起吊、运行、巡视及气体回收装置所需的空间和通道。起吊设备容量应能满足起吊最大检修单元要求。

配电装置采用单列布置，避免双列布置，以满足室内GIS运输及安装的空间要求。同一间隔GIS配电装置的布置应避免跨土建结构缝。

GIS配电装置室内应清洁、防尘，GIS配电装置室内地面宜采用耐磨、防滑、高硬度地面，并应满足GIS配电装置设备对基础不均匀沉降的要求。

对于全电缆进出线的 GIS 配电装置，应留有满足现场耐压试验电气距离的空间。

（3）专业配合要求。户内 GIS 组合电器土建资料应包括 GIS 的基础埋件、各埋件点的荷重，户内 GIS 最大吊装单元尺寸，设备运输通道设置要求，接地件位置及做法等。

户内 GIS 室搬运通道大门门框高度要求不宜小于以下值：220kV GIS 4000mm（宽）×4500mm（高）、110（66）kV GIS 3200mm（宽）×4000mm（高）。

（4）配电装置尺寸。以下为根据通用设计边界条件推荐的配电装置标准尺寸（具体工程需根据站址条件进行修正）：

220kV 户内 GIS 间隔宽度宜选用 2m。厂房高度按吊装元件考虑，最大起吊质量不大于 5t，配电装置室内净高不小于 8m。配电装置室纵向宽度净宽不小于 11.7m。户内 GIS 配电装置架空进、出线间隔宽度按两间隔共一跨，取 24m。

110（66）kV 户内 GIS 间隔宽度宜选用 1m。厂房高度按吊装元件考虑，最大起吊质量不大于 3t，室内净高不小于 6.5m。配电装置室纵向宽度净宽不小于 9.0m。户内 GIS 配电装置架空进、出线间隔宽度按两间隔共一跨，取 15m。

6. 10～35kV 户内交流金属封闭开关柜

（1）户内开关柜室内各种通道的最小宽度（净距），不宜小于表 3－10 中所列数值。

表 3－10　户内开关柜室内各种通道的最小宽度（净距）　单位：mm

布置方式	通道分类		
	维护通道	操作通道	
		固定式	移开式
设备单列布置时	800	1500	单车长＋1200
设备双列布置时	1000	2000	双车长＋900

此外，当连续布置开关柜较长时，在不同母线段之间应设置维护通道。

（2）配电装置尺寸。以下为根据通用设计边界条件推荐的配电装置标准尺寸（具体工程需根据站址条件进行修正）：

35kV 配电装置宜采用户内开关柜。单层建筑室内单列布置时，柜前净距不小于 2.4m。单层建筑室内双列布置时，柜前净距不小于 3.2m。开关柜柜后净距不小于 1m。当柜后设高压电缆沟时，沟宽（净距）按不小于 1.2m 考虑。多层建筑受相关楼层约束时根据具体方案确定。

10kV 配电装置宜采用户内开关柜。单层建筑室内单列布置时，柜前净距不小于 2.0m。单层建筑室内双列布置时，柜前净距不小于 2.5m。开关柜柜后净距不小于 1m。当柜后设高压电缆沟时，沟宽（净距）按不小于 1.2m 考虑。多层建筑受相关楼层约束时根据具体方案确定。

35（10）kV 户内配电装置室搬运通道大门门框高度要求不宜小于以下值：35kV　2400mm（宽）×3200mm（高）、10kV　2400mm（宽）×2800mm（高）。

7. 主变压器的布置

（1）户外油浸变压器。油量为 2500kg 及以上的户外油浸变压器之间的最小间距应符合表 3－11 中的规定。

表 3－11　油量为 2500kg 及以上的户外油浸变压器之间的最小间距

电压等级	最小间距（m）
66kV	6
110kV	8
220kV	10

（2）户内油浸变压器。户内油浸变压器有散热器挂本体及散热器与本体分离两种布置方式，布置图可参照《国家电网有限公司输变电工程通用设备》变压器部分内容。

户内油浸变压器外廓与变压器室四壁的净距不应小于表 3－12 中所列数值。

表 3－12　户内油浸变压器外廓与变压器室四壁的净距　单位：mm

变压器容量	1000kVA 及以下	1250kVA 及以上
变压器与后壁侧壁之间	600	800
变压器与门之间	800	1000

（3）干式站用变压器。设置于室内的无外壳干式变压器，其外廓与四周墙壁的净距不应小于 600mm。干式变压器之间的距离不应小于 1000mm，并应满足巡视维修的要求。对全封闭型干式变压器可不受上述距离的限制，但应满足巡视维护的要求。

8. 交流站用电系统

站用电源采用交直流一体化电源系统。

全站配置两台站用变压器，每台站用变压器容量按全站计算负荷选择；当全站只有一台主变压器时，其中一台站用变压器的电源宜从站外非本站供电线路引接。站用变压器容量根据主变压器容量和台数、配电装置形式和规模、建筑通风采暖方式等不同情况计算确定，寒冷地区需考虑户外设备或建筑室内电热负荷。

站用电低压系统应采用 TN－S，系统的中性点直接接地。系统额定电压 380/220V。站用电母线采用按工作变压器划分的单母线接线，相邻两段工作母线同时供电分列运行。两段工作母线间不应装设自动投入装置。

油浸变压器应安装在单独的小间内，变压器的高、低压套管侧或者变压器靠维护门的一侧宜加设网状遮栏。变压器储油柜宜布置在维护入口侧。

检修电源的供电半径不宜大于 50m。主变压器附近电源箱的回路及容量宜满足滤注油的需要。

9. 站内防雷

220kV 变电站防雷设计需满足 GB/T 50064《交流电气装置的过电压保护和绝缘配合设计规范》、GB/T 50057《建筑物防雷设计规范》等的要求。220kV 变电站采用避雷针（避雷线）、屋顶避雷带联合构成全站防雷保护。

当 220、110kV 配电装置采用户外配电装置时，站区内需设置避雷针作为防直击雷保护措施。

独立避雷针（含悬挂独立避雷线的架构）的接地电阻在土壤电阻率不大于 500Ω•m 的地区不应大于 10Ω。

独立避雷针（线）宜设独立的接地装置。独立避雷针与配电装置带电部分、变电站电气设备接地部分、架构接地部分之间的空气中距离 S_a，以及独立避雷针的接地装置与发电厂或变电站接地网间的地中距离 S_e，应符合规范要求，并且 S_a 不宜小于 5m，S_e 不宜小于 3m。

装有避雷针和避雷线的架构上的照明灯电源线，均必须采用直接埋入地下的带金属外皮的电缆或穿入金属管的导线。电缆外皮或金属管埋地长度在 10m 以上，才允许与 35kV 及以下配电装置的接地网及低压配电装置相连接。

当采用全户内布置，所有电气设备均布置在户内，只需在建筑顶部设置的避雷带对全站进行防直击雷保护。该避雷带的网络为 8～10m，每隔不大于 18m 设引下线接地。上述接地引下线应与主接地网连接，并在连接处加装集中接地装置。其地下连接点至变压器及其他设备接地线与主接地网的地下连接点之间，沿接地体的长度不得小于 15m。

10. 站内接地

主接地网采用水平接地体为主，垂直接地体为辅的复合接地网，接地网工

频接地电阻设计值应满足 GB/T 50065《交流电气装置的接地设计规范》的要求。

户外站主接地网宜选用热镀锌扁钢，对于土壤碱性腐蚀较严重的地区宜选用铜质接地材料。户内变主接地网设计考虑后期开挖困难，宜采用铜质接地材料；对于土壤酸性腐蚀较严重的地区，需经济技术比较后确定设计方案。

有效接地和低电阻接地系统中发电厂、变电站电气装置保护接地的接地电阻一般情况下应符合 $R \leqslant 2000/I$，其中 R 为考虑到季节变化的最大接地电阻，I 为计算用的流经接地装置的入地短路电流。当接地装置的接地电阻不符合上述要求时，可通过技术比较增大接地电阻，但不得大于 5Ω。

不接地、消弧线圈接地和高电阻接地系统中发电厂、变电站电气装置保护接地的接地电阻应符合 $R \leqslant 120/I$，但不应大于 4Ω。

在有效接地系统及低电阻接地系统中，变电站电气装置中电气设备接地线的截面应按接地短路电流进行热稳定校验。钢接地线的短时温度不应超过 400℃，铜接地线不应超过 450℃。校验不接地、消弧线圈接地和高电阻接地系统中电气设备接地线的热稳定时，敷设在地上的接地线长时间温度不应大于 150℃，敷设在地下的接地线长时间温度不应大于 100℃。

11. 照明

变电站内设置正常工作照明和应急照明。正常工作照明采用 380/220V 三相五线制，由站用电源供电。应急照明采用逆变电源供电。

户外配电装置场地宜采用节能型投光灯；户内 GIS 配电装置室采用节能型泛光灯；其他室内照明光源宜采用 LED 灯。

变电站的照明种类可分为正常照明和应急照明。应急照明包括备用照明、安全照明和疏散照明。

户外配电装置考虑设置正常照明，不设应急照明。场区道路照明根据实际需要设置。

主控通信楼户内配电装置和其他房间除设置正常照明外，根据需要设置备用照明，且应考虑设置必要的疏散照明。

备用照明根据实际需要设置，无人值班变电站应尽量减少简化备用照明。

户外灯具采用集中布置、分散布置、集中与分散相结合的布置方式，推荐采用分散布置。考虑到维护方便，不推荐在构架和避雷针高处安装；当采用构架上安装时，要保证安全距离和安全检修条件。低处布置的投光灯，宜具有水平旋转和垂直旋转的支架。

室内灯具布置，可采用均匀布置和选择性布置两种方式。

灯具、插座布置和安装工艺应符合《国家电网有限公司输变电工程标准工艺库》（2022版）中建筑电气部分的相关要求，并应在图纸中注明需采用的标准工艺。

三、专业配合

专业间工作配合内容及要求见本书第一章第六节《工程设计专业间联系配合及会签管理》。施工图阶段电气一次专业接收外专业、向外专业提供资料见表3-13和表3-14。专业会签图纸见表3-15。

表3-13　　接收外专业资料表

序号	资料名称	资料主要内容	提供专业
1	二次设备室平面布置图	二次设备室平面、屏位布置方案	二次
2	TA/TV参数	—	二次
3	电缆埋管	—	二次
4	总图	全站总平面布置	土建总图
5	暖通布置	风机、空调布置	土建暖通

表3-14　　提供外专业资料表

序号	资料名称	资料主要内容	接收专业
1	电气主接线图	包括变电站与系统连接情况	变电二次、通信
2	电气总平面布置图	包括各级电压配电装置构架间尺寸、电缆主沟操作巡视小道平面位置、主控制楼、调相机室、屋内配电装置、电容器室、空气压缩机室等位置	土建、通信
3	各级电压配电装置平面、断面布置图	包括设备外形、电缆沟、操作巡视小道平面布置、动力箱、端子箱位置	土建
4	设备厂家图	包括设备外形基础图、安装方式及安装孔尺寸、质量及操作荷重等	土建
5	避雷针资料	包括避雷针位置及高度要求	土建
6	出线构架资料、旁路母线资料及位于进线档内的变电设备	相序间隔排列顺序、耦合电容器配置位置、出线孔位旁路母线在进线档中位置及高度、导地线荷载等	送电电气
7	电气设备室通风要求	型号、数量、发热量	暖通
8	事故排油	油量	水工
9	照明	照明灯具及照明配电箱位置配合、照明灯具安装位置及尺寸	土建、水工

表 3-15　　会签图纸列表

序号	图纸名称	设计专业	会签专业	备注
1	电气主接线图	变电一次	系统、通信、二次	
2	电气总平面图（包括进出线排列）	变电一次	总图、建筑、结构、线路	
3	各级电压配电装置平、剖面图	变电一次	总图、建筑、结构	
4	主控制楼及主控制室平面布置图	变电一次	建筑、结构、通信、自动化、二次	
5	照明布置图	变电一次	总图、建筑	
6	防雷保护范围图	变电一次	总图、结构	
7	各级电压配电装置电缆布线图	变电一次	建筑、结构	

四、输出成果

输出结果列表见表 3-16～表 3-27。提交设计图纸质量要求见本书第一章第七节《工程设计图纸管理》。

表 3-16　　总的部分

序号	图纸名称	图纸级别	图纸比例	备注
1	电气一次施工图说明	一级		
2	电气一次设备材料清册	一级		
3	电气主接线图	一级		
4	电气主接线图（现状）	一级		改、扩建工程必要时
5	电气总平面布置图	一级	1:500～1:2000	屋内站增加各层平断面图
6	电气总平面布置图（现状）	一级	1:500～1:2000	改、扩建工程必要时

表 3-17　　66～220kV 屋内配电装置

序号	图纸名称	图纸级别	图纸比例
1	卷册说明	二级	
2	屋内配电装置电气接线图	二级	
3	屋内配电装置平面布置图	二级	1:100～1:200
4	屋内配电装置间隔断面图	二级	1:100～1:200
5	SF_6气室分隔图	二级	
6	设备安装图	三级	1:100～1:200
7	绝缘子串组装图（根据需要）	三级	1:100～1:200
8	设备材料汇总表	三级	

表3-18　10～35kV屋内配电装置

序号	图纸名称	图纸级别	图纸比例
1	卷册说明	二级	
2	屋内配电装置电气接线图	二级	
3	屋内配电装置平面布置图	二级	1:100～1:200
4	屋内配电装置间隔断面图	二级	1:100～1:200
5	穿墙套管安装图	三级	1:100～1:200
6	设备材料汇总表	三级	

表3-19　主变压器安装

序号	图纸名称	图纸级别	图纸比例
1	卷册说明	二级	
2	主变压器电气接线图	二级	
3	主变压器及低压侧母线桥平面布置图	二级	1:100～1:200
4	主变压器平断面图	二级	1:100～1:200
5	低压侧母线桥平断面图	二级	1:100～1:200
6	设备安装图	三级	1:100～1:200
7	绝缘子串组装图	三级	1:100～1:200
8	检修箱、端子箱、风控箱、消防柜等安装图	三级	1:100～1:200
9	设备材料汇总表	三级	

表3-20　10～66kV并联电容器安装

序号	图纸名称	图纸级别	图纸比例
1	卷册说明	二级	
2	并联电容器组接线图	二级	
3	并联电容器组平面布置图	二级	1:100～1:200
4	并联电容器组断面图	二级	1:100～1:200
5	并联电容器组安装图	三级	1:100～1:200
6	设备安装图	三级	1:100～1:200
7	设备材料汇总表	三级	

表 3-21　　10～66kV 并联电抗器安装

序号	图纸名称	图纸级别	图纸比例
1	卷册说明	二级	
2	并联电抗器接线图	二级	
3	并联电抗器平面布置图	二级	1:100～1:200
4	并联电抗器断面图	二级	1:100～1:200
5	并联电抗器安装图	三级	1:100～1:200
6	设备安装图	三级	1:100～1:200
7	设备材料汇总表	三级	

表 3-22　　交流站用电系统及设备安装

序号	图纸名称	图纸级别	图纸比例	备注
1	卷册说明	三级		
2	站用电系统接线图	三级		
3	380/220V 站用电配置接线图	三级		
4	交流动力箱（屏）、检修电源箱接线图	三级	1:100～1:200	根据需要确定图纸张数
5	卷册说明	三级		
6	站用电系统接线图	三级		
7	380/220V 站用电配置接线图	三级		
8	交流动力箱（屏）、检修电源箱接线图	三级		根据需要确定图纸张数
9	380/220V 站用电室布置平、断面图	三级	1:100～1:200	如交直流电源屏合并布置时，应显示直流屏布置
10	站用变压器安装图	三级	1:100～1:200	
11	站用外接电源配电装置平、断面图	二级	1:100～1:200	根据需要选择出图
12	设备安装图	三级	1:100～1:200	
13	设备材料汇总表	三级		动力电缆列入《电缆清册》

表 3-23　　接地变压器及其中性点设备安装

序号	图纸名称	图纸级别	图纸比例
1	卷册说明	二级	
2	接地变压器及其中性点设备电气接线图	二级	
3	设备安装平、断面布置图	二级	1:100～1:200
4	设备安装及基础图	三级	1:100～1:200
5	设备材料汇总表	三级	

表3-24　　全站防雷、接地

序号	图纸名称	图纸级别	图纸比例	备注
1	卷册说明	二级		
2	全站防直击雷保护布置图	二级	1:400～1:1000	
3	全站屋外接地装置布置图	二级	1:400～1:500	
4	屋内接地装置布置图	三级	1:100～1:200	
5	建筑防雷布置图	三级	1:100～1:200	根据需要出图
6	等电位地网布置图	三级	1:100～1:200	
7	特殊接地装置布置图	三级	1:100～1:200	根据需要出图
8	接地体连接加工图	三级	1:100～1:200	
9	临时接地端子加工制作图	三级	1:100～1:200	
10	设备材料汇总表	三级		

表3-25　　屋外照明

序号	图纸名称	图纸级别	图纸比例	备注
1	卷册说明	二级		
2	屋外照明系统图	二级		
3	屋外照明布置图	二级	1:100～1:200	
4	灯具安装图	三级	1:100～1:200	根据需要出图
5	照明配电箱配置接线及安装图	三级	1:100～1:200	根据需要出图
6	设备材料汇总表	三级		

表3-26　　屋内照明、动力

序号	图纸名称	图纸级别	图纸比例	备注
1	卷册说明	二级		
2	照明、动力系统图	二级		
3	照明配电箱配置接线及安装图	三级	1:100～1:200	
4	主控通信楼等建筑物各层照明、动力平面图	三级	1:100～1:200	
5	安全滑触线安装图	三级	1:100～1:200	根据需要出图
6	设备材料汇总表	三级		

表 3－27　　光缆、电缆设施及防火

序号	图纸名称	图纸级别	图纸比例	备注
1	卷册说明	二级		
2	光缆、电缆设施及防火布置图	二级	1:100～1:200	
3	光、电缆桥（支）架图	三级	1:100～1:200	
4	光、电缆防火槽盒安装图	三级	1:100～1:200	当采用时出图
5	光、电缆防火封堵图	三级	1:100～1:200	
6	材料汇总表	三级		

第四章

变电二次设计

本章论述变电二次专业在可行性研究、初步设计、施工图三个设计阶段的深度规定、设计流程、专业配合、设计要点等内容。实际工作中，变电二次专业在可行性研究阶段设计深度基本达到了初步设计阶段的深度要求，本章将两个阶段的工作内容合并来写。

第一节　可行性研究/初步设计阶段

一、深度规定

按照建设单位对设计进度的要求，结合本专业情况，可行性研究初步设计一体化项目，可行性研究阶段应达到初步设计阶段深度要求，设计文件包括可行性研究报告（说明书）、材料清册、图纸及相应的计算书。

本阶段设计深度应满足 Q/GDW 10166.2《国家电网有限公司输变电工程初步设计内容深度规定　第 2 部分：110（66）kV 智能变电站》、Q/GDW 10166.8—2017《国家电网有限公司输变电工程初步设计内容深度规定　第 8 部分：220kV 智能变电站》、Q/GDW 10166.9—2017《国家电网有限公司输变电工程初步设计内容深度规定　第 9 部分：330kV～750kV 智能变电站》、Q/GDW 11604—2016《35kV 智能变电站初步设计内容深度规定》的相关要求。

以 220kV 智能变电站为例，除上述要求外，还应满足以下几个方面要求（常规变电站可参考执行）：

（1）对于线路改接（或 π 接）工程，系统继电保护现状中应详细描述与本工程有关的保护配置情况，内容包括线路保护、母线保护、故障录波，保护及故障录波信息子站、二次设备在线监测系统的投运时间、设备型号，与本期工

程的关系、接口是否满足要求等。涉及与其他工程配合的情况，应说明界限划分，是否存在过渡方案。

（2）线路保护配置方案应依次说明线路保护配置方案、功能要求、组屏方式、通道组织情况，具备条件时复用通道宜采用2M光口方式。110kV线路保护本期不具备光纤通道的，应说明是否影响保护速动性、远期通道建设方案等。改扩建工程重点描述前期工程设计原则，一、二次设备建设情况，与本期的接口。

（3）对于改扩建工程，重点描述前期设备配置方案、规约等，说明是否与本期设备规约和布置方式冲突，如何解决。

二、工作开展

主要设计人在开展设计前应根据设计任务书做好设计规划，并进行设计准备工作，包括了解业主对设计的要求、收集相关的设计资料、进行现场踏勘等。设计人员应根据设计计划的时间要求开展工作。

（一）收集资料

变电二次专业设计输入内容主要为工程资料、运行单位特殊要求和其他专业提资。

工程资料包括工程所在地区电网情况、站址周边情况、上个设计阶段的设计资料及评审意见、改扩建工程前期资料等，可通过前期工程设计单位、运行单位及可行性研究、初步设计评审平台留存资料进行搜集资料。需现场搜集资料确定的内容可着重标注，通过下一步的现场搜集资料解决。现场搜集资料主要针对改扩建工程，主要内容包括扩建间隔的设备保护、接口装置、测控、电能表、过程层交换机及接线，并核实母线保护、故障录波、保护及故障录波信息子站（二次设备在线监视与分析子站）、站控层交换机、电能量远方终端、公用测控间的接线。现场搜集资料应拍照或记录设备安装位置、型号、版本、投运时间、是否预留本期设备接入的位置（具备接入条件的应记录接入位置；不具备接入位置的应确定补充设备安装位置）。

运行单位的特殊要求在设计文件内审阶段进行搜集资料，由运行单位提出相关要求。

其他专业提资在其他章节相关论述。

（二）说明书设计要点

1. 系统继电保护及安全自动装置

（1）线路保护。220kV及以上新建线路保护均应采用九统一设备，改接、开断接入线路的原保护视情况予以更换。配置具备双通道接入能力的保护装置，至少配置两个独立路由，并说明通道配置情况，是否满足“双保护、三路由”，具备条件的优先采用光口 2M 通道。双套保护为同一厂家的均进行更换，不需考虑设备运行年限。常规变电站 220kV 线路除配置差动主保护装置，操作箱随保护配置双套，并在保护屏Ⅱ配置一台辅助保护，作为线路空充的充电保护装置，电铁线路牵引站侧不配置线路保护。若无其他限制条件，保护 1 和保护 2 按如下顺序命名：南瑞继保、北京四方、国电南自、长园深瑞、许继电气、南瑞科技、其他厂家。排序在前的命名为保护 1，排序在后的命名为保护 2。35～110kV 新上线路保护均配置光差保护功能，当具备条件的光差保护功能应投入，具体条件如图 4－1 所示。

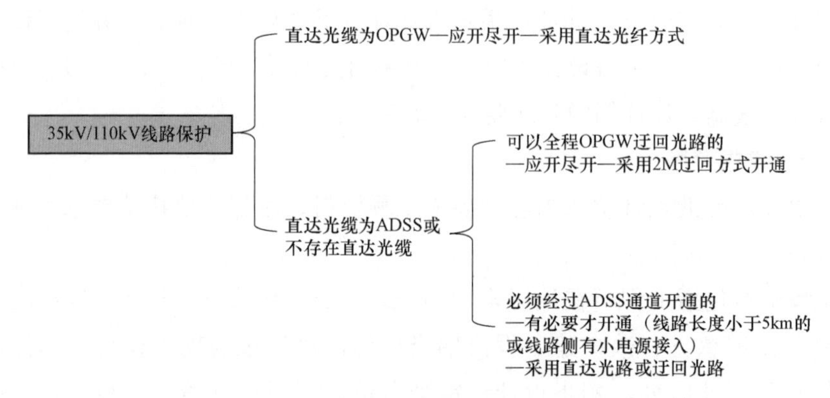

图 4－1　110kV 及以下线路保护通道示意图

（2）母线保护。单、双母线接线方式根据远景主接线，按照双重化原则配置母线保护。220kV 变电站的 35kV 母线配置母线保护；35～110kV 变电站采用单母线、单母线分段、双母线接线时，应配置母线保护，并配置母线保护闭锁备自投回路。

（3）故障录波器。智能变电站故障录波按电压等级和过程层网络配置，并应考虑接入数量是否满足。110kV 每站配置一台故障录波，220kV 变电站故障录波采用数字量采样，主变压器及 220kV 部分均双套配置，110kV 单套配置；110kV 每站配置一台故障录波，220kV 变电站故障录波采用数字量采样，主变压器及 220kV 部分均双套配置，110kV 单套配置。故障录波应录入低压母线和直流母线电压。

（4）测距装置。长度超过 80km、地形复杂、巡线困难的 220kV 线路配置专用故障测距装置。

（5）备自投装置。220kV 变电站中低压侧、110kV 及以下变电站各侧均应配置备自投装置，220kV 变电站高压侧正常存在进线热备用、母线分列运行的应配置备自投装置，备自投采用独立装置，逻辑满足调运〔2021〕10 号《山东电力调度控制中心关于印发山东电网备自投装置配置原则及动作逻辑技术规范的通知》要求。

（6）低频低压减载装置。各电压等级变电站均独立配置 1 套装置，应采用直采直跳方式。

（7）二次设备在线监视与分析系统。35kV 及以上智能变电站配置 1 套二次设备在线监视与分析系统。通过采集、处理、上送厂站端的继电保护、安自装置、故障录波器等二次设备的信息，实现电网故障快速分析、设备状态诊断、电网与设备的风险分析等功能，为调度运行、运维检修等业务提供支撑，管理单元单套配置，采集单元按照电压等级和网络配置，具备保信子站功能。

（8）安稳计算。以一次系统的潮流、稳定计算为基础，进行相应的补充校核计算，对系统进行稳定分析，提出是否需配置安全稳定控制装置，并提出与本工程相关的初步配置要求及投资估算，确定本工程是否需要进一步开展安全稳定控制系统专题研究。

（9）保护及安全自动装置采样、跳闸均采用直采直跳的方式，联闭锁、启动失灵、解除复压闭锁等回路可采用网络报文方式。

2. 调度自动化

220kV 及以上电压等级变电站Ⅰ区数据通信网关机双重化配置，支持双主运行模式。Ⅱ区数据通信网关机双套配置，Ⅳ区数据通信网关机按需可单套配置。110kV 及以下变电站Ⅰ区数据通信网关机应双套配置，Ⅱ区数据通信网关机应单套配置，Ⅲ/Ⅳ区数据通信网关机按需可单套配置。

（1）电能量采集系统。电能表按照 DL/T 448《电能计量装置技术管理规程》的要求进行配置。全站电能表独立配置。非关口计量点宜选用支持 DL/T 860 的数字式电能表，直接由过程层 SV 单网采样。关口计量点电能表有功精度 0.2S 级、无功精度 2.0 级，双表配置；非关口计量点电能表有功精度 0.5S 级、无功精度为 2.0 级，单表配置。全站配置一套电能量远方终端，供调度专业使用。预留一套终端位置和接线，供营销专业根据计量需求自行采购安装。

电能量远方终端采用串口方式采集电能量信息，并通过电力调度数据网双通道互为备用通信方式与山东省调电能量主站通信，应支持 DL/T 719《远动设备及系统　第 5 部分：传输规约　第 102 篇：电力系统电能累计量传输配套标准》规约。电能量远方终端采用双电源模块，具备至少 8 路 RS－485 接口和 4 路 RJ－45 网络接口，每路 RS－485 接口接入电能表数量不能超过 10 块。

220kV 主变压器高压侧、站外电源、牵引站、用户站出线、电源进线等配置关口电能表，关口计量点可按双表配置，采用 0.2S 级电子式电能表。其他间隔配置 0.5S 级考核电能表，配置合并单元的间隔采用数字式电能表，不配置合并单元间隔采用电子式电能表。线路双侧电能表精度一致。

（2）调度数据网。应遵循国家电网有限公司电力调度数据网双平面建设的整体方案。配置 2 套独立的调度数据网络接入设备，即配置 2 台路由器、4 台三层交换机配置 2 路 2×E1 数字通道分别接至山东电力调度数据网的两个网络节点；配置 2 路 2×E1 数字通道分别接至地区电力调度数据网的两个网络节点。2 台路由器上联通道应分布在不同的通信传输设备之上。如选用 PTN 以太接口方式，1 路 100Mbit/s 链路可代替 1 路 2×E1 链路。Ⅳ区数据通信网关机接入综合数据网。

（3）电力监控系统网络安全防护。按需配置防火墙，实现安全Ⅰ区与安全Ⅱ区数据安全交互，110kV 及以上变电站配置两台。按需配置正向和反向物理隔离装置，实现生产控制大区与管理信息大区数据安全交互。

监控系统与远程通信应设置纵向加密认证装置。220kV 及以上变电站，配置 4 台纵向加密认证装置；110kV 及以下变电站配置两台纵向加密认证装置，与对应路由器安装在相同的屏柜内。

配置网络安全监测手段（网络安全监测装置），采集变电站站控层的服务器、工作站、网络设备和安防设备自身感知的安全数据及网络安全事件，实现对网络安全事件的本地监视和管理，同时转发至调控机构网络安全监管平台的数据网关机。

（4）实时动态监测系统子站。220kV 枢纽变电站、大电源、电网薄弱点、通过 35kV 及以上电压等级线路并网且装机容量 40MW 及以上的风电场、光伏电站均应部署相量测量装置（PMU），新建场站均部署宽频测量装置，其中新能源发电汇集站、直流换流站及近区厂站的相量测量装置应具备连续录波和次/超同步振荡监测功能。

3. 一体化监控系统

变电站一体化监控系统应按照变电站无人值班模式设计。采用开放式分层分布式网络结构，逻辑上由站控层、间隔层、过程层及网络设备构成。站控层设备按变电站远景规模配置，间隔层、过程层设备按工程实际规模配置。变电

站一体化监控系统一建模，统一组网，信息共享，通信规约统一采用 DL/T 860《电力自动化通信网络和系统》的通信标准。变电站内信息宜具有共享性和唯一性，变电站一体化监控系统监控主机与远动数据传输设备信息资源共享。

全站网络在逻辑上可由站控层网络和过程层网络构成。站控层网络和过程层网络应相对独立，减少相互影响。站控层网络应采用星形结构，110（66）kV 及以上变电站应采用双网。过程层网络：220kV 及以上电压等级应采用双星形网络，110（66）kV 除主变压器间隔采用单星形网络，35（10）kV 不设置过程层网络。公用交换机按远景规模配置，按间隔/母线段配置的交换机按本期规模配置。

变电站一体化监控系统应满足“四统一、四规范”自动化设备的适应性要求，数据通信网关机、测控装置、同步相量测量装置、数据集中器、时间同步装置、网络报文记录及分析装置等自动化设备应通过国家电网有限公司“四统一、四规范”检测，并应满足山东电网入网技术要求。

4. 元件保护及自动装置

智能站主变压器、电抗器非电量保护集成于本体智能终端，220kV 及以上电量保护双重化配置；110kV 主变压器保护主后一体、双套配置；35kV 主变压器保护主后分开、单套配置，后备保护集成测控功能。常规变电站 220kV 及以上变电站按保护 A、保护 B、非电量保护共组 3 面屏。

根据接地方式，相应的低压保护测控装置具备暂态选线功能，配置零序保护。根据配出规划，电源接入低压线路配置光差保护和线路电压互感器。35kV 线路不接地系统配置相间电压互感器。

采用消弧线圈小电阻成套装置（小电阻/直接接地）接地方式的接地变压器配置过电流保护、零序保护，不同保护动作逻辑不同。

5. 交直流电源系统

220kV 及以下变电站不配置独立的通信蓄电池，交流电源备投采用 ATS 方式。蓄电池、UPS 容量、充电模块数量按照变电站远景规模配置，通过计算取得，说明书或计算书中应计列相关计算。

35～110kV 新建变电站一体化电源系统直流部分按照国家电网有限公司《35～110kV 变电站并联型直流电源系统设计原则及典型方案》设计。全站宜集中装设 1 套并联电源组件，并联电源组件的蓄电池（串）与并联型电源变换模块宜采用集成设计。

新建变电站交流系统宜采用 TN－S 方式。

6. 对时系统

变电站应配置 1 套公用的时间同步系统，满足 Q/GDW 11539《电力系统时间同步及监测技术规范》的要求。主时钟应双重化配置，另配置扩展装置实现站内所有对时设备的软硬对时，扩展装置的数量根据二次设备的布置及工程规模确定。

时间同步装置时钟源应采用以北斗系统为主、GPS 为辅的单向方式。

时间同步装置应具备对被授时设备时间同步状态监测的功能。

7. 辅助设备智能监控系统

新建变电站辅助设备智能监控系统均按照国家电网有限公司《35～750kV 变电站辅助设备智能监控系统设计方案》进行设计，该方案整合了一次设备在线监测子系统、火灾消防子系统、安全防卫子系统、动环子系统、智能锁控子系统及智能巡视子系统，实现了统一监视和控制。改扩建工程，扩建部分的辅助设备配置应结合生产部门相关改造原则进行设计。变电站应考虑反恐的相关要求。

8. 二次设备布置

按照变电站总平面和配电装置布置型式设计，配置装置户内布置时，该电压等级间隔内的相应二次设备也下放布置于智能控制柜（开关柜），相应的公用二次设备宜组屏布置于配电装置室，布置困难时可布置于二次设备室。

（三）图纸设计要点

（1）主接线图。电流互感器、电压互感器布置位置，二次绕组数量，准确级，变比，容量应满足通用设计、通用设备的要求，并根据工程的具体情况进行调整，如 35（10）kV 开关柜电流互感器宜单侧布置在主变压器侧，35kV 配置母线保护时可双侧布置。220kV 及以上母联间隔电流互感器两个保护绕组应布置在两侧，主要是考虑死区保护切除时间过长引起系统稳定问题，导致附近特高压直流闭锁的问题。双母线双分段要求 A、B 段母线保护分别布置于断路器远端。常规变电站应根据保护、测量、计量的要求进行布置，不可直接套用智能变电站 TA 配置方案，母线保护与相应间隔的保护 TA 应分开配置，且布置于断路器两侧。考虑间隔电压互感器的接入，保留主变压器本体合并单元。

（2）变电站自动化系统方案配置图。系统分区明确，Ⅱ、Ⅳ区设备按照通用设计的要求进行配置，主站设备、二次设备在线监测、网络安全装置的信息上传通道应示意。

（3）直流及交流不停电电源系统接线图。接线、容量、参数与说明书材料表

保持一致，尤其是采用并联直流电源方案。35～110kV 变电站按单套 UPS 配置。

（4）二次设备室屏位布置图。按照方便运维、减少接线的原则布置屏位，二次设备室一侧可预留部分空间，方便运维后期增配生产设备。主要通道应满足规程 1400mm 的要求，间通道除满足规程要求，且应考虑防静电地板的模块尺寸，注意主机柜、交流柜屏柜深度与普通屏柜不同。直流屏柜靠近蓄电池布置，减少电缆压降。

（5）系统及元件继电保护配置图。互感器配置应与主接线一致。高阻抗主变压器增加两个低压侧保护绕组。

（四）材料表设计要点

（1）新建、扩建工程，防火材料由变电一次计列；保护改造工程，涉及电缆、光缆更换，应充分考虑防火破坏后恢复的工程量，防火材料由变电二次计列。

（2）直流电源及主供回路、消防相关回路相关的控制电缆、电力电缆应采用耐火电缆。

（3）材料表应计列光缆附件，包括预制光缆接头、光配的型号、数量，大截面的电力电缆应计列电缆接头。

（4）光缆槽盒、二次电缆接地线 BVR－4，二次屏柜接地线 BVR－50、BVR－120 由变电二次计列，接地铜排、一次设备接地线排由变电一次计列。

（5）无参考信息价的设备、材料可在清册中备注估算价格；厂家提供仅计列施工费用的设备和材料应标注。

（6）检修电源箱、动力电源箱、断路器端子箱、TV 端子箱、一次设备在线监测后台设备由二次计列，应与一次材料表核对，避免重复计列。

（7）计列主变压器，油浸式电抗器、电缆竖井和电缆半层应布置缆式线型感温电缆。

（8）光电缆数量应根据工程方案结合已完成施工图的工程进行统计和估算。

三、专业配合

专业间工作配合内容及要求见本书第一章第六节《工程设计专业间联系配合及会签管理》。专业之间的配合，由需求专业提出专业填写提资单，校核签署后交由接收专业主要设计人，接收专业相应提资专业需求后，将相关图纸交送需求专业会签。

提供外专业资料见表 4－1。接收外专业资料见表 4－2。专业会签图纸见表 4－3。

表 4-1　　提供外专业资料表

序号	资料名称	资料主要内容	类别	接收专业	备注
1	电流互感器、电压互感器参数	电流电压互感器数量、容量、变比、布置位置	重要	变电一次	
2	二次设备布置需求	二次设备屏柜、蓄电池数量、位置、基础	重要	变电一次、土建	
3	二次电缆沟、电缆桥架要求	电缆沟、电缆竖井、电缆桥架位置、数量、截面	重要	变电一次	
4	二次系统对通道的要求	调度通道、保护通道、视频监控带宽及数量，通道接口设备屏柜及电源	重要	通信	
5	技经资料	主要设备材料数量	重要	技经	

表 4-2　　接收外专业资料表

序号	资料名称	资料主要内容	提资专业	备注
1	系统提资	（1）接入系统方案及建设规模。 （2）母线穿越功率及线路极限输送电流。 （3）短路电流计算结果	系统一次	
2	电气主接线、总平面布置图	（1）电气主接线。 （2）电气总平面布置图。 （3）各层平面布置图	变电一次	
3	通信屏柜及电源需求	通信屏柜数量及预留位置要求、通信电源容量要求	通信	

表 4-3　　专业会签图纸

序号	图纸名称	设计专业	会签专业	备注
1	电气主接线图	变电一次	变电二次	
2	电气总平面图	变电一次	变电二次	
3	××平面图	变电一次	变电二次	
4	估算书、概算书	技经	变电二次	

四、输出成果

本阶段输出成果包括说明书、材料表、图纸，必要时应包含计算书。可行性研究、初步设计阶段输出成果汇总见表 4-4。提交设计图纸质量要求见本书第一章第七节《工程设计图纸管理》。

表 4-4　　可行性研究、初步设计阶段输出成果汇总表

序号	文件名称	比例	图纸级别	备注
1	设计说明书			
2	设备材料清册			

续表

序号	文件名称	比例	图纸级别	备注
3	变电站自动化系统图		一级	
4	全站交换机配置方案图		三级	
5	二次设备室平面布置图	1:100	二级	
6	交直流一体化电源系统接线图		二级	
7	系统继电保护配置图		二级	
8	主变压器保护配置图		二级	

第二节　施 工 图 阶 段

一、深度规定

本阶段设计深度应满足 Q/GDW 10381.1—2017《国家电网有限公司输变电工程施工图设计内容深度　第 1 部分：110（66）kV 智能变电站》、Q/GDW 10381.5—2017《国家电网有限公司输变电工程施工图设计内容深度　第 5 部分：220kV 智能变电站》、Q/GDW 10381.6—2017《国家电网有限公司输变电工程施工图设计内容深度　第 6 部分：330kV～750kV 智能变电站》的相关要求（35kV 智能变电站、常规变电站可参考执行），并注意以下内容：

（1）提交施工图之后，需在变电站设备调试之前完成变电站虚端子表和点表。

（2）施工图预算作为简化版施工图，设备、材料的型号应与施工图一致，数量接近，材料数量偏差控制在 10%以内。

二、工作开展

（一）接受任务

主要设计人在开展设计前应根据设计任务书做好。设计规划，并进行设计准备工作，包括了解业主对施工图阶段的具体要求，收集相关的设计资料，进行现场踏勘等。设计人员应根据设计计划的时间要求开展工作。

（二）收集资料

变电二次专业设计输入内容主要为其他专业提资、前期资料和运行单位特殊要求。

工程资料包括工程所在地区电网情况，站址周边情况，上个设计阶段的设计资料及评审意见，改、扩建工程前期资料等，可通过前期工程设计单位、运行单位及可行性研究、初步设计评审平台留存资料进行搜集资料。根据初步设计结论，进一步细化设计方案，对前期的设计资料进行整理，需现场进一步落实的内容通过现场搜集资料解决。

运行单位的特殊要求可在设计联络会阶段进行搜集资料，由运行单位提出相关要求。

其他专业提集资料在本节第三部分论述。

（三）施工图设计要点

1. 设备布置方面

（1）二次设备室、二次设备小室屏位布置应综合考虑运行检修方便、光电缆距离最短、直流电源压降等因素，主要通道应满足规程的相关要求，屏柜间距考虑防静电地板的模块尺寸，防静电地板下放布置光电缆支架，尽量将电力电缆较多的交流屏布置在单独区域，减少控制电缆与电力电缆交叉，难以避免地采取防火措施，如刷防火涂料、采用耐火电缆等。

（2）结合通信提资，220kV 电压等级就地布置二次设备小室时，通信光纤配线屏可在二次设备小室布置，保护至光纤配线屏采用单模尾缆穿管代替单模光缆。

（3）两组蓄电池应布置于不同房间，布置于同一房间时应设置防火隔墙。运行和检修通道满足单侧 800mm、双侧 1000mm 的要求。300Ah 及以上蓄电池宜布置于地坪层，布置于二层时需对承载力验算。蓄电池间不小于 15mm，蓄电池与上层隔板间不小于 150mm，便于维护。

（4）电缆竖井、电缆半层桥架应结合二次线缆的路径进行布置，避免出现无法实现不同通道，电缆桥架影响二次走线的情况。

2. 回路设计方面

（1）施工图设计应结合不同单位的运行习惯个性化设计，如远方就地把手钥匙是否多间隔共用、SV 与 GOOSE 信号共缆还是分开、GOOSE 与电气五防联锁把手是否共用等，应提前与运行单位沟通后确定，减少重复修改。

（2）光缆和光配的设计应结合变电站远景规模，屏柜内回路的光缆和光配按本柜远景规模配置。进行尾缆统计时，注意区分光纤芯型号，除了对时光纤，通常采用 LC 口。对于预制光缆，务必要求厂家现场测量确定长度，减少因长度

偏差较多导致的光缆废弃。

（3）为防止电压反馈，电压互感器二次线均应经隔离开关辅助触点引出。除开口三角外，电压互感器二次线应经空气开关引出；公用的电压互感器，在负荷处（除计量回路）各自增设空气开关，且应考虑级差配合。电压回路不同二次绕组回路不应合用一个电缆，电压互感器接地按照《国家电网有限公司十八项电网重大反事故措施》、DL/T 5136《火力发电厂、变电站二次接线设计技术规程》的要求，无电气联系的就地接地，有电气联系的主控室一点接地，避免多点接地。

（4）电流互感器宜取母线侧为 P1、S1，扩建工程同前期。主变压器各侧极性应统一，不宜通过合并单元更改极性。主变压器中压侧零序过电流保护 TA 可选自产或外接，零序过电压保护取自产零序电压或外接零序电压，低压侧零序过电压保护取自产零序电压。接地变压器中性点零序电流互感器变比建议选择 75～150/1A，具体工程应跟调度部门沟通后确定。

（5）电能量采集终端通过 RS－485 串口的方式采集站内所有电能表信息，通过网线连接至双平面的调度数据网，上传调度电能量主站。山东地区站端电能量终端采用 DL/T 719《远动设备及系统　第 5 部分　传输规约　第 102 篇　电力系统电能累计量传输配套标准》的规约，与营销部主站规约不同，电能量远方终端不共用，营销在站端增配 1 台厂站终端，施工图阶段预留位置和接线。

（6）220kV 两套保护采用相互闭锁方式，通过智能终端硬接线实现。常规变电站双套配置的保护电压切换采用单位置继电器，单套配置的保护采用双位置继电器，计量回路可参考该要求。

（7）应注意不同介质传输距离的限制，通常网线的传输距离不大于 80m，多模光缆不大于 500m，RS－485 总线双绞线传输距离可达 1000m。

（8）常用的双电源供电设备梳理：交换机取自同一段母线的双路直流电源自动切换，测控装置取自不同母线的双路直流电源手动切换，电能量远方终端取直流和 UPS 电源互为备用，调度数据网、监控主机等不同母线的双路 UPS 电源接入插排，水泵房动力电源、主变压器风冷动力电源取不同母线双路电源自动切换，切换逻辑和时间与站用电柜 ATS 配合。

（9）35（10）kV 直流宜分别设置控制、装置、电机电源小母线。配置柜顶小母线时，电源电缆截面选择应与厂家进行核实，开关柜布置不紧凑时，需增加柜间电缆，应与一次专业核实，并与厂家沟通确定供货方。主变压器间隔装置、控制电源直接取自直流馈线柜，电机电源可取自柜顶直流小母线。

（10）本体重气体保护、主变压器断路器跳闸、油箱超压开关（火灾探测器）同时动作时才能启动排油充氮保护。主变压器风冷跳闸应使用风冷控制箱的 PLC 延时跳闸功能，不应采用智能终端的延时跳闸功能。

（11）常规保护取断路器位置应取机构箱辅助触点，不应取操作箱重动触点。

（12）中性点经小电阻接地的接地变压器零序接入本体零序互感器。过电流保护跳开关柜开关，并联跳主变压器低压侧；零序保护跳主变压器母联、主变压器低压侧，并闭锁分段备投。

（13）低频低压减载装置通过电缆直跳 35（10）kV 线路，接手跳，不启动重合闸。

（14）35kV 母线保护接 TJF，不启动重合闸，装置不配置 TJF 时，可再接一副跳闸出口接点闭锁备自投。

（15）设置跨间隔电气联锁：接地手车闭锁尽量不用小母线，厂家设备不满足时经运行部门认可时可设置闭锁小母线。

（16）站用电系统采用双站用变压器、ATS 备投方式，本期只上一台主变压器时，应从站外引接 1 回可靠的电源。任何一台站用变压器故障时，自动切换至另外一台站用变压器。交流母线故障时闭锁 ATS 备投。交流进线柜进线开关设置隔离开关或熔断器。交流系统接地点布置于站用电柜 N 母排。

（17）检修电源箱供电半径不大于 50m，至少配置 2 路三相馈线、2 路两相馈线。检修电源箱内空气开关均应设置剩余电流动作保护电器，具体的型式根据开关和用途决定。在采用分级保护方式时，末端剩余电流动作保护电器应选用无延时设备。进线开关选择无脱扣刀开关，保护电器设在馈线柜侧。采用按配电装置划分的单回路分支供电方式。箱内设备具体的布置方式应与电缆进出线协调。

（18）水泵房、雨淋阀室应布置相应的温湿度、消防布点，并监测其供暖系统。摄像头、SF_6 报警布置图纸发业主，经运维单位认可后出版。安装于户外的读卡器、控制按钮等家装防雨罩。

（19）蓄电池室设置氢气浓度监测仪。根据 GB 50016《建筑设计防火规范》中建筑内可能散发可燃气体、可燃蒸汽的场所应设置可燃气体探测仪。采用防爆型设备。

（20）电缆半层宜按需布置一定的摄像头及 SF_6 泄漏传感器。

（21）电缆半层、电缆竖井配置感温电缆，土建专业在电缆半层设置超细干粉灭火器，建议保留土建专业电缆半层实现原理。电气专业仅考虑主变压器及竖井感温电缆。火灾报警主机接入超细干粉灭火系统报警信息。

（22）水泵启动方式，注意应采用星三角启动，相应电缆应经计算匹配。手动自动切换方式、消防电源状态、压力开关、雨淋阀组开启状态信号应上传至后台。水泵房相关的屏柜、箱子，按照 IP55 防护设置，避免消防模块箱漏水情况。

3. 厂家资料确认方面

（1）确认厂家资料时，确认供货范围和配线范围，涉及不同厂家设备集成安装时，协调各个厂家，集成商应明确柜内所有设备预留安装位置，如智能控制柜布置智能组件、保护、测控、交换机、电能表，母线智能控制柜除了布置智能组件、测控外，还应预留避雷器在线监测 IED，主变压器智能控制柜布置本体智能组件外，还应预留在线监测 IED。

（2）智能控制柜内的所有交直流空气开关具备失电报警触点。落实柜内预留备用端子，确认厂家配置的交流环网接线端子型号与电缆匹配。

（3）交流电流和交流电压采用试验端子。

（4）跳闸回路采用红色压板，正负电源间、直流正电源与跳闸出口间隔 1 个端子。

（5）确认厂家图纸中端子排布置、电缆型号、截面积、空气开关配置是否满足要求。

（6）智能控制柜、端子箱设置双套加热装置，其中一套常投，与其他元件和线缆距离不小于 50mm。

（7）保留主变压器各侧隔离开关、接地开关之间的电气联锁。不同间隔之间的联锁，采用的辅助触点应区分交直流，不得混用，混用会引起交直流回路共缆的问题。

（8）调度数据网屏柜建议用深屏柜，现场反馈路由器电源导致柜门关不上。

（9）涉及不同厂家二次设备配合，尤其是改扩建工程，应落实规约是否匹配，如站外电源保护装置多采用 103 规约，不能与站内监控系统通信，接入规约转换器。

（10）220、110kV 智能变电站故障录波信息采集与过程层网络一一对应。

（11）交直流开关配置应与上下级协调，注意与交直流馈线柜开关匹配，不同装置不得共用空气开关，端子排端子型号应与电缆截面积匹配。直流系统除蓄电池实验回路外，不得采用熔断器。

（12）《国家电网有限公司十八项电网重大反事故措施》要求柜接地铜排可只设置 1 根，编者推荐两根铜排的布置方式。

（13）继电保护设备，应核实设备型号版本，是否为统一版本，并发调度确认。

（14）当分配给录波器联网的调度数据网 IP 地址数量少于录波器的数量时，应配置具有地址映射功能的路由器，将多个录波器映射到该路由器地址的不同端口以实现数据上传。

（15）考虑主变压器保护/备自投联跳相关间隔，35（10）kV 站控层交换机至少应配置 4 个光口。

（16）35（10）kV 站控层交换机接入二次设备在线监视及智能诊断装置，实现保护装置动作时间和录波数据的采集上传。

（17）故障录波器每个百兆光口接入故障录波按 4 个间隔考虑，间隔较多时应采用千兆光口，并对站用直流系统的各母线段（控制、保护）对地电压、低压侧母线电压进行录波。

（18）非电量保护应同时作用于断路器的两个跳闸线圈，采用电缆直连方式，并应核实厂家配置继电器的功率满足《国家电网有限公司十八项电网重大反事故措施》要求。非全相保护功能应由断路器本体机构实现。断路器防跳功能应由断路器本体机构实现。断路器跳、合闸压力异常闭锁功能应由断路器本体机构实现，应能提供两组完全独立的压力闭锁触点。

（19）主变压器本体智能终端电源，非电量控制配置独立直流电源，配置监视回路。

（20）设置连接片双套时，协调两个厂家保持一致。

（21）两套保护共用第一套保护合闸回路，第 2 套智能终端开入第一套合闸回路，如果第二套智能终端无 KKJ 继电器，无法自己合成事故总，利用第一套的手合接点。母联手合接点接入母线保护用于母线保护的充电保护，一般采用母联保护实现充电保护时，此接点可不做要求。

（22）一键顺控倒母线后需打开母联操作回路电源，此空气开关需具备遥控的功能和 off 双位置接点，并接入相应的智能终端或测控实现。

（23）低频低压减载装置应具备连接片状态上通功能，可通过内部上传或遥信量电缆上传。

（24）交流不间断电源配电系统宜采用 TN－C 系统，UPS 输出端的零线（N）应在主配电柜内与接地铜排可靠连接。

（25）分电屏的两路电源是否取自同一段直流母线应根据负荷性质选择，宜采用负荷开关。直流柜至分电柜的馈线断路器宜选用具有短路短延时特性的直流塑壳断路器。

（26）直流空气开关选择除满足负荷容量外，应满足级差配合的要求，尽量

采用同系列断路器，针对不同型号的直流断路器，上下级的开关电流比至少达到3倍以上。

（27）主要回路电缆采用耐火电缆，如直流充电、直流至UPS、直流至分电屏等。

三、专业配合

专业间工作配合内容及要求见本书第一章第六节《工程设计专业间联系配合及会签管理》。专业之间的配合，由需求专业提出专业填写提资单，校核签署后交由接收专业主要设计人，接收专业相应提资专业需求后，将相关图纸交送需求专业会签。提供外专业资料见表4－5。接收外专业资料见表4－6。会签图纸列表见表4－7。

表4－5　　提供外专业资料表

序号	资料名称	资料主要内容	类别	接收专业	备注
1	电流互感器、电压互感器参数	电流电压互感器数量、容量、变比、布置位置	重要	变电一次	
2	二次设备布置需求	二次设备屏柜、蓄电池数量、位置、基础，配电装置区就地布置屏柜、基础，对时天线预埋	重要	变电一次、土建	
3	二次电缆沟、电缆桥架要求	电缆沟、电缆竖井、电缆桥架位置、数量、截面	重要	变电一次	
4	二次系统对通道的要求	调度通道、保护通道、视频监控带宽及数量，通道接口设备屏柜及电源，施工调试通道	重要	通信	
5	二次电缆预埋要求	主变压器风冷箱、在线监测柜、消防柜、本体端子箱、有载调压箱、间隙TA端子箱间预埋；避雷器在线监测、线路外置电压互感器预埋，低压电容器、电抗器、接地变压器本体线缆预埋；检修箱、动力箱线缆预埋；水泵房控制柜位置及基础，表计、传感器线缆预埋	重要	土建	
6	交流电源容量	交流负荷容量	重要	技经	

表4－6　　接收外专业资料表

序号	资料名称	资料主要内容	提资专业	备注
1	电气主接线、总平面布置图	（1）电气主接线。 （2）电气总平面布置图。 （3）各层平面布置图	变电一次	
2	水消防电源及控制	水消防电源、控制、表计测量的需求	水工	
3	通信屏柜及电源需求	通信屏柜数量及预留位置要求、通信电源容量要求	通信	

表 4-7　　会签图纸列表

序号	图纸名称	设计专业	会签专业	备注
1	电气主接线图	变电一次	变电二次	
2	电气总平面图	变电一次	变电二次	
3	××平面图	变电一次	变电二次	
4	主变压器、××配电装置区建筑图	土建	变电二次	
5	主变压器、××配电装置区结构图	土建	变电二次	

四、输出成果

本阶段输出成果包括施工图说明书、材料表、施工图纸、虚端子表、点表等。施工图设计成果汇总见表 4-8。提交设计图纸质量要求见本书第一章第七节《工程设计图纸管理》。

表 4-8　　施工图设计成果汇总表

序号	文件名称	比例	图纸级别	备注
1	施工图说明书			
2	施工图设备材料清册			
3	公用设备二次线		二级	
4	一体化监控系统二次线		二级	
5	网络记录分析及时间同步系统二次线		四级	
6	主变压器二次线		二级	
7	220（110）kV 保护及二次线		二级	
8	35（10）kV 二次线		二级	
9	低频低压减载二次线		三级	
10	交直流一体化电源系统		二级	
11	智能辅助控制系统		四级	
12	虚端子表			
13	点表			

第五章

变 电 土 建 设 计

本章从可行性研究、初步设计、施工图三个阶段对土建、水工、暖通专业设计内容及设计要点进行了详细介绍，明确了各个阶段变电土建设计文件的编制内容、编制要求及校审要点，适用于新建、扩建和改建工程设计。

第一节　可行性研究阶段

一、深度规定

可行性研究阶段设计内容及深度要求详见《国家电网有限公司输变电工程可行性研究内容深度规定》，本书仅作重点内容介绍和摘录。

（一）变电站站址选择

应结合系统论证，进行工程选站工作，并概述工程所在地区经济社会发展规划及站址选择过程。应充分考虑站址周边发展规划、进出线条件、土地用途、土地性质、工程地质、交通运输、站用水源、站址排水、站外电源、环境影响等多种因素，重点解决站址的可行性问题，避免出现颠覆性因素。

站址区域概况描述应包括站址所在位置的省、市、县、乡镇、村落名称，站址地理状况，站址土地使用状况，交通情况、与城乡规划的关系及可利用的公共服务设施，矿产资源对站址安全稳定的影响，历史文物及邻近设施。

应说明站址范围内已有设施和拆迁赔偿情况及进出线条件。按本工程最终规模出线回路数，规划出线走廊及排列次序。根据本工程近区出线条件，研究确定按终期规模建设或本期规模建设变电站出口线路的必要性和具体长度，明确是否存在拆迁赔偿、线路走廊通道资源等。

应说明站址水文气象条件，说明站区防洪涝及排水情况；水文地质及水源条件，应说明水源、水质、水量情况，同时说明水文地质条件、地下水位情况及地下水、土壤对基础、钢结构的影响；站址工程地质，查明站址的地形、地貌特征，地层结构、时代、成因类型、分布及各岩土层的主要设计参数、场地土类别、地震液化评价、地下水类型、埋藏条件及变化规律，确定地基类型等，建议地基处理方案及工程量预估。土石方情况，根据工程地质情况等说明土质结构比，预估土石方工程量，预估护坡或挡土墙工程量，说明取土土源、弃土地点等情况。

应说明进站道路和交通运输情况，说明进站道路的引接方案，需新建道路和改造道路等的工程量；说明大件运输的条件并根据水路、陆路、铁路等情况综合比较运输方案，运输条件困难地区应做大件运输专题报告。

对于改扩建工程，说明站址地理位置、建成投运时间、总平面布置出线方向、前期工程已征地面积、围墙内占地面积、本期工程扩建规模、占地面积是否需要新征土地等。如需征地，应取得新征用地规划、国土等部门的协议。

（二）变电土建工程设计

站区总体规划和总布置应说明站区总体规划的特点、进出线方向和布置、进站道路的引接技术方案，对站区总平面布置方案和竖向布置方式的设想，场地设计标高的选择，站区的排水方案设想，站区防洪防涝措施的规划。预估站区围墙内占地面积和本工程总征地面积。建筑及结构应说明全站主要建（构）筑物的设想，预估全站总建筑面积，同时简述主要建（构）筑物的结构形式的设想及地基处理方案的设想。给排水系统应说明变电站供、排水的设想和设计原则。采暖、通风和空气调节系统应说明站区采暖、通风和空气调节系统的设想和设计原则。火灾探测报警与消防系统应说明站区主要建（构）筑物的消防设想和设计原则。

（三）图纸深度要求

图纸深度要求如下：

（1）变电站地理位置图。变电站地理位置图 1:50000～1:100000。应标示与本工程设计方案有关的规划电厂、变电站和线路等，重点示意本变电站所处的地理位置及变电站出线走廊。

（2）站区总体规划图（带地形、进站道路引接、进出线建设规划、技术经济指标）。应表明站址位置、道路引接、给排水设施、进出线方向、站区用地范围和主要技术经济指标等。

（3）总平面及竖向布置图。应表明主要建（构）筑物、道路平面布置及竖向布置方案等。

（4）建筑平面布置图［全（半）地下变电站提供］，图纸应示意设备及辅助用房、楼梯间、吊装孔、通风井等布置，分层的建筑面积等。

二、工作开展

设计人员接收工作任务后，在开展设计前应根据设计任务书做好设计规划，并进行设计准备工作，包括了解业主对设计的要求、收集相关的设计资料、进行现场踏勘等。设计人员应根据设计计划的时间要求开展工作。

（一）资料收集

收集的资料如下：

（1）设总编制的工程项目设计计划。

（2）设计依据性资料。其包括相关的规程、规范、文件等。

（3）主要原始资料、顾客提供资料和供方提供的产品，包括主要气象资料和有关的基础技术资料。

（4）以前类似项目设计信息（已经证明有效的和必要的要求）。

（5）假定设计条件。

（二）设计要点

在可行性研究阶段，土建专业设计工作的重点是解决站址选择的可行性、工程技术方案和工程投资估算问题。

1. 站址选择

这个阶段的主要内容及工作流程是室内选站、现场踏勘、收集资料、站址初步比选意见及情况汇报、提出推荐站址、协议取得。该阶段应达成的主要目标是结合系统论证工作，在系统规划的合理区域内，进行工程选站工作。备选站址应充分考虑地方规划、压覆矿产、工程地质及水文地质条件、进出线条件、站用水源、站址排水、站用电源、交通运输、土地规划、土地用途等多种因素，重点解决站址的可行性问题，避免出现颠覆性因素。

推荐站址应从以下这些方面进行全面的技术经济比较：地理位置、系统条件、出线条件、本期及远期线路长度对比、防洪涝及排水、土地性质、地形地貌、土地分期征用情况、土地规划情况、土石方工程量、工程地质、水源条件、进站道路、大件运输、地基处理、站用电源、拆迁赔偿、生活依托条件、环境情况、施工条件等。

资料收集及必要的协议要求：说明与规划、国土、林业、地矿、文物、环保、地震、水利（水电）、通信、文化、军事、航空、铁路、公路、供水、供电等相关单位协商及资料收集情况。站址选在自然保护区、水源地、风景区等敏感区域，需取得主管部门的同意。其中规划、国土、地矿、文物等为必要协议，其他为相关协议。

2. 勘测外业

勘测外业一般包括水文气象、水文地质、工程地质和测量四个专业的内容。

水文气象条件需说明站址百年（五十年）一遇洪涝水位及历史最高内涝水位。气象条件应收集站址附近气象观测站资料。内容包括气温、湿度、气压、风速、风向、降水量、冰雪、冻土深度等。应说明站区防洪涝及排水情况。

水文地质需说明水文地质条件、地下水埋藏条件及对基础和钢结构的影响，说明水源、水质、水量等。

工程地质需说明区域地质构造和地震活动情况，确定站址地震动参数及相应的地震基本烈度，查明站址地形、地貌特征、地层结构、时代、成因类型、分布及各岩土层的主要设计参数、场地土类别、地震液化评价、地下水类型、埋藏条件及变化规律，确定地基类型。查明站址是否存在活动断裂及不良地质现象，提出土壤电阻率。

测量：各站址方案应测量出1:2000的地形图。

3. 工程技术方案设想

主要内容包括站址总体规划和总布置、建筑与结构、给排水、消防、采暖通风、环保、水保、降噪及辅助系统。总体规划和总布置需说明总体规划特点、进出线方向、进站道路引接、总平面和竖向设想、站址设计标高和土石方量预估、站区防洪，明确占地面积。建筑与结构需说明建筑物风格、总面积和结构形式、建（构）筑物结构形式和地基处理方案。

三、专业配合

专业间工作配合内容及要求见本书第一章第六节《工程设计专业间联系配合及会签管理》。土建专业提供外专业资料项目，应符合表5－1的要求。

表5－1　　土建专业提供外专业资料表

序号	资料名称	资料主要内容	接收专业	备注
1	总平面布置图	—	变电	
2	勘测任务书	—	岩土等专业	
3	技经资料	土石方工程量、构支架形式及数量、建（构）筑物工程量	技经	

暖通专业提供外专业资料项目，应符合表 5–2 的要求。

表 5–2 暖通专业提供外专业资料表

序号	资料名称	资料主要内容	接收专业	备注
1	技经资料	主要设备或暖通系统资料	技经	

给排水专业提供外专业资料项目，应符合表 5–3 的要求。

表 5–3 给排水专业提供外专业资料表

序号	资料名称	资料主要内容	接收专业	备注
1	勘测任务书	根据工程情况对地下水资源、给排水管道调查的有关任务要求	水地	

可行性研究阶段土建专业图纸会签要求应符合表 5–4 的要求。

表 5–4 可行性研究阶段土建专业图纸会签项目

序号	资料名称	会签专业	会签人	备注
1	总平面及竖向布置图	变电一次、建筑、结构、线路电气、通信、水工	主要设计人	

四、输出成果

可行性研究阶段，输出成果见表 5–5。提交设计图纸质量要求见本书第一章第七节《工程设计图纸管理》。

表 5–5 输 出 成 果 列 表

序号	文件名称	比例	成品级别	备注
1	可行性研究报告（土建部分）		一级	
2	地理位置图	1:50000	一级	
3	站区总体规划图	1:500～1000	一级	
4	总平面及竖向布置图	1:200～1:500	一级	

第二节 初 步 设 计 阶 段

一、深度规定

初步设计阶段设计内容及深度要求详见《国家电网有限公司输变电工程初

步设计内容深度规定》，本书仅作重点内容介绍和摘录。

（一）站区总布置与交通运输

1. 站区整体规划

站区与当地城镇规划的协调，利用就近的生活、交通、给排水、防洪等设施和最终规模的统筹规划。进站道路及引接、交通、各级电压线路出线方向、进出线条件、站区供水方式、站外给水管道引接点及管道路径和距离、站区排水的接纳地点及管线走向和距离、总平面布局、环境保护、分期征地和分期建设等方面的规划。应征集工程建设单位与当地有关部门的合理意见、建议，提出拟还建乡村路、沟渠等方面的规划方案及涉及的概算工程量。

总平面布置与竖向布置应利用地形条件因地制宜，尽可能避开不良地质构造，节约用地。说明主要建（构）筑物的朝向、远近期结合方案。当站址条件发生较大变化时，应说明原因并提供设计依据。

2. 站区总平面布置

站区总平面布置方案要贯彻执行“两型三新一化”变电站建设设计导则的原则，根据工艺专业布置需求，结合站址地形与地质条件、地下管线走廊、日照、交通及环境保护、绿化等要求，布置站区诸建（构）筑物。针对建站条件，可提出两个及以上的总平面布置方案，进行技术经济比较，并提出推荐方案。

应说明变电站功能分区原则及远近期结合的意图、一次或分期征地的考虑。说明站内主要生产建（构）筑物的布置、方位选择与各级配电装置的空间组织，其与四周环境的协调及和电缆沟、管线、交通联系及各级配电装置和主变压器的布置方位（说明其布置位于站区挖填方的地段、出线方向、扩建条件及检修要求）。

应说明变电站主入口位置选择及处理、进站道路的长度及引入方向。选定附属建（构）筑物、大门及围墙、供排水等建（构）筑物的布置方案及防火间距和消防通道的设置。

3. 竖向布置

对于站区竖向布置，应说明竖向设计的依据（如自然地形、洪涝水位、山洪流量、土方平衡、道路引接和管道的标高、排水条件等情况）。站区防洪、防涝、排洪措施及采用的竖向布置形式（平坡式、阶梯式），明确站内主要生产建筑室内地坪和各配电装置场地的设计标高、场地设计坡度的确定等。

根据需要注明土方工程量，明确取土或弃土方案，说明站区的边坡（挡土墙、护坡）设计方案和工程量。说明场地地表雨水的排放方式（散排、明沟或

暗管）等。

4. 管沟布置

站区管沟布置方案应包括说明站区管沟布置的主要设计原则，简述管沟选型、截面尺寸及地下管线的布置方案。

5. 道路及场地处理

道路及场地处理方案应包括站外道路的路径规划、引接方案、道路结构形式、路面宽度、转弯半径、设计坡度及道路技术等级标准等，站内道路的布置原则（道路结构形式的选择和路面宽度、转弯半径、坡度及路面等级），站区场地及屋外配电装置场地地面的处理。

6. 征地拆迁及设施移改内容

说明项目已经取得的与工程建设相关的各项协议情况。说明征地、拆迁及地面附着物的内容。具体应包括征地性质及总量、房屋类型及拆迁总量、林木品种及砍伐总量，以及对工程投资有较大影响的其他重要移改设施总量。当征地拆迁规模较大时或征地、拆迁及设施移改费用较大时，应提供征地拆迁及设施移改专题报告。初步设计阶段应与业主相互配合，通过详尽的现场调查、收集资料了解、接触商洽或第三方咨询评估等手段，尽可能详细而准确地核实其数量，并给出依据。

（二）建筑

应提供全站建（构）筑物一览表，应包括本期和远期各建（构）筑物的名称、设计使用年限、火灾危险性分类和耐火等级、建筑面积、建筑层数和建筑高度及本期和远期全站总建筑面积。对于生产建筑物，应概述建（构）筑物使用功能和工艺要求，确定建筑平面布置、建筑层数、层高和总高度、垂直及水平交通的组织、安全通道和出入口的布置及采光、通风、隔热保温，以及为适应其他环境条件所采取的技术措施。对于辅助、附属建筑物，应说明建筑面积的确定依据和原则、建（构）筑物的功能要求、平面布置及立面处理。

简述建筑的功能分区，建筑平、立、剖布局和空间组成，以及建筑立面造型、色彩处理与周围环境的关系。装配式建筑应符合模块化建设要求，统一建设标准，统一建筑模数。选择围护材料，说明装配式建筑内外墙墙体材料，明确建筑室内外装修标准。

（三）结构

1. 设计主要技术依据

说明结构设计主要技术依据，相应的岩土工程初勘报告、工程水文气象报告及其主要内容，包括工程地质和水文地质概况、站址地震影响主要动参数、建筑场地类别、地基土液化的评价等；地基土冻胀性和融陷情况，着重对场地的特殊地质条件予以说明。

说明结构设计采用的设计荷载，包括工程所在地的50年一遇基本风压值、50年一遇基本雪压值、楼（屋）面使用荷载、其他特殊的荷载等。

2. 生产建（构）筑物结构

生产建（构）筑物结构设计深度要求如下：

（1）建筑结构的安全等级、结构的设计使用年限、环境类别和耐久性要求，抗震设防类别、抗震设防烈度和抗震措施设防烈度。

（2）生产建筑上部结构体系选型。

（3）房屋伸缩缝、沉降缝和抗震缝的设置。

（4）地下结构选型、防水等级和防水措施。

（5）钢结构的防腐、防火处理。

（6）为满足特殊使用要求所做的结构处理。

（7）施工特殊要求。

（8）说明工程中新结构、新材料、新工艺的应用情况，与常规做法对比分析，必要时专题论证。

（9）其他需要说明的内容。

3. 辅助及附属建筑物

辅助及附属建筑物结构设计深度要求如下：

（1）建筑结构的安全等级、结构的设计使用年限、环境类别和耐久性要求、抗震设防类别、抗震设防烈度和抗震措施设防烈度。

（2）辅助建筑上部结构形式。

4. 建（构）筑物

建（构）筑物结构设计深度要求如下：

（1）构（支）架的结构设计安全等级、设计使用年限、抗震设防类别、抗震设防烈度和抗震措施设防烈度。

（2）构架结构选型及布置方案。

（3）构架梁、柱断面的确定及节点形式。

（4）设备支架结构选型。

（5）钢结构构（支）架的防腐处理措施。

（6）防火墙的结构形式。

（7）水工构筑物结构形式。

5. 全站建（构）筑物的地基与基础

全站建（构）筑物的地基与基础结构设计深度要求如下：

（1）说明地基基础设计等级、地基处理方案选型及基础结构形式、基础埋深、地基持力层名称，如遇软弱地基和特殊地基时，宜进行地基处理方案的经济技术比较，必要时应进行专题论证。

（2）当采用桩基或其他复合地基时，应说明桩的类型、桩端持力层名称及其进入持力层的深度、下卧层条件。可按站区的主要建（构）筑物地基处理和其他（一般、次要）建（构）筑物地基处理分类进行论述。

（3）根据地下水或地下土质的腐蚀等级，说明基础相应采用的防腐措施。

（4）说明应用通用设备土建接口情况。

（5）特殊要求及其他需要说明的内容。

二、工作开展

（一）设计准备

（1）下发勘测任务书。在变电站站址批复以后，土建主要设计人要联系工程设总尽早组织协调各专业编制勘测任务书，落实工程地质、水文地质、工程测量及水文气象报告的编制及资料的提出工作，以便保证各专业在初步设计中使用。

（2）征求业主对变电站主要设计原则的意见。根据工程的系统可行性研究评审意见，提出本专业的初步设计主要原则，明确总平面布置、主要建（构）筑物房间布置及装修方案、站内给排水方案等，征求建设运行单位对工程设计原则的意见。

（3）收集初步设计有关资料。征求业主对变电站主要设计原则的意见，同时组织有关专业收集概算资料，进一步落实大件运输道路、桥梁、水运码头及装卸设施等，并且到环保、消防部门了解变电站环保、消防所需的资料等。

（二）收集资料

收集的资料如下：

（1）工程可行性研究设计审定稿、可行性研究评审意见及批复。

（2）工程项目设计计划。

（3）设计原始资料。其包括站址位置图、站址地形图、工程地质和水文地质资料、水文气象资料。

（4）顾客对项目的设计需求。

（5）类似项目的资料。其包括设计反措要求。

（6）设计依据性资料。其包括相关规程、规范、文件等。

（三）设计要点

设计要点如下：

（1）初步设计主要原则设计编制。主要包括总平面布置、主要建筑物房间布置、进站道路、站内给排水方案等意见，并了解运行单位根据该部门运行习惯和运行经验对设计的特殊要求。

（2）勘测外业。水文气象、水文地质一般可以用到初步设计阶段，应测量出 1:500 或 1:1000 的地形图。工程地质条件方面的勘测要求如下：

1）按建（构）筑物项目或分区地段，查明地基岩土类别及其分布、岩土层的物理力学工程性质，并对各层地基土进行评价。

2）在抗震设防区应划分场地土类型、场地土类别、抗震设防烈度、地震加速度和特征周期。

3）查明和评价影响各建（构）筑物地基和地质稳定性的工程地质因素，并提出处理措施的建议，包括对不良地质条件的整治措施建议。

4）查明地下水类型和埋藏深度与其变化，水质及其对混凝土的侵蚀性，含水层渗透性，地下水存在对建筑与构筑物地基以及对施工、运行的影响。

5）探明站址可能存在的特殊土并根据相关规范做出评价，盐渍土是否具有溶陷性、盐胀性及腐蚀性，包括溶陷等级、溶陷深度、盐胀等级、腐蚀性等级及含盐类型，提出岩土工程性质描述、物理力学性质指标和特殊地基处理建议。

6）提供基坑回填土的干容重及压实系数等参数。

（3）工程前期手续（土地预审意见、变电站规划选址意见）、取水协议、排水协议需在专业审查前取得，并在有效期内。岩土工程详勘察报告、水文地质报告等应为签字盖章的正式版。

（4）站区总体规划方案。在设计方案中进行站址地理位置描述时，应明确与城市的相互位置关系，需满足“市县乡村”四级定位。变电站长轴方向宜平行等高线布置，以减少土石方及边坡工程量。变电站轴线宜平行当地路网或地垄，减少对当地农田划分和已有灌溉渠系的影响，方便进站道路的引接。

（5）站区总平面布置。总平面布置应注意布置紧凑、节约用地，布置方案尽量减少土石方量，土方尽量做到就地平衡，配电装置要预留足够的扩建场地。建（构）筑物之间及建（构）筑物与电气设备之间的间距应满足防火和电气安全距离的要求。应按建设规模和功能分区合理地确定通道（包括道路、电缆沟、

管线等）宽度，并符合各种管线的布置要求。山区变电站的主要生产建（构）筑物、设备构支架，当靠近边坡布置时，建（构）筑物距坡顶和坡脚的安全距离应按相关标准确定。场地雨水应依据站址周边排水条件明确排水方式（散排、明沟或暗管）。

（6）站区竖向布置。竖向布置方式应依据站址地势选择平坡式或阶梯式。站区及进站道路设计标高应依据洪水位、内涝水位及接引道路标高综合确定。道路坡度设置应满足规范要求，宜于设备运输车辆、消防车辆行驶。建筑物室内地坪标高高出室外场地地面设计标高不应小于 0.3m，建（构）筑物位于排水条件不良地段和有特殊防洪（潮）要求、有贵重设备、受淹后损失较大的建（构）筑物，应根据需要适当加大建（构）筑物的室内外高差。工程建设时宜根据地质、地形条件及工程要求，因地制宜设置边坡，避免形成深挖厚填的边坡工程。当不能自然稳定放坡时应设置挡土结构，挡土墙按受力和材料一般可分为重力式挡土墙和钢筋混凝土挡土墙两类。

（7）建筑。建（构）筑物设计方案应说明建筑类别和耐火等级、建筑面积、层数、层高、安全疏散通道、室内外装修做法等。建（构）筑物外墙宜采用纤维水泥板复合墙体，板材厚度应满足热工及防火要求。建（构）筑物内隔墙宜采用防火石膏板或其他复合轻质内墙板。屋面防水等级应为 I 级。钢梁、柱均应进行防锈处理，防锈等级宜为 Sa2.5 级。钢柱可选用防火涂料或防火板外包处理，板材宜采用防火石膏板，板的厚度和层数应根据外包板的板材形式和结构的耐火极限进行计算选定。钢梁可选用防火涂料，防火涂料应满足 GB 14907《钢结构防火涂料》的相关规定。

（8）结构。变电站建筑一般按设计基准期 50 年、结构设计使用年限 50 年设计。建（构）筑物抗震设防类别中的乙类建筑，其结构的安全等级宜规定为一级；丙类建筑，其安全等级宜规定为二级。楼盖结构宜选择钢筋桁架楼承板。一般情况下，框架梁的高度取跨度 L（mm）的 $L/20+100$，两端简支的次梁高度取跨度 L（mm）的 $L/20$～$L/30$。采用悬臂梁段与柱刚性连接时，悬臂梁段与柱应采用全焊接连接，梁的现场拼接可采用翼缘焊接腹板螺栓连接或全部螺栓连接。钢框架结构柱脚应采用刚接柱脚；刚接柱脚宜采用埋入式，也可采用外包式；6、7 度且高度不超过 50m 时也可采用外露式。考虑柱脚的耐久性及刚接效果（外露式柱脚难以完全做到刚接，不应成为结构设计中的首选），基础上有短柱时，宜优先采用外包式柱脚。

（9）基础。地基基础设计等级应根据建（构）筑物规模及功能、场地和地基的复杂程度综合确定，具体按《建筑地基基础设计规范》(GB 50007—2011)表 3.0.1 确定，可采用独立基础、条形基础、筏板基础。桩基础设计等级应根据建（构）筑物规模及功能、场地和地基的复杂程度综合确定，具体按《建筑地基基础设计规范》(GB 50007—2011）确定。考虑变电站建筑的规模及功能，主控制楼、220kV 及以上配电装置楼的桩基础设计等级不宜低于甲级，其他建筑不宜低于乙级。桩型与成桩工艺选择应根据建筑结构类型、荷载性质、桩的使用功能、穿越土层、桩端持力层、地下水位、施工设备、施工环境、施工经验、制桩材料供应等条件选择。在进行防腐设计时应结合基础所处地下环境按腐蚀性等级高的确定，基础、拉梁及垫层应根据需要按《工业建筑防腐蚀设计标准》(GB/T 50046—2018）采取防腐措施。

（10）地基处理。在初步设计阶段应明确地基处理方案，确定处理深度。对造价较高的地基处理方案，要进行技术经济分析，必要时需专题论证，并提供施工图深度的地基处理图纸进行专业审查，确保地基处理方案和工程量的合理性。

（11）采暖方案及设备选型。应说明变电站属采暖区、过渡区，是否设置集中采暖系统。具体如下所述：计算采暖热负荷。说明采暖加热设计及主要设备的性能参数、供暖热媒参数、站区内采暖管道的敷设方式。说明散热器的设置及布置方式、采暖管道及保温材料的选择。

（12）通风方案及设备选型。对于通风方案及设备选型，应做如下说明：有事故排风要求或降温通风要求的电气设备间，应说明其通风方式、通风风量确定原则、设备选型及参数、室内气流组织形式、通风和降温设备的运行方式。对于容易产生易燃、易爆或有害气体的房间（如蓄电池室、采用 SF_6 断路器的 GIS 室）应说明通风量计算原则、通风方式、设备选型、防腐、防爆措施等。

（13）空调方案及设备选型。对于空调方案及设备选型，应计算空调冷、热负荷。对室内温、湿度有要求的房间，应分别说明空调设备的选型、参数和运行方式。

（14）对于站区供、排水条件，首先应说明水源，由自来水管网供水时，应说明供水干管的方位、接管管径、能提供的水量与水压，当建自备水源时，应说明水源的水质、水文及供水能力，取水方式及净化处理工艺和设备选型等。对于排水条件，当排入城市管道或其他外部明沟时应说明管道、明沟的大小、坡向，排入点的标高、位置或检查井编号，当排入水体（江、河、湖、海等）时，还应说明对排放的要求。

1）给水系统。对于给水系统方案的说明，应包括：用水量、消防用水标准

及用水量以及总用水量（最高日用水量、最大时用水量）。说明生活、消防系统的划分及组合情况，分质分压分区供水的情况。当水量、水压不足时采取的措施，并说明调节设施的容量、材质、位置及加压设备选型。

2）排水系统。对于排水系统方案的说明，应包括说明设计采用的排水方式、排水出路及排水口处理方案。如需要提升，则说明提升位置、规模，排水设备选型、设计数据及控制方式，建（构）筑物形式，占地面积，紧急排放的措施等；说明生活排水系统的排水量。当污水需要处理时，应分别说明排放量、水质、处理方式，工艺流程、设备选型、建（构）筑物概况及排放标准等。说明主变压器事故排油系统，说明雨水排水采用的暴雨强度公式（或采用的暴雨强度）、重现期、雨水排水量等。说明排水系统管材、接口及敷设方式。

3）防洪排涝。对于防洪排涝方案的说明，应包括变电站站区山洪设计流量或站址附近水域的洪水位或内涝水位、站区防洪（或防内涝）措施。

（15）消防措施。

1）站区总平面布置。其包括各建（构）筑物之间的防火间距、消防车道布置情况及设计标准。

2）站区建（构）筑物。其包括站区建（构）筑物耐火等级及火灾危险性分类，主要生产建筑防火、防爆等安全措施，防火分区的说明，以及各建（构）筑物灭火器设置情况。

3）电气设施。说明主变压器及其他油浸设备的消防方式和电缆防火措施等，必要时专题论述。

4）火灾自动报警系统。根据建（构）筑和电气设施性质确定保护等级及系统组成；火灾探测器、报警控制器，手动报警按钮，控制柜等设备的选择；火灾报警与消防联动控制要求。

5）消防给水系统。当设计需要设消防给水系统时，应说明设计依据，明确消防给水系统与生活给水系统合并或分开设置。消防用水量与水压。消防水源、贮水池及消防水泵的选择。消防系统管道的平面位置标注出干管的管径。图中应示出生活消防水泵房、生活消防贮水池及全站生活消防管网平面及高程系统。

（16）水工计算要点。

水工计算项目包括用水量和排水量计算，供、排水系统计算，设备选型和构筑物尺寸计算，排洪计算（必要时）。计算深度要求如下：

1）用水量和排水量计算。其包括生活、消防、生产用水量和排水量计算。

2）供、排水系统计算。其包括供水管道管径估算，雨水量计算，生活污水量及生产废水量计算，排水管道管径、坡度估算；冷却设备热力计算。

3）设备选型和构筑物尺寸计算。其包括取水设备及建（构）筑物计算，生活水泵、自动气压供水装置（或水塔）、消防水泵选型计算，生活消防贮水池计算；冷却设备选型。

4）排洪计算。根据水文提供洪水量进行排水断面、坡降选择计算；参照地形图进行排洪沟起、终点标高估算；排洪沟出口形式选择计算。

三、专业配合

专业间工作配合内容及要求见本书第一章第六节《工程设计专业间联系配合及会签管理》。变电土建专业提供外专业资料项目，应符合表 5－6 的要求。

表 5－6　　变电土建专业提供外专业资料表

序号	资料名称	资料主要内容	接收专业	备注
1	总平面及竖向布置图	包括平面布置、道路、位置、阶梯位置及各阶梯标高，主要沟道布置	变电、通信、水、暖通	
2	主控制楼平剖面图	—	变电、暖通、水工	
3	通信综合楼平剖面图	—	变电、通信、暖通、水工	
4	屋外变电架构资料	—	变电	
5	屋内配电装置平剖面图	—	变电、暖通、水工	
6	辅助建筑平剖面图	—	变电、暖通、水工	
7	附属建筑平剖面图	—	变电、暖通、水工	
8	并联电容器、电抗器房间布置图	—	变电、暖通	
9	技经资料	—	技经	
10	勘测任务书	—	岩土等专业	

暖通专业提供外专业资料项目，应符合表 5－7 的要求。

表 5－7　　暖通专业提供外专业资料表

序号	资料名称	资料主要内容	接收专业	备注
1	采暖、空调用水量	—	水工	
2	电动机资料	容量、台数	变电	

续表

序号	资料名称	资料主要内容	接收专业	备注
3	主控制室采暖、通风布置	—	土建、变电	
4	各辅助生产建筑、附属生产建筑、采暖、通风布置要求	同电气协调空调机与其控制柜布置位置	土建、变电	
5	技经资料	设备材料清册	技经	

给排水专业提供外专业资料项目，应符合表 5–8 的要求。

表 5–8　　给排水专业提供外专业资料表

序号	资料名称	资料主要内容	接收专业	备注
1	总平面布置任务书	冷却设备及建（构）筑物布置	土建	
2	循环水系统草图	—	变电	
3	电动机资料	台数、容量、安装位置及控制要求	变电	
4	所区给水排水平面布置草图	—	土建	
5	消防资料	消防泵台数容量及联锁要求	变电	
6	技经资料	设备材料清册	技经	

测量专业提供外专业资料项目，应符合表 5–9 的要求。

表 5–9　　测量专业提供外专业资料表

序号	资料名称	资料主要内容	接收专业	备注
1	测量技术报告书及地形图	包括报告书、地形图、控制点成果表等	土建、水工	

岩土工程勘测专业提供外专业资料项目，应符合表 5–10 的要求。

表 5–10　　岩土工程勘测专业提供外专业资料表

序号	资料名称	资料主要内容	类别	接收专业	备注
1	岩土工程勘测报告	报告书及附图	重要	土建、水工	

水文气象专业提供外专业资料项目，应符合表 5–11 的要求。

表 5–11　　水文气象专业提供外专业资料表

序号	资料名称	资料主要内容	类别	接收专业	备注
1	水文气象报告	包括报告及附图	重要	土建、水工、暖通	

初步设计阶段会签要求符合表5－12的要求。

表5－12　初步设计阶段土建专业图纸会签项目

序号	资料名称	会签专业	会签人	备注
1	总平面及竖向布置图	变电一次、建筑、结构、线路电气、通信、水工	主要设计人	
2	构架透视图	变电一次、线路电气	主要设计人	
3	配电装置楼	变电一次、结构、通信、变电二次、暖通	主要设计人	
4	消防设施方案图	变电一次、总图、建筑	主要设计人	
5	暖通设施方案图	变电一次、建筑	主要设计人	

四、输出成果

输出成果列表见表5－13、表5－14。提交设计图纸质量要求见本书第一章第七节《工程设计图纸管理》。

表5－13　土建专业本阶段输出成果统计表

序号	图纸名称	比例	成果级别	备注
1	初步设计说明书（土建部分）			
2	站址位置图	1:50000	一级	
3	站区总体规划图	1:500～1000	一级	
4	总平面布置图	1:200～1:500	一级	包括主要技术经济指标表
5	竖向布置图	1:200～1:500	三级	可与总平面布置图合并
6	进站道路平面布置图和纵断面图	1:200～1:500	三级	根据需要（可与总平面布置图合并）
7	土方工程图	1:100～1:500	二级	附土石方工程量指标
8	主控通信楼平、立、剖面图	1:100～1:200	二级	包括不同方案
9	屋内配电装置建筑平、立、剖面图	1:100～1:200	二级	
10	辅助建（构）筑物平、立、剖面图	1:100～1:200	三级	根据需要
11	各级电压构架透视图		二级	包括主要材料表

注　可根据工程具体情况增减出图内容、调整比例。

表5－14　水工及消防部分图纸目次表

序号	图纸名称	比例	备注
1	给排水及消防管线总平面图	1:200～1:500	根据需要
2	供水系统图		根据需要
3	排洪设施方案图		可与总平面布置图合并

第三节　施 工 图 阶 段

施工图设计阶段主要是根据初步设计审批文件、主要设备技术规范和生产厂商的技术资料、设计分工接口和必要的设计资料等开展工作，其设计内容包括图纸、说明书、计算书、设备材料清册等。施工图设计阶段是具体实施初步设计审定的设计原则的阶段，要求设计能够全面、准确、细致，不偏不漏，专业接口合理并符合规程、规范的要求。在施工图设计过程中，要进一步征求业主对施工图设计的意见，开展设计优化，协调各种设计问题，当设计输入发生变化时，要及时调整设计计划，并与外部进行协调。

一、深度规定

施工图设计阶段设计内容及深度要求详见《国家电网有限公司输变电工程施工图设计内容深度规定》，本书不再赘述。

二、工作开展

（一）设计准备

设计准备如下：

（1）编制施工图阶段勘测任务书。施工图开展前，组织各专业编制施工图阶段的勘测任务书。

（2）配合设总编制工程施工图设计策划书。按照设计合同要求或业主要求的设计进度，编制工程施工图设计策划书，明确三标整合管理措施和工程质量目标，确定各专业设计原则，协调各专业内部接口资料和各专业卷册交付进度，并根据需要进行综合设计评审。

（3）初步设计评审意见仅对变电站的主要设计原则进行了规定，在施工图设计中，需要对设计原则进一步具体细化，以便于各专业更好地开展工作。因此，土建主要设计人应与工程设总在编制施工图设计的设计原则时充分沟通。

（二）收集资料

收集的资料如下：

（1）工程初步设计审定稿、初步设计评审意见及批复。

（2）工程项目设计计划。

（3）设计原始资料。其包括站址位置图、站址地形图、工程地质和水文地质资料、水文气象资料。

（4）顾客对项目的设计需求。

（5）类似项目的资料。其包括设计反事故措施要求。

（6）设计依据性资料。其包括相关规程、规范、文件等。

（7）设备厂家提供的资料。

（三）设计要点

1. 总图设计要点

（1）站址标高。本条设计要点适用于全省16条骨干河流及其一级支流或河宽超过20m河流500m以内的变电站，位于河流、湖泊（水库）泄洪区的变电站，220kV及以上变电站及为一级重要客户供电的变电站。

1）220kV及以上电压等级变电站标高应按百年一遇防洪（涝）标准设计并高于有水文记录以来的历史最高内涝水位，其他电压等级的变电站标高应按五十年一遇防洪（涝）标准设计并高于有水文记录以来的历史最高内涝水位；不能满足上述要求时，变电站应设计采取可靠的防洪措施。

2）重点防汛变电站标高应不低于内涝水位50cm。

3）变电站场地标高最低处应不低于站外自然地面（参考进站道路起点）50cm以上。站内建筑物室内标高应高于室外场地60cm以上。

4）新建变电站规划应充分参考站址周边最新的政府规划资料，包括站址周边2km范围内的10年规划、进站道路所引接道路的标高和坡度等。当现行政府规划存在滞后时，应充分考虑站址周边发展状况，适当提高变电站设计标高。

5）位于乡村地区的新建变电站，设计标高应在不低于洪水位、不低于内涝水位50cm和不低于引接道路引接点处70cm中取最大值。

6）位于城市待开发地区的新建变电站，设计标高应在不低于洪水位、不低于内涝水位50cm和不低于引接道路引接点处50cm中取最大值。

（2）进站道路坡度。建设条件较好时，变电站进站道路最大坡度按6%考虑；当地形为山岭、重丘时，极限值按 8%考虑；若为非寒冷冰冻或积雪地区的山岭、重丘区，极限值可按9%考虑。若条件限制，道路纵坡大于9%时，需做专题论证。

（3）土石方计算。土方计算时，对于挖方或填方场地，设置标高时应考虑扣除场地做法的厚度。对于有挖方和填方的场地，应同时考虑挖填平衡、耕植土、碎石场地、基槽余土等相关因素。

示例：

如图 5－1 所示，某变电站场地耕植土 0.30m 厚，挖方区面积 S＝7422.00m^2，填方区面积 S＝7578.00m^2，设计场坪标高 20.00m，基槽余土 3500.00m^3，碎石场地做法 200mm，按照 19.80m 的标高计算的挖方量为 5711.00m^3，填方量为 4546.00m^3。

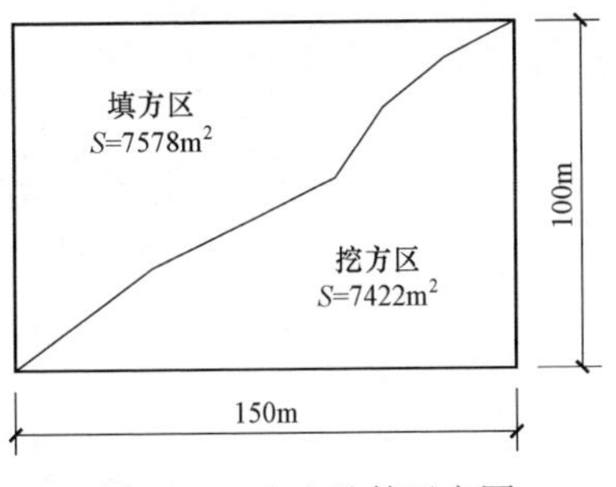

图 5－1　土方计算示意图

挖放量：5711.00＋7578.00×0.30＝7984.40（m^3）。

填方量：4546.00＋7578.00×0.30＝6819.40（m^3）。

购土量：6819.40－(7984.40－150×100×0.3＋3500.00)＝－165（m^3）。

负号表示购土量为 0。

弃土量：150×100×0.30＋165＝4665（m^3）。

（4）构架爬梯方向及护笼设置。220kV 和 500kV 构架爬梯应设置在道路侧，主变压器爬梯应设置在远离中性点管母侧。按照《国家电网有限公司关于印发电网设备技术标准差异条款统一意见的通知》（国家电网科〔2014〕315 号）文件的要求，构架可不设护笼，参考省内设计习惯，主变压器构架不设置爬梯护笼，220kV 和 500kV 构架设置爬梯护笼。

（5）路边沟处道路设计。涵管直径需依据路边沟的深度及宽度选用涵管直径，直径范围为ϕ500～ϕ1500mm；涵管上部设置 200mm 厚钢筋混凝土板，防止施工及设备运输过程中对涵管造成破坏；可行性研究及初步设计阶段需考虑清淤及换填工程量。

设计示例如图 5－2～图 5－4 所示。

（6）挡土墙及护坡。挡土墙优先选用钢筋混凝土挡墙，其次为重力式毛石挡墙。护坡优先选用预制混凝土块护坡和现浇混凝土护坡，其次为浆砌毛石护坡。

（7）站区排水设计。

1）变电站采用强制排水系统时，应优先接入市政管网；当无法接入市政管网时，宜设置室外永久性集水井并至少配备一主一辅两台排水泵，集水井容积应不小于 15m^3，排水泵总流量应不小于 200m^3/h。

2）排水管材质应选用钢筋混凝土排水管（Ⅱ级）、小时 DPE 直臂管或增强型 UPVC 管。排水主管管径不宜小于 500mm，排水支管管径不宜小于 300mm。排水管垫层基础采用 180° 砂石基础，厚度不宜小于 180mm。排水管坡度不应小于 0.3%。

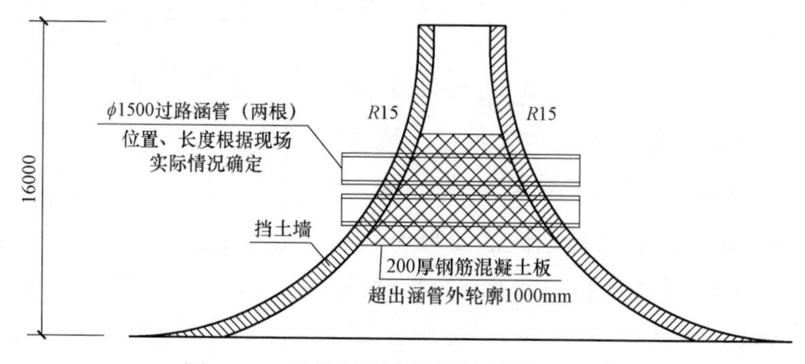

图5-2 涵管平面布置图（单位：mm）

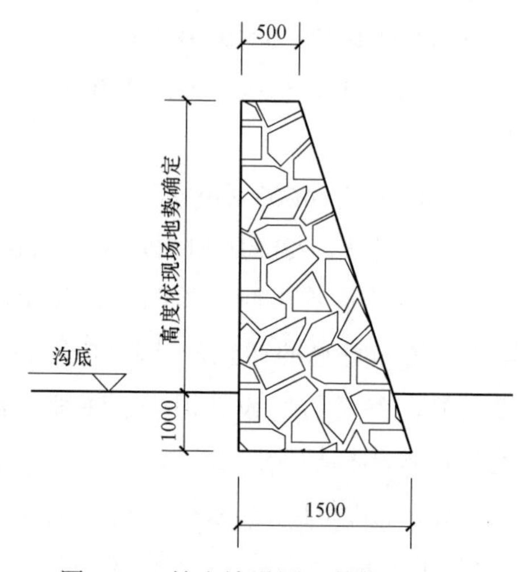

图5-3 挡土墙详图（单位：mm）

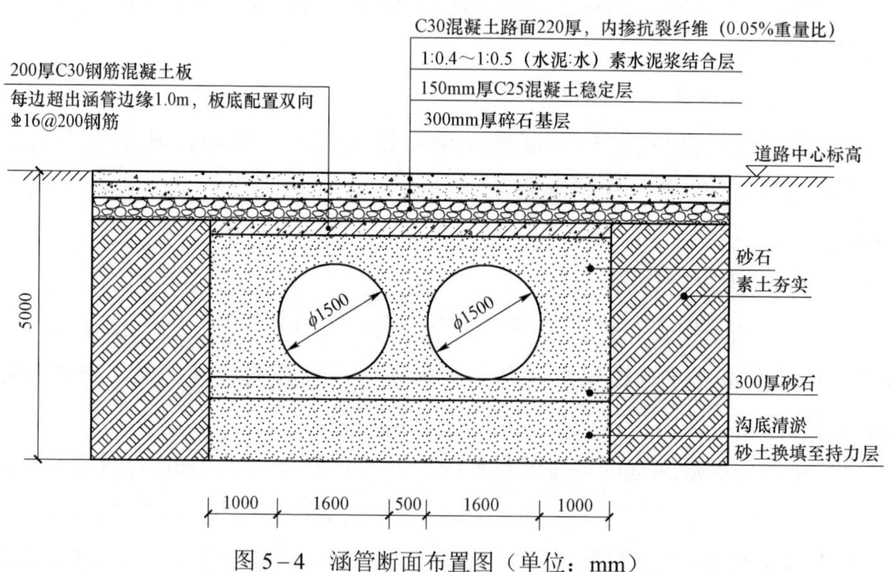

图5-4 涵管断面布置图（单位：mm）

2. 建筑设计要点

（1）屋面做法。采用图集鲁 L13J1 屋 103－细石混凝土保护层屋面，防水等级为Ⅰ级，从上往下依次如图 5－5 所示。

（2）女儿墙做法。女儿墙做法形式较多，经多个工程施工单位及运维单位反馈，建议采用以下设计方案，女儿墙顶部外挑，外墙板延伸至外挑部分底部，结构专业也应做相应调整。女儿墙做法详图如图 5－6 所示。

（3）室外平台栏杆。做法 1 采用－10×100 钢板脚分别与平台梁、钢套筒采用焊接连接（在钢结构加工厂完成），现场安装时直接将矩形钢管栏杆立柱插于钢套筒中，然后用螺栓进行紧固。

做法 2 采用－16×60 钢板与平台梁采用焊接连接（在钢结构加工中完成），钢板长度以高出平台翻沿不小于 100mm 为宜，栏杆立柱采用－10×60 双扁钢立柱，现场安装时直接将双扁钢立柱与预埋钢板螺栓连接。栏杆立柱套筒连接节点如图 5－7 所示。栏杆立柱钢板连接节点如图 5－8 所示。

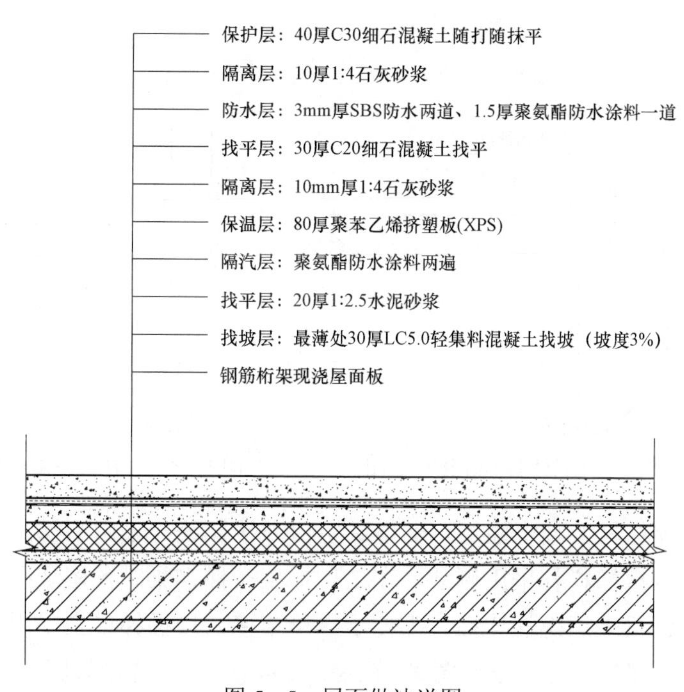

图 5－5　屋面做法详图

注：建筑找坡相关技术要求详见《建筑工程做法》（L13J1）P126。

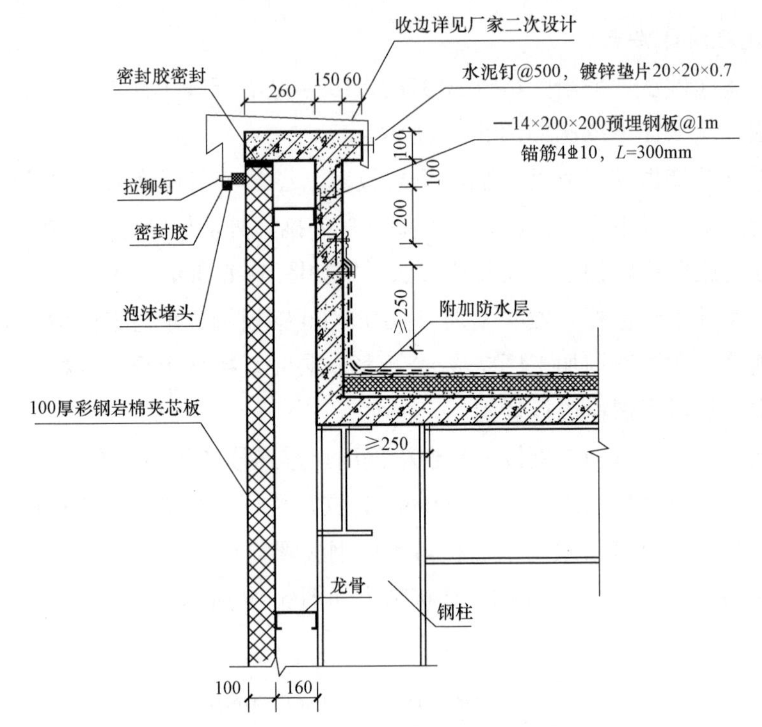

图 5-6　女儿墙做法详图（单位：mm）

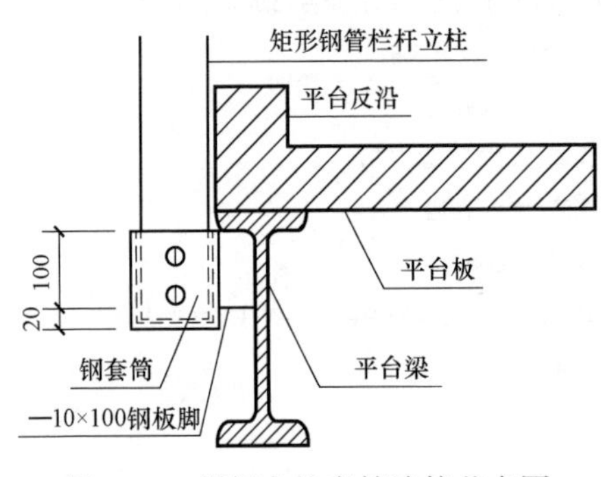

图 5-7　栏杆立柱套筒连接节点图

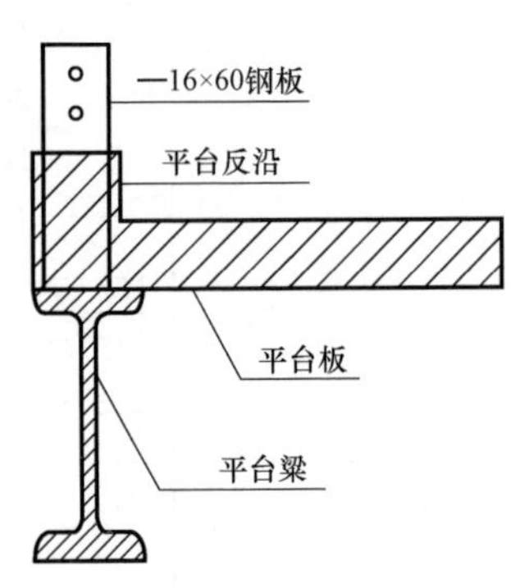

图 5-8　栏杆立柱钢板连接节点图

（4）楼梯栏杆及踏步面层。变电站室内外楼梯统一采用钢梯，由钢结构厂家加工生产，楼梯栏杆采用侧装，在工厂加工楼梯钢梁时预留螺孔，楼梯栏杆立柱与楼梯钢梁采用螺栓连接。为便于螺栓连接，楼梯梯梁宜采用钢板梯梁，做法可参照国家建筑标准设计图集《钢梯》15J401，安装样例如图 5-9、图 5-10 所示。

钢梯踏步为钢板结构，为保证人员上下安全，防止磕碰、磨损引起的钢结构锈蚀，在踏步钢板上贴防滑塑料地板。

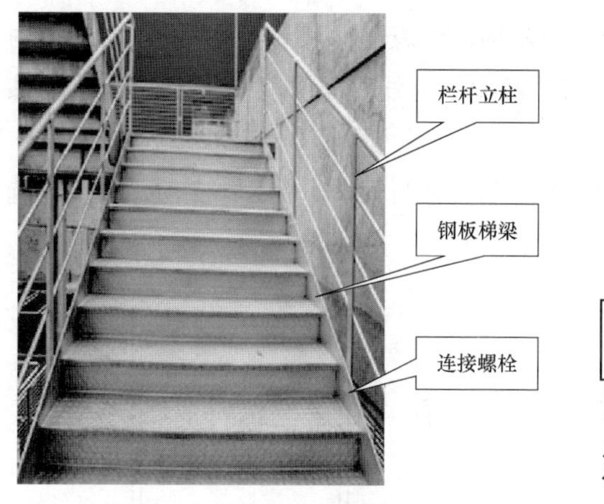

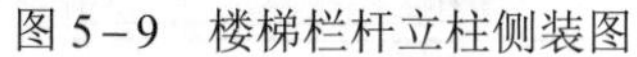
图 5－9　楼梯栏杆立柱侧装图

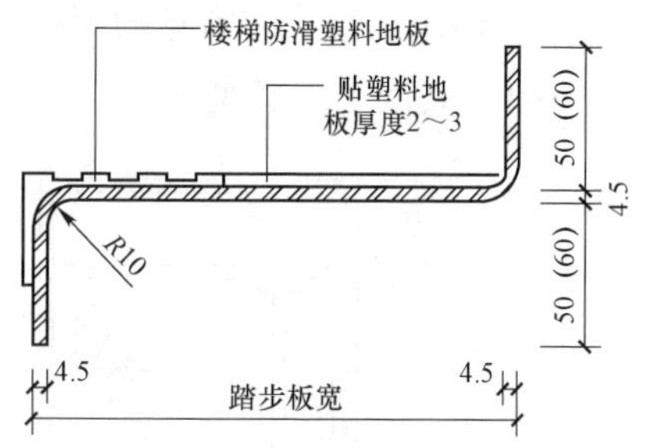

图 5－10　楼梯踏步详图

（5）外墙板。常用的外墙板主要有铝镁锰外墙板、压型钢板复合板、纤维水泥板三种。其中：压型钢板复合板金属夹芯板采用 100mm 厚彩钢岩棉夹芯板，内衬板材采用 2×15mm 高级耐水耐火纸面石膏板；铝镁锰外墙板金属夹芯板采用 100mm 厚铝镁锰岩棉夹芯板，内衬板材采用 2×15mm 高级耐水耐火纸面石膏板；纤维水泥板金属夹芯板采用 136mm 厚水泥纤维板，内衬板材采用 2×15mm 高级耐水耐火纸面石膏板。主变压器侧外墙要求耐火极限 3h，其余外墙耐火极限 2h。外墙构造示意如图 5－11 所示。

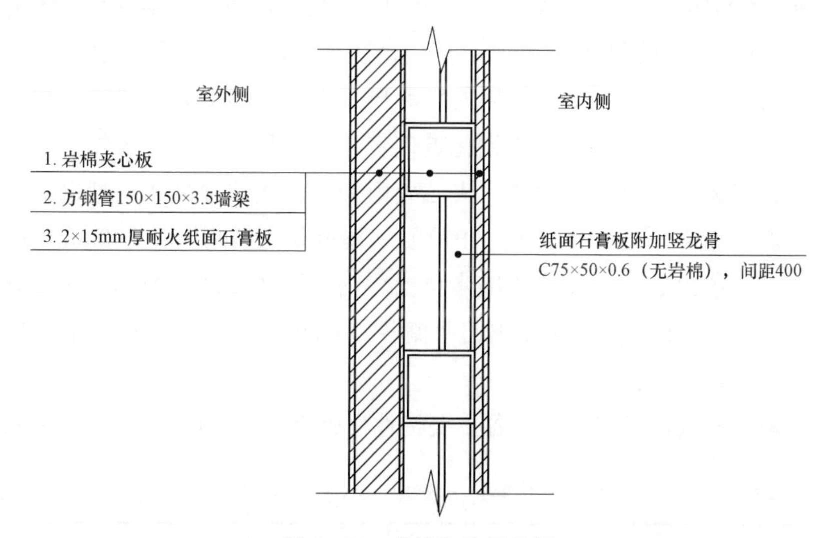

图 5－11　外墙构造示意图

墙体连接采用承插型，墙板排列采用竖向和横向两种排版方式。

彩涂板涂层选用：面漆选用聚偏氟乙烯，外表面面漆厚度不小于 20μm，内表面面漆厚度不小于 7μm；底漆选用聚氨酯，内外表面厚度均小于 5μm。面漆涂层要求：正面二层，反面一层。

（6）消防救援窗。常见的消防救援窗主要有两种，如图 5－12 所示，优先选用类型 1，其次选用类型 2。

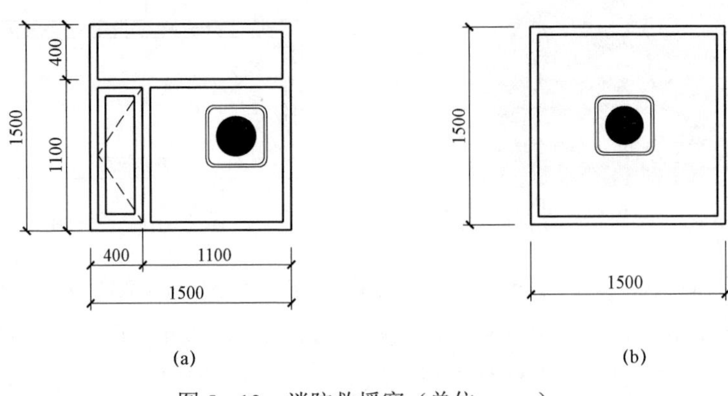

图 5－12　消防救援窗（单位：mm）

（a）类型 1；（b）类型 2

（7）窗户护栏。《电力系统治安反恐防范要求》规定：重点目标建筑物二层以下的窗口与外界相通且人员易于穿越的通风口和管道口应加装金属防护栏。根据 GB/T 50016—2014《建筑设计防火规范》（2018 版）的要求需设置消防救援窗，无法再另外设置金属防护栏。建议消防救援窗不再设置金属防护栏。

（8）雨棚。模块化变电站常用的雨棚形式主要有钢雨棚（玻璃）和夹芯板雨棚两种。钢雨棚（玻璃）由于钢化玻璃容易自爆且需要考虑与外立面协调等问题，建议优先选用夹芯板雨棚。夹芯板雨棚细部做法参见《压型钢板、夹芯板屋面及墙体建筑构造》01J925－1 P72 页，雨棚长出门两侧各 300mm，雨棚垂直外墙面方向挑出长度取第一阶踏步位置。钢雨棚（玻璃）细部做法参见《钢雨棚（一）》07J501－1，雨棚宽出门两侧各 300mm，雨棚垂直外墙面方向挑出长度取第一阶踏步位置。

（9）耐火极限、燃烧性能。各主要构件耐火极限、燃烧性能见表 5－15。

表 5－15　各主要构件耐火极限、燃烧性能列表

序号	构件名称	耐火极限（h）	燃烧性能
1－1	柱（全户内站）	3.0	不燃烧体
1－2	柱（半户内站）	2.5	

续表

序号	构件名称	耐火极限（h）	燃烧性能
2-1	梁（全户内站）	2.0	不燃烧体
2-2	梁（半户内站）	1.5	
3	楼面	1.5	
4	防火墙	3.0	
5	其余外墙、墙梁	1.0	
6	楼梯间内墙	2.0	
7	电缆竖井内墙	1.0	
8	电抗器及散热器室、电容器室内墙	3.0	
9	其余内墙	1.0	
10	吊顶	0.25	

（10）疏散出口。建筑面积超过 250m^2 时的控制室、通信机房、配电装置室、电容器室、阀厅、户内直流场、电缆夹层，其疏散出口不宜少于 2 个。

（11）防火分区。地下变电站、地上变电站的地下室每个防火分区的建筑面积不应大于 1000m^2。设置自动灭火系统的防火分区，其防火分区面积可增大 1.0 倍；当局部设置自动灭火系统时，增加面积可按该局部面积的 1.0 倍计算。对于地下或半地下厂房（包括地下或半地下室），当有多个防火分区相邻布置，并采用防火墙分隔时，每个防火分区可利用防火墙上通向相邻防火分区的甲级防火门作为第二安全出口，但每个防火分区必须至少有 1 个直通室外的独立安全出口。

（12）建筑平台与外窗设计。

1）与室外平台相邻的设备间的墙体底部应设置高度不小于 150mm 的混凝土坎台作为防水隔离层，混凝土强度等级不应小于 C30。

2）建（构）筑物窗宜采用中空玻璃断桥铝合金平开窗。玻璃厚度不应小于（6+12+6）mm。建筑外门窗抗风压性能分级不应低于 5 级；气密性能分级不应低于 4 级；水密性能分级不应低于 4 级。

（13）屋面排水。屋面排水采用有组织排水，落水管的设置位置及数量要兼顾空调冷凝水、室内消火栓地漏、雨篷排水（有组织）。靠近户外电气设备区的落水管要预穿钢丝，防止落水管脱落砸向设备。

3. 结构设计要点

（1）钢结构接地。按照电气专业要求，每根钢柱均需接地。常用接地形式为单侧接地，室内接地端子位置应避开墙板及其他附属设施，室外接地端子位置应保证高度和朝向一致。室内钢柱接地端子中心线距离室内建筑地面为300mm，室外接地端子中心线距离场坪为500mm。钢柱接地示意如图5－13所示。

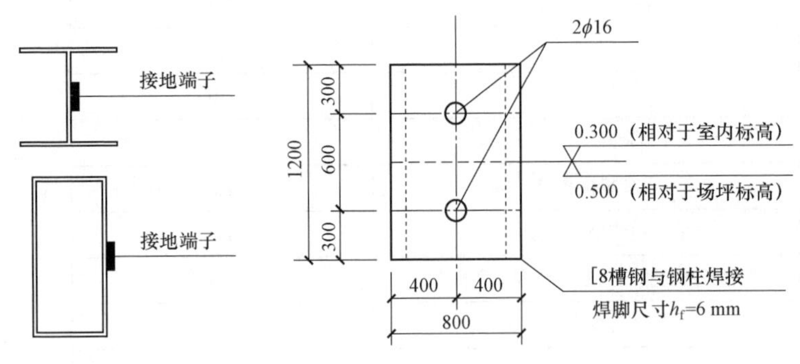

图5－13 钢柱接地示意图

（2）钢结构防腐。按已竣工模块化站的设计及施工经验，推荐采用冷喷锌防腐处理方式。具体设计要求如下：

钢柱、钢梁等钢结构在进行涂装前，必须将构件表面的毛刺、铁锈、氧化皮、油污及附着物彻底清除干净，采用喷砂、抛丸等方法彻底除锈，达到Sa2.5级。现场补漆除锈可采用电动、风动除锈工具彻底除锈，达到St3.0级，粗糙度达到35～55μm。经除锈后的钢材表面在检查合格后，应在4h内清除锈垢和灰尘后涂第一遍底漆。

钢结构构件防腐做法：环氧富锌底漆（70μm，分两道），底涂层与钢铁基层的附着力不低于5MPa；环氧云铁中间漆（110μm，分两道）；聚氨酯面漆（100μm，分三道）。

（3）混凝土防腐措施（弱、中腐蚀性）。工程中地下水和地基土对混凝土的腐蚀性以弱腐蚀性和中腐蚀性为主，按照《工业建筑防腐蚀设计标准》不同的腐蚀等级有不同的设计要求，结合现场施工实际及工程造价，建议对于弱腐蚀性场地也按照中腐蚀性场地的设计措施。混凝土表面防腐措施优先选用环氧沥青，其次为聚合水泥砂浆。垫层及表面防护设计要求如下：垫层材料为150mm厚C20素混凝土或100mm厚聚合物水泥混凝土。表面防护，环氧沥青防腐，厚度不超过300μm或聚合物水泥砂浆，厚度不小于5mm。

对于强腐蚀性场地应按照《工业建筑防腐蚀设计标准》的相关规定进行设计。

（4）柱脚设计。考虑到埋入柱脚对施工要求较高，建议柱脚设计时选用外

露式和外包式柱脚两种。6 度地区优先选用外露式柱脚；对于 7 度地区，由于《抗规》对柱脚的极限受弯承载力的规定较为严格，导致地脚螺栓直径较大，建议从造价方面综合比选，选择柱脚形式；8 度地区采用外包时柱脚。

（5）节点设计及详图表示方法。常用的梁柱节点形式有两种：第一种为栓焊连接节点；第二种为悬臂短梁式梁柱连接节点。悬臂短梁式装配式梁柱连接节点是指在工厂内将悬臂段与柱焊接在一起，在施工现场采用螺栓完成梁与悬臂梁段的拼接。因为悬臂梁段与柱子的焊接在工厂内完成，可以保证悬臂梁段与柱之间的焊接质量，该梁柱节点改善了梁柱交接处（主要受力部位）的焊接质量，将梁柱连接由梁端移向梁段，结构合理，传力明确，建议结构设计时优先选用这种连接形式。

一般情况下，柱边线至梁伸臂远端距离为梁净跨度的 1/10 及 $l_n/10$ 或 1.5 倍梁高（即 $1.5h_b$）且不小于 750mm。

（6）楼板。通用设计屋面板采用钢筋桁架楼承板，其他区域楼面采用压型钢板组合与非组合楼板。根据已竣工工程施工单位对这两种楼板形式的反馈意见及其他设计单位的设计经验，建议楼面及屋面均采用钢筋桁架楼层板。钢筋桁架楼承板选用参数见表 5－16 和表 5－17。

表 5－16　　钢筋桁架楼承板常用钢筋规格组合编号

钢筋规格组合编号	钢筋直径（mm）		
	上弦	腹杆	下弦
1	8	4.5	8
2	10	5	10

表 5－17　　钢筋桁架楼承板常用型号及技术参数

钢筋桁架楼承板			楼板厚度（mm）	施工阶段楼承板允许跨度（mm）	
型号	钢筋规格组合编号	桁架高度（mm）		简支板	连续板
HB1－70	1	70	100	1.9	2.6
HB1－80		80	110	2.0	2.6
HB1－90		90	120	2.1	2.8
HB2－100	2	100	130	3.3	3.8
HB2－110		110	140	3.4	3.8
HB2－120		120	150	3.6	4.0
HB2－130		130	160	3.7	4.0

4. 地基处理设计要点

（1）轻微液化场地，不建议采用地基处理，可将基础形式改为筏板基础，增加结构整体性。

（2）某些软土地区的地下水中含有大量硫酸盐，如海水渗入地区或盐渍土地区等。硫酸盐与水泥发生反应时对水泥土具有结晶性侵蚀，会出现桩体开裂、崩解而失去强度，因此若地基处理采用水泥土搅拌桩时应选用抗硫酸盐水泥，以提高水泥土的抗侵蚀性能。

5. 给排水设计要点

（1）要根据水质分析报告，明确水质是否满足生产、消防和饮用水的水质要求，如不满足要增设净水装置。

（2）生活污水经化粪池处理后排入市政污水管网，当无市政管网时，生活污水应排入化粪池，定期清理不外排。由于污水处理设施需要定期维护且维护成本较高，运维单位也没有特别要求，因此化粪池不设置污水处理设施。

6. 供暖、通风与空气调节设计要点

（1）供暖设计要点。变电站常用的供暖设备为电加热供暖设备和分体式热泵空调，电加热供暖设备主要包括各种电取暖器、电热暖风机和电热风幕机。

1）蓄电池室供暖设备应为防爆型，防爆等级应为 IICT1（即为Ⅱ类、C 级、T1 组）。

2）在对防尘要求较高的房间，应采用易于清除灰尘的散热器或电取暖器。具有腐蚀性气体的房间，应选用耐腐蚀的散热器或电取暖器。

3）泵房、卫生间电供暖设备应选用防水型。

4）供暖设备与电气设备之间的距离应满足带电距离的要求。

5）电热供暖设备可根据热负荷、盘柜布置、房间尺寸、室内装修等具体情况选用壁挂式电取暖器或电热暖风机。

6）变压器、电抗器、电容器运行时散热较大，一般不需要设计供暖。

7）电缆夹层、电缆隧道不设计供暖。

（2）通风设计要点。常用通风设备主要包括轴流风机、离心风机、箱体式风机、耐高温排烟风机、空气处理设备（含表冷器）、蒸发冷却机组（喷水蒸发）等。

1）10kV/35kV 配电室。

a. 夏季室内环境温度不宜高于 40℃，当设通风降温时，通风量应按排除室内设备散热量确定，进排风温差按不超过 15℃设计。

b. 当周围环境洁净时，宜采用自然进风、机械排风系统；当周围空气含尘严重时，应采用机械送风系统，进风应过滤。室内保持正压。送风系统的空气处理设备宜按设计风量 2×50%配置。

c. 配电室通风及降温（或空调）设备均应与火灾报警信号联锁，发生火灾时，运行设备应联锁关闭以防止火势蔓延或助燃。

2）蓄电池室。

a. 当室内未设置氢气浓度检测仪时，平时通风系统排风量应按换气次数不少于 3 次/h 计算，排风机直按 2×100%配置；事故通风系统排风量应按换气次数不少于 6 次/h 计算。排风可由两台平时通风用排风机共同保证。

b. 当室内设置氢气浓度检测仪时，事故通风系统排风量应按换气次数不少于 6 次/h 计算，风机宜按 2×50%配置，且应与氢气浓度检测仪联锁，当空气中氢气体积浓度达到 0.4%时，事故排风机应自动投入运行。

c. 当采用机械进风、机械排风系统时，排风量应比送风量大 10%。蓄电池室排风系统的吸风口应设在上部，吸风口上缘距顶棚平面或屋顶的距离不应大于 0.1m。

d. 进风宜过滤，室内应保持负压。

e. 送风温度不宜高于 35℃，并应避免热风直接吹向蓄电池。

f. 排风系统不应与其他通风系统合并设置，排风应排至室外。

g. 风机及电机应采用防爆型，防爆等级不应低于氢气爆炸混合物的类别、级别、组别（Ⅱ CT1），通风机与电机应直接连接。风机开关应布置在蓄电池门外。

h. 风机应与火灾报警信号联锁，发生火灾时，风机应联锁关闭以防止火势蔓延或助燃。

i. 通风系统的设备、风管及其附件，应采取防爆、防腐措施，选用金属风管时，风管应有防静电及接地措施。

3）电缆隧道及电缆半层。通风设备应与火灾信号联锁，火灾发生时，通风设备应自动断电。电缆夹层当采用全淹没气体灭火系统时，宜采用机械通风方式。灭火时，风机、风口应有良好的密闭性，灭火后排风宜设上下吸风口。

4）变压器室。

a. 变压器室应设机械通风，油浸式变压器室的排风温度不超过 45℃，干式变压器室的排风温度不超过 40℃，通风量应按排除室内设备散热量确定。进风和排风温差不超过 15℃。

b. 变压器室通风机、风管及支吊架均应保持在电气设备或套管的安全距离之外。

c. 当无法避免在防火墙上设置风口或风管时，应设置防火阀，其耐火等级同防火墙。

d. 只有单面外墙时，在水平风管布置困难的情况下，可考虑设置排风竖井。

e. 配电室通风设计要点适用于变压器室通风，可参照执行。

5）电抗器室。

a. 电抗器室全面通风时，夏季室内环境温度不宜高于 40℃，宜采用自然进风、机械排风的通风方式，通风量应按排除室内设备散热量确定。

b. 电抗器散热量大且集中，当室内空间较大时，宜采取局部通风方式。

c. 将室外空气直接送入电抗器底部吸热，上部排出。

d. 配电室及变压器室通风设计要点中适用于电抗器室通风的内容，可参照执行。

6）GIS 室。

a. GIS 室应设置机械通风系统，室内空气不得再循环，室内空气中 SF_6 的含量不得超过 $6000mg/m^3$。

b. GIS 室设置平时通风及事故通风系统，平时通风系统应按连续运行设计，其风量应按换气次数不少于 4 次/h 计算，事故排风量应按换气次数不少于 6 次/h 计算。平时通风系统的吸风口应设在室内下部，其下缘与地面距离不应大于 0.3m，事故排风量宜由平时通风使用的下部排风系统和上部排风系统共同保证。

c. 与 GIS 室相通的地下电缆隧道（或电缆沟），应设机械排风系统。

d. 通风气流组织应均匀，避免气流短路和死角。

e. 通风设备、风管及附件应考虑防腐措施。

f. 事故排风机的电器开关应安装在门口便于操作的地点，室内直设电源插座，作为检修时的通风电源。

g. 风机应与火灾信号联锁，当发生火灾时，风机电源应能自动切断。

7）电容器室。

a. 电容器室内温度控制值应由工艺专业提出，宜采用自然通风，当自然通风不满足要求时，宜采用自然进风、机械排风系统。

b. 风机应与火灾信号联锁，当发生火灾时，风机电源应能自动切断。

8）其他房间通风。

无外窗或仅有不可开启外窗的工具间、空调房间（无空调新风）应设置自然通风、机械排风系统。卫生间不具备自然通风条件时，应设置换气扇排风。

设有火灾报警的房间，发生火灾时，通风设备应联锁关闭并断电。

9）空气调节设计要点。

a. 10kV/35kV 配电装置室、二次设备室采用工业空调或基站空调，蓄电池室采用防爆分体柜式空调机，电源均为三相 380V。其他房间采用风冷分体式空调机，电源为两相 220V。

b. 分体式空调机的数量和总制冷（热）量不应小于空调房间冷、热负荷，总风量应符合房间换气次数的要求。

c. 电气设备间空调机不宜选用一台，最少宜按 2×75%选用。

d. 电气设备间空调室内机应与火灾信号联锁，发生火灾时，应切断空调室内机电源以防止火势蔓延或助燃。

10）防排烟设计要点。

a. 配电装置楼的楼梯间有可开启外窗，且可开启外窗的面积满足自然排烟口的面积要求，所以楼梯间及其前室的防烟一般采用自然通风方式，无需设置机械加压送风系统。

b. 当有地下电缆半层时，通往电缆半层的楼梯间不与地上楼梯间共用且地下仅为一层，首层设置直通室外的疏散门。

c. 当配电装置楼内有长度大于 40m 的疏散走道时，需设置排烟系统，排烟系统宜采用自然排烟方式，无法设置自然排烟系统时需设置机械排烟系统。其他各房间不属于经常有人停留或可燃物较多的场所，无需设置排烟系统。

7. 消防设计要点

（1）灭火器要求。变电站、换流站内应配置磷酸铵盐 ABC 型干粉灭火器，其中保护室、通信机房等二次设备室应增设二氧化碳灭火器，配置规格和数量应不低于《电力设备典型消防规程》（DL 5027—2015）中灭火器设置要求。

1）灭火器应设置在人行通道、楼梯间和出入口等位置明显和便于取用的地点，且不得影响安全疏散。

2）室外设置的灭火器应设置在消防棚内，蓄电池室灭火器应防止在门外。

3）手提式灭火器应设置在灭火器箱内，其顶部离地面高度不应大于 1.50m，底部离地面高度不宜小于 0.08m。

4）灭火器的摆放应稳固，其铭牌应朝外。

5）灭火器箱不得上锁，灭火器箱前部应标注“灭火器箱、火警电话、编号”等信息，箱体正面和灭火器设置点附近的墙面上应设置指示灭火器位置的固定标识牌，并编号。

（2）消防棚灭火器设置要求。

1）主变压器附近应配置砖混结构的消防棚，消防棚应在主干道旁，便于取用。其面积应满足容纳站用消防沙池、消防器材的要求。

2）消防棚应装设铝合金或不锈钢材质的门，门不应上锁。

3）消防棚内应配置推车式 50kg 干粉灭火器，配置标准应不低于各电压等级变电站、换流站灭火器配置标准的要求。

4）消防棚内应配置消防砂池，内装干燥细黄砂。黄砂容量应按每台被保护主变压器（电抗器）不少于 1.0m^3 设置，且每 1.0m^3 黄砂配置 3～5 把消防铲，每把消防铲配备两只消防砂桶，每四桶配备一把消防斧。

5）消防砂桶应装满干燥黄砂。消防砂桶、消防铲和消防斧均应为大红色，消防砂池应有标示牌。

（3）室内消火栓设置要求。将室内消防立管用墙体围起来，以防止管道漏水时将水喷到电气设备上，具体做法如图 5－14 所示。

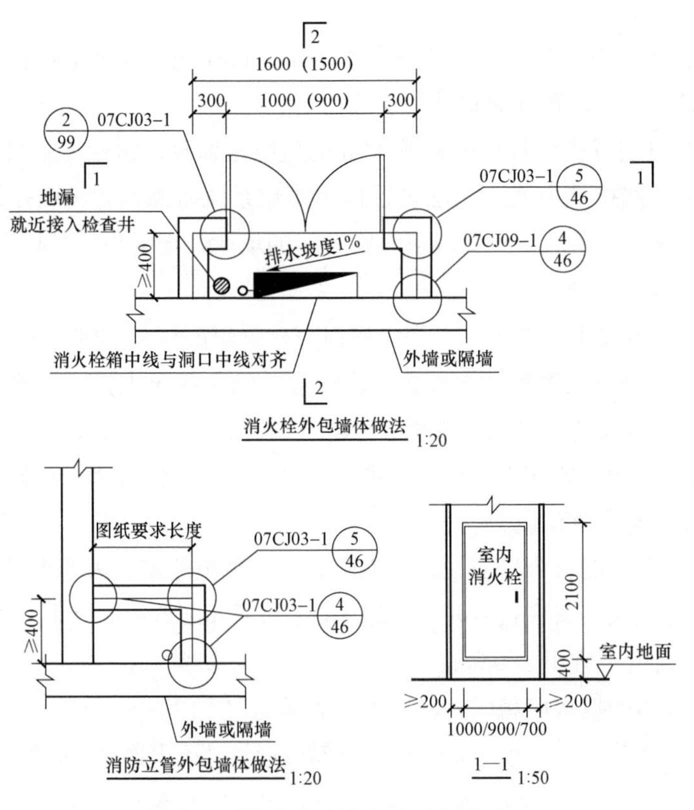

图 5－14　室内消火栓布置示意图（一）

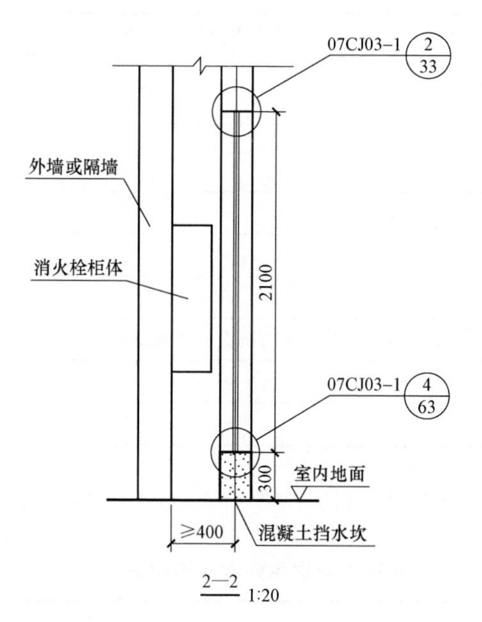

图 5－14　室内消火栓布置示意图（二）

三、专业配合

专业间工作配合内容及要求见本书第一章第六节《工程设计专业间联系配合及会签管理》。变电土建专业提供外专业资料项目，应符合表 5－18 的要求。

表 5－18　　变电土建专业提供外专业资料表

序号	资料名称	资料主要内容	接收专业	备注
1	总平面布置图	包括平面布置、道路位置、阶梯位置及各层标高	变电、水、暖通	
2	竖向布置图	—	暖通、水工	
3	所区排水资料、道路布置图	包括道路及排水口位置	水工	
4	主控制楼平剖面图	—	变电、暖通、水工	
5	通信综合楼平剖面图	—	变电、通信、暖通、水工	
6	屋内（外）配电装置室平剖面图	—	变电、暖通、水工	
7	电容器室平剖面图	—	变电、暖通、水工	

续表

序号	资料名称	资料主要内容	接收专业	备注
8	辅助建（构）筑物平剖面图		变电、暖通、水工	
9	附属建筑平剖面图		变电、暖通、水工	
10	屋外变电构架透视图	—	变电	
11	沟道布置	—	变电、水工	
12	设备支架	—	变电	
13	出线构架资料	出线偏角、坐标、架构外形尺寸和挂线点孔位、孔径等	送电电气	
14	技经资料	—	技经	
15	勘测任务书	—	岩土、水文	

暖通专业提供外专业资料项目，应符合表 5－19 的要求。

表 5－19　　　　暖通专业提供外专业资料表

序号	资料名称	资料主要内容	接收专业	备注
1	主控制楼进出管道管径位置及标高		土建	
2	通信综合楼进出管道管径位置及标高		土建	
3	电容器室暖通任务书及进出管道管径位置及标高	包括通风机布置、风道及沟道布置荷重、开孔、预埋件等	土建	
4	屋内配电装置暖通任务书及进出管道管径位置及标高	包括通风机布置、风道及沟道布置荷重、开孔、预埋件等	土建	
5	蓄电池室暖通任务书	包括通风机布置、风道及沟道布置荷重、开孔、预埋件等	土建	
6	辅助建（构）筑物进出管道管径位置及标高	包括变压器检修间、空气压缩机室、油处理室、制氢站、锅炉房等	土建	
7	附属建（构）筑物进出管道管径位置及标高	包括收发室、材料库、汽车库、食堂等	土建	
8	电动机资料及电热取暖资料辅控任务书	电动机名称、容量、布置地点、辅控要求	变电	
9	空调用水量	—	水工	
10	技经资料	—	技经	

给排水专业提供外专业资料项目，应符合表 5－20 的要求。

表 5－20　　给排水专业提供外专业资料表

序号	资料名称	资料主要内容	接收专业	备注
1	所区给水排水平面布置图	包括供排水建（构）筑物位置、尺寸及管线布置	土建	
2	主控制楼进出管道管径位置及标高	—	土建	
3	通信综合楼进出管道管径位置及标高	—	土建	
4	辅助建（构）筑物进出管道管径位置及标高	包括变压器检修间、空气压缩机室、油处理室、制氢站锅炉房等	土建	
5	电容器室进出管道管径位置及标高	—	土建	
6	附属建（构）筑物进出管道管径位置及标高	包括收发室、材料库、汽车库、食堂等	土建	
7	电动机资料	包括给水泵、升压泵、污水泵所配电机型式、容量、操作方式地点、各式仪表资料	变电	
8	技经资料	—	技经	

消防专业提供外专业资料项目，应符合表 5－21 的要求。

表 5－21　　消防专业提供外专业资料表

序号	资料名称	资料主要内容	接收专业	备注
1	消防系统电负荷资料	—	变电	

测量专业提供外专业资料项目，应符合表 5－22 的要求。

表 5－22　　测量专业提供外专业资料表

序号	资料名称	资料主要内容	接收专业	备注
1	测量技术报告书及地形图	包括报告书、各类地形图、断面图、控制点成果表、细部点成果表	土建、水工	

岩土工程勘测专业提供外专业资料项目，应符合表 5－23 的要求。

表 5－23　　岩土工程勘测专业提供外专业资料表

序号	资料名称	资料主要内容	接收专业	备注
1	岩土工程勘测报告	报告书及附图	土建、水工	

水文气象专业提供外专业资料项目，应符合表 5－24 的要求。

表 5－24　　水文气象专业提供外专业资料表

序号	资料名称	资料主要内容	接收专业	备注
1	水文气象报告	成果报告	结构、水工、暖通	

施工图阶段土建专业图纸会签要求符合表 5－25 的要求。

表 5－25　　施工图阶段土建专业图纸会签项目

序号	资料名称	会签专业	会签人	备注
1	总平面及竖向布置图	变电一次、建筑、结构、线路电气、通信、水工	主要设计人	
2	构、支架加工图	变电一次、线路电气	主要设计人	
3	配电装置楼建筑图	变电一次、结构、通信、变电二次、暖通、水工	卷册负责人	
4	配电装置楼结构图	建筑、暖通、水工	卷册负责人	
5	设备基础及埋件图	变电一次、变电二次、建筑、通信、暖通、水工	卷册负责人	
6	室内外给排水系统图	总图、建筑、结构	主要设计人	
7	采暖、通风布置图	变电一次、建筑	主要设计人	
8	消防设施布置图	变电一次、总图、建筑	主要设计人	

四、输出成果

输出成果见表 5－26。提交设计图纸质量要求见本书第一章第七节《工程设计图纸管理》。

表 5－26　　220kV 及以下变电站土建专业成果汇总表

序号	文件名称	图纸级别	备注
1	征地图	二级	
2	总平面及竖向布置	二级	
3	围墙大门	二级	
4	站外道路	三级	
5	地基处理	三级	
6	土方平衡图	二级	
7	110kV 配电装置楼建筑	三级	
8	110kV 配电装置楼建基础	二级	
9	110kV 配电装置楼结构	二级	
10	110kV 配电装置楼预埋件	三级	

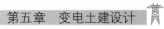

续表

序号	文件名称	图纸级别	备注
11	220kV 配电装置楼建筑	三级	
12	220kV 配电装置楼建基础	二级	
13	220kV 配电装置楼结构	二级	
14	220kV 配电装置楼预埋件	二级	
15	主变压器平面图	三级	
16	主变压器基础	二级	
17	220kV 户外设备支架及基础	三级	
18	箱式变压器基础	三级	
19	独立避雷针	三级	
20	水泵房及消防水池	三级	
21	警卫室	三级	
22	集水池	三级	
23	全站采暖通风及空调	三级	
24	室内给排水及消防	三级	
25	消防泵房及消防水池安装	二级	
26	主变压器水喷雾	三级	
27	全站化学消防	三级	

第六章

线路电气设计

输变电工程规划设计全过程一般可分为可行性研究、初步设计、施工图设计、设计服务、竣工图编制等主要阶段。本章主要从可行性研究、初步设计、施工图设计三个阶段分别介绍线路电气专业在每个阶段需要开展的工作，包括工作深度要求、设计工作要点、专业间配合、需提供的设计成品等内容。

第一节　可行性研究阶段

一、深度要求

线路工程可行性研究阶段内容深度应执行《220kV 及 110（66）kV 输变电工程可行性研究内容深度规定》（Q/GDW 10270—2017）、《330kV 及以上输变电工程可行性研究内容深度规定》（Q/GDW 10269—2017）的相关要求。

二、工作开展

设计人员接收工作任务后，在开展设计前应根据设计任务书做好设计规划，并进行设计准备工作，包括了解业主对设计的要求、收集相关的设计资料、进行现场踏勘等。设计人员应根据设计计划的时间要求开展工作。

输电线路可行性研究设计典型流程如图 6－1 所示。

（一）资料收集

接受任务后，根据项目设计计划要求及系统专业提资情况，深入了解工程接入系统方案、建设规模、线路途经地区。根据工程起、讫点，收集最新的 1:50000 或其他比例地形图，拼接路径图。收集本工程路径沿途已建、在建及规划中、设计中的其他工程情况，如有必要相关路径应在路径图上标注清楚，并了解此工程的设计特点及建设规模等。根据已掌握的资料在图上进行路径方案的初选。经过多个路径方案比较，在图上确定 2～3 个可行的较优方案。

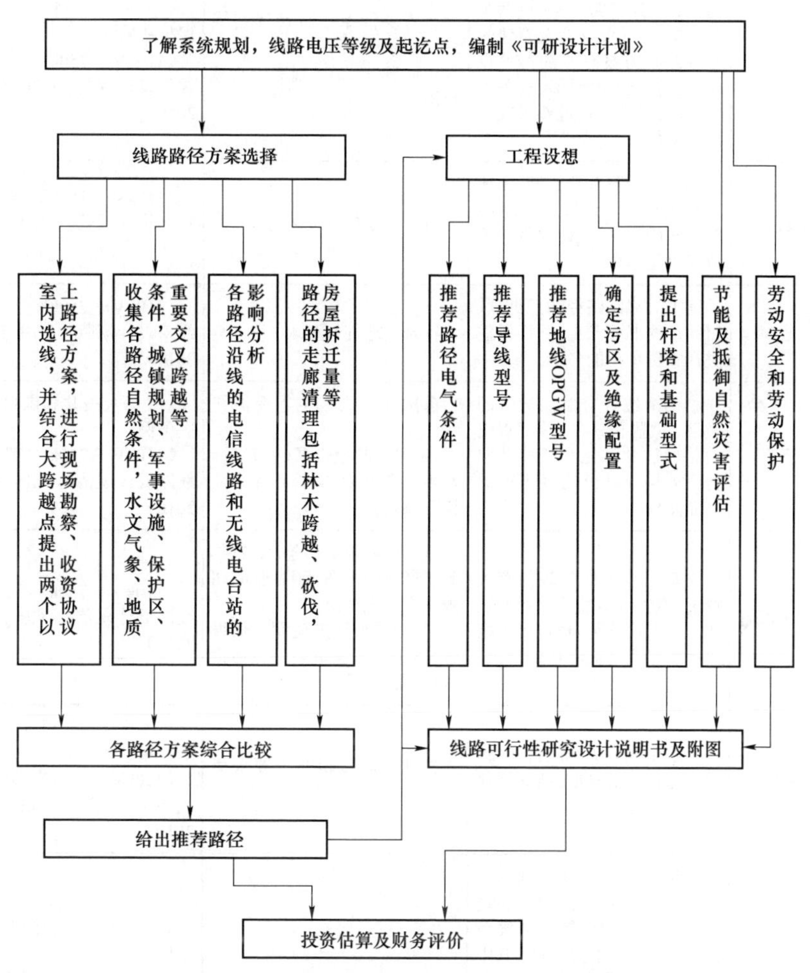

图 6-1　输电线路可行性研究设计典型流程图

输电线路收资协议涉及线路沿线规划、国土资源、地质矿产、地震、文物、环保、气象设施、电信、军事、民航、水利、河运、河道、公路、铁路、石油天然气、旅游、林业、管道、电力、交通、公安、人民防空等单位。主要收资单位、收资内容、注意事项及涉及的主要法律法规、规程规范见表 6-1。

表 6－1　主要收资单位、收资内容、注意事项及涉及的主要法律法规、规程规范

序号	收资部门	主要收资内容	注意事项（制约因素）	涉及主要法律法规、文件规定、标准、规范等
1	军事部门	邀集或分别到空军、作战、通信、炮兵、装甲兵、后勤等有关单位，了解现有及拟建的与各路径方案有关的军事设施的位置、影响范围及有关规定，取得对路径通过要求或同意的文件	重点关注军用机场、训练场、试验场，军用洞库、仓库，军用侦察、导航、观测台站等设施	《中华人民共和国军事设施保护法》。 《110kV～750kV 架空输电线路设计规范》（GB 50545—2010）
2	规划部门	取得与线路有关的城、镇现有和规划的平面图及同意线路走向的文件，并请提供有关协议单位名单	符合当地规划要求	《110kV～750kV 架空输电线路设计规范》（GB 50545—2010）
3	政府	征求对线路路径的意见，取得同意的书面意见，并征得需进行收资单位的名单	符合当地规划要求	《110kV～750kV 架空输电线路设计规范》（GB 50545—2010）
4	环保部门	收集沿线各自然保护区的类型、位置和分布范围：提出线路通过的意见和建议并取得正式同意线路路径走向的书面文件	自然保护区、生态保护红线。 《环境影响报告书（表）》《涉及生态保护红线不可避让性论证报告》	《中华人民共和国自然保护区条例》。 《110kV～750kV 架空输电线路设计规范》（GB 50545—2010）
5	国土部门	收集沿线土地资源的有关情况，取得同意线路路径通过的正式书面意见，也可提出需进行压矿及地灾评估的建议	重点关注煤矿、金矿、铁矿等矿产资源分布范围、时间期限及产权人情况。 《压覆重要矿产资源评估报告》《地质灾害危险性评估报告》（若涉及）	《110kV～750kV 架空输电线路设计规范》（GB 50545—2010）
6	地震局	了解沿线各类地震台（站）的分布，并取得同意线路路径的正式意见	按法律和规范相关要求避让	《中华人民共和国防震减灾法》第二十三条。 《110kV～750kV 架空输电线路设计规范》（GB 50545—2010）
7	水利部门	收集江河上现有及规划的水库、河道、电站、排灌系统等水利设施的位置、淹没范围；收集河流水文资料，其中包括百年一遇洪水位、流速、漂浮物及河道变迁、封冻期的最高冰面、流冰水位及流速、冰块大小等资料。通航河流尚应收集航运及五年一遇时的最高水位、船舶种类、桅杆高度、航道位置。若在水库下方通过时，还应收集水坝建设标准、溢洪道位置和排流方向及水坝的可靠性等资料。征求对线路跨越水库的意见。取得同意线路路径的正式意见	重点关注各级河道的管理范围和保护范围等。 《防洪影响评价报告》	《中华人民共和国航道管理条例》。 《中华人民共和国河道管理条例》。 《山东省实施〈中华人民共和国河道管理条例〉办法》。 《山东省黄河河道管理条例》。 《山东省南水北调条例》。 《110kV～750kV 架空输电线路设计规范》（GB 50545—2010）

续表

序号	收资部门	主要收资内容	注意事项（制约因素）	涉及主要法律法规、文件规定、标准、规范等
8	广播事业管理单位	收集现有及拟建电台、电视台天线位置、高度、用途及对线路通过的要求等资料	按法律和规范相关要求避让	《架空电力线路、变电站(所)对电视差转台、转播台无线电干扰防护间距标准》(GB 50143—2018)。 《110kV～750kV 架空输电线路设计规范》(GB 50545—2010)
9	交通、公路管理单位	收集沿线现有及拟建的公路（包括高速公路）走向、等级及重要桥涵等设施资料，并取得同意线路路径方案的书面意见	重点关注线路平行或跨越高速公路、国道、省道、城市主干道的距离和交叉角要求。 线路跨越高速公路应按“三跨”标准架设。 《涉路工程技术评价》(若涉及)	《山东省涉路工程建设技术评价办法》(鲁交公路〔2019〕67号)。 《110kV～750kV 架空输电线路设计规范》(GB 50545—2010)
10	林业部门	收集沿线各类自然保护区、林木资源的分布情况，包括林区范围、林区性质(如天然林、人工林等)、树木种类、密度、平均树径及自然生长（或采伐）高度等，并取得对线路通过的书面意见和要求	自然保护区、防护林、森林公园等，线路应根据树种的自然生长高度采用高跨设计。 《使用林地可行性报告》	《110kV～750kV 架空输电线路设计规范》(GB 50545—2010)
11	旅游部门	收集沿线旅游资源情况，并取得同意线路通过的书面意见	风景名胜区	《110kV～750kV 架空输电线路设计规范》(GB 50545—2010)
12	公安部门	了解沿线有无危险物品存放及加工处所(如民用爆炸物加工及存放、炸药存放等处所)	线路与炸药库、烟花爆竹厂、爆破器材库等的最小距离应满足规范相关规定	《民用爆炸物品工程设计安全标准》(GB 50089—2018)。 《烟花爆竹工程设计安全规范》(GB 50161—2009)。 《爆破安全规程》(GB 6722—2014)。 《110kV～750kV 架空输电线路设计规范》(GB 50545—2010)
13	人防办	了解沿线有无相关设施及对线路的影响，取得同意线路通过的书面意见	按法律和规范相关要求避让	《中华人民共和国人民防空法》。 《110kV～750kV 架空输电线路设计规范》(GB 50545—2010)
14	无线电管理单位	了解线路路径对无线设施的影响，并取得同意线路通过的书面意见	按法律和规范相关要求避让	《交流架空输电线路对无线电台影响防护设计规范》(DL/T 5040—2017)。 《110kV～750kV 架空输电线路设计规范》(GB 50545—2010)
15	文物管理单位	了解线路沿线有无文物古迹等资源，并取得同意线路通过的书面意见，也可提出需进行压覆文物评估的建议	按法律和规范相关要求避让	《中华人民共和国文物保护法》。 《110kV～750kV 架空输电线路设计规范》(GB 50545—2010)

续表

序号	收资部门	主要收资内容	注意事项（制约因素）	涉及主要法律法规、文件规定、标准、规范等
16	乡（镇）政府	了解线路路径对乡镇设施及规划的影响，并取得同意线路通过的书面意见	符合当地规划要求	《110kV～750kV 架空输电线路设计规范》（GB 50545—2010）
17	铁路部门及相关铁路设计单位	收集沿线现有及拟建的铁道、通信信号等设施资料及对保护措施的意见，并收集线路运行中的风、冰等灾害资料。取得允许线路通过的协议	重点关注线路平行或跨越高速铁路、电气化铁路的距离和交叉角要求。 特别注意不应在出站信号机、接触网电分相以内跨越。 线路跨越高速铁路应按“三跨”标准架设	《铁路安全管理条例》。 《济南铁路局地方涉铁工程管理办法》。 《输电线路跨越（钻越）高速铁路设计技术导则》（Q/GDW 1949—2013）。 《110kV～750kV 架空输电线路设计规范》（GB 50545—2010）
18	各级通信公司、通信设计单位	收集沿线现有及拟建的地上及地下通信设施资料及线路运行中的风、冰等灾害资料，征求对通信保护方面意见	按法律和规范相关要求避让	《输电线路对电信线路危险和干扰影响防护设计规程》（DL/T 5033—2006）。 《110kV～750kV 架空输电线路设计规范》（GB 50545—2010）
19	民航部门	收集现有及拟建的民用与农用机场的位置、等级、起降方向及导航台的位置、气象资料等，了解影响线路通过的有关规定，取得对方同意的书面意见	根据相关法律和标准要求避让，设置颜色标志和灯光标示（障碍灯、标志球等）	《国务院、中央军委关于印发〈军用机场净空规定〉的通知》（国发〔2001〕29 号）。 《民用机场飞行区技术标准》（MH 5001—2021）。 《110kV～750kV 架空输电线路设计规范》（GB 50545—2010）
20	地质部门及所属勘探部门	收集沿线矿藏分布、储量、品位，开采价值及沿线地质构造、地震烈度等资料	按法律和规范相关要求避让	《330kV～750kV 架空输电线路勘测规范》（GB 50548—2010）。 《110kV～750kV 架空输电线路设计规范》（GB 50545—2010）
21	矿区产权单位	收集矿区矿藏分布、开采情况、采空区范围、深度及沉陷情况，以及露天开采时的爆破影响范围，火药库的位置、贮量、库房规格，事故爆炸时影响范围。了解矿区对线路走线有影响的有关设施及技术规定，采石场尚应了解已开采年限、产值、规模及营业情况（包括有否经政府批准的文件），取得同意线路通过的书面意见	按法律和规范相关要求避让	《爆破安全规程》（GB 6722—2014）。 《110kV～750kV 架空输电线路设计规范》（GB 50545—2010）

续表

序号	收资部门	主要收资内容	注意事项（制约因素）	涉及主要法律法规、文件规定、标准、规范等
22	相关发电厂、变电站、供电公司、电力设计单位	收集线路进出线走廊平面图及走廊内地上、地下设施与涉及的单位，征求对出线走向的意见，收集已有线路的运行资料与设计气象条件等	重点关注线路跨越重要输电线路、重要输电通道等情况。 线路跨越重要输电通道应按“三跨”标准架设。 与电网运行部门做好对接，取得相关协议，确保停电过渡方案切实可行	《110kV～750kV 架空输电线路设计规范》（GB 50545—2010）
23	石油、化工管理部门、油田、炼油厂，加油、加气站	收集现有及拟开发的油田范围、地上管线、地下管线、设备等建设位置，以及线路穿过油田时对线路的要求。收集化工厂或炼油厂排出物（气、水、灰等）扩散范围以及对线路的影响等资料，并取得同意线路通过的书面意见	重点关注地下输油、输气管线、易燃易爆液（气）体储罐、油气井等与高压交流输电线路的距离要求。 《埋地管道交流干扰风险评估》（若涉及）	《输油管道工程设计规范》（GB 50253—2014）。 《石油天然气工程设计防火规范》（GB 50183—2004）。 《石油化工企业设计防火规范》（GB 50160—2008）。 《埋地钢质管道交流干扰防护技术标准》（GBT 50698—2011）。 《钢质管道外腐蚀控制规范》（GB/T 21447—2018）。 《城镇燃气设计规范（2020年版）》（GB 50028—2006）。 《建筑设计防火规范》（GB 50016—2014）。 《汽车加油加气加氢站技术标准》（GB 50156—2021）。 《110kV～750kV 架空输电线路设计规范》（GB 50545—2010）
24	居民区	收集线路走廊内房屋的类型（厂房、商铺、民房、养殖场等）、结构（砖混、钢筋混凝土木结构等）数量等	路径选择应以人为本，尊重当地民俗，尽量少拆迁房屋	《110kV～750kV 架空输电线路设计规范》（GB 50545—2010）

（二）工作要点

1. 线路路径方案

输电线路的路径选择是线路设计重要内容之一，其是否合理直接关系到线路的经济技术指标，影响到工程建设投资，与工程的施工方便、工程质量、运行安全等密切相关。

可行性研究阶段路径选择时，线路路径方案应考虑以下方面：

（1）输电线路路径选择应重点解决线路路径的可行性问题，避免出现颠覆性因素。

（2）根据室内选线、现场勘查、收集资料和协议情况，原则上宜提出两个及以上可行的线路路径，并提出推荐路径方案。受路径协议、沿线障碍等限制，局部只有一个可行的路径方案时，应有专门论述并应取得明确的协议支撑。

（3）明确线路进出线位置、方向，与已有和拟建线路的相互关系，重点了解与现有线路的交叉关系。

（4）应优化线路路径，尽量避让环境敏感点、重覆冰区、易舞动区、山火易发区、不良地质地带和采动影响区，减少对铁路、高速公路和重要输电线路等的跨（钻）越次数。

（5）路径方案概述包括各方案所经市、县（区）名称，沿线自然条件（海拔高程、地形地貌）、水文气象条件（含河流、湖泊、水源保护区、滞洪区等水文，包括雷电活动、微气象条件）、地质条件（含矿产分布）、交通条件、城镇规划、重要设施（含军事设施）、自然保护区、环境特点和重要交叉跨越等。

（6）说明与工程相关单位收集资料和协商情况。当线路位于矿产资源区、历史文物保护区、自然保护区、风景名胜区、饮用水水源保护区等敏感区域内时，应同时取得相关行业主管部门的协议。

（7）说明各方案对电信线路和无线电台站的影响分析。

（8）对比选方案进行技术经济比较，说明各方案路径长度、地形比例、曲折系数、房屋拆迁量、节能降耗效益等技术条件、主要材料耗量、投资差额等，并列表比较后提出推荐方案。

（9）线路经过成片林区时，宜采用高跨方案，在重冰区、限高区等特殊地段需要砍伐时应进行经济技术比较，明确砍伐范围。高跨时应明确树木自然生长高度，跨越苗圃、经济林、公益林时应提供相关赔偿依据。

（10）应明确工程引起的拆除及利旧情况，当线路走廊清理费用较大、清理范围较集中时，应提供线路走廊清理工程量明细。

（11）当线路跨越已有线路需停电时，应提供停电过渡方案。

（12）对推荐路径方案做简要描述，说明线路所经市、县名称，沿线自然条件和环境敏感点，并说明推荐路径方案与沿线主要部门原则协议情况。

2. 可行性研究报告编制要点

（1）变电站进出线方向和终端塔布置的合理性。确认与已有和拟建线路的关系是否冲突，是否与提资相符。

（2）应明确路径选择的原则和方法，确保路径方案的合理性，路径方案描述及特点应详尽，包括线路走向、行政区、沿线海拔、地形、交通运行条件、

林区、矿产、主要河流、城镇规划、风景区、保护区、其他重要设施及重要交叉跨越等。路径方案沿线的房屋（含厂矿）、林木等走廊清理及重要交叉跨越应在路径图中标注清楚。各路径方案沿线相关的主要单位协议应齐全。线路特殊地段及采取的处理措施应明确。

（3）根据沿线气象台站资料，结合附近已建线路的设计及运行经验，参考公司发布的冰区、风区、舞动等分布图，提出推荐的设计基本风速、覆冰情况。气象资料来源应描述清楚，包括气象台（站）的名称、周围环境、与线路的相对距离、记录方式等。

调查气象台（站）及沿线覆冰情况，结合附近已有线路采用的设计覆冰值与运行经验，提出设计选用的覆冰值，必要的验算稀有风速和区段划分。调查路径所经地区最高气温、最低气温、年平均气温、雷暴日等。调查沿线已建线路设计及运行情况，是否存在风灾、冰灾、雷害、舞动等灾害情况。对特殊气象区应较详细调查、论证。

（4）根据系统要求的输送容量，结合沿线地形、海拔、气象、大气腐蚀、电磁环境影响及施工运维等要求，选择技术上满足系统、环保及施工、运行维护等要求的导线方案，并通过综合技术经济比较后，推荐导线型式。

根据导地线配合、地线热稳定、系统通信等要求，推荐地线型号。采用 OPGW 光缆时，论证 OPGW 光缆及分流地线选型是否正确。

列出推荐的导地线机械电气特性，防振、防舞措施。根据导地线最大使用张力及平均运行张力确定防震措施是否合理；对经过易舞区的线路须进行必要的舞动情况及气象、地形条件的分析，采取合理的防舞动措施。

（5）绝缘配置以污区分布图为基础，结合线路附近的污秽和发展情况，综合考虑环境污秽变化因素、海拔修正和运行经验，确定绝缘配置方案。应充分调查分析沿线等值附盐密度、灰密、污湿特征、污染源和运行经验，并确定污秽等级及区段划分。

应论述各类绝缘子技术特点，并结合运行经验和工程实际情况，推荐绝缘子形式；绝缘子强度选择按照安全系数选择；绝缘子片数按爬电比距法确定，若有各污区绝缘子的等值附盐密度、灰密，并有长串绝缘子污秽试验成果等确切资料，宜按污耐压法。

三、专业配合

专业间工作配合内容及要求见本书第一章第六节《工程设计专业间联系配

合及会签管理》。

（1）线路电气专业提供外专业资料项目，应符合表6-2的要求。

表6-2　　线路电气专业提供外专业资料表

序号	资料名称	资料主要内容	类别	接收专业	备注
1	杆塔荷载、各类杆塔数量	需要验算和新设计杆塔的荷重及相应的使用条件、气象条件	重要	线路结构	
2	送电线路路径方案	提供推荐的路径方案	一般	线路结构、线路通保、	
3	厂区附近线路路径图	—	一般	总图	
4	可行性研究阶段勘测任务书	路径图及其要求	一般	岩土、测量、水文	
5	技经资料（估算用）	导地线型号及质量、绝缘子型号、数量，其他金具及钢材量、线路长度、导线分裂根数、金具组装图号或图纸、占地等	重要	技经	

（2）线路电气专业接收外专业资料项目，应符合表6-3的要求。

表6-3　　线路电气专业接收外专业资料表

序号	资料名称	资料主要内容	类别	提资专业	备注
1	杆塔形式	使用条件（包括验算外负荷后使用条件反馈）及杆塔尺寸	重要	线路结构	
2	防护措施的比较方案	包括送电线路路径修改意见	一般	线路通保	
3	对地线和屏蔽的要求	形式及线径	一般	线路通保	
4	光缆路由方案及光缆选型	会同线路电气专业商定	一般	通信	
5	电气总平面布置	—	一般	变电电气	
6	系统配电资料	线路建设必要性、建设规模导线型号截面，出线回路、间隔排列等	重要	系统	
7	地理接线图	—	重要	系统	
8	系统短路电流曲线	本体及有关分支线路	重要	系统	
9	技经资料	材料价格，各专业估算成果，工程造价	一般	技经	
10	测量技术报告书	包括报告书、送电线路重要交叉跨越平断面分图、大跨越平断面图	重要	测量	
11	可行性研究阶段水文气象报告	包括一般线路及大跨越	重要	水文气象	
12	可行性研究阶段地质勘测报告	包括一般线路及大跨越，含特殊要求塔位	重要	岩土	

（3）线路电气图纸会签应符合表 6-4 的要求。

表 6-4　　会签图纸列表

序号	图纸名称	设计专业	会签专业	备注
1	线路路径图	线路电气	线路结构	
2	两端变电站进出线示意图	线路电气	变电一次	
3	导、地线换位图（相序）	线路电气	变电一次	
4	导线相序示意图	线路电气	变电一次	

四、输出成果

可行性研究阶段线路电气专业提交成果主要有可行性研究报告（线路电气部分）、路径协议及附图。一般情况下应提供的主要设计图纸见表 6-5。提交设计图纸质量要求见本书第一章第七节《工程设计图纸管理》。

表 6-5　　可行性研究阶段线路电气专业输出成果汇总表

序号	文件名称	比例	图纸级别	备注
1	可行性研究报告（综合及线路电气部分）		一级	
2	线路路径方案图	不低于 1:100000	一级	
3	大跨越路径方案图		一级	
4	大跨越平断面图		三级	
5	绝缘子金具串型一览图		四级	

第二节　初步设计阶段

一、深度要求

线路工程初步设计阶段内容深度应执行《输变电工程初步设计内容深度规定　第 6 部分：110（66）kV 架空输电线路》（Q/GDW 10166.1—2017）、《输变电工程初步设计内容深度规定　第 6 部分：220kV 架空输电线路》（Q/GDW 10166.6—2016）、《输变电工程初步设计内容深度规定　第 7 部分：330kV～1100kV 交直流架空输电线路》（Q/GDW 10166.7—2016）、《输变电工程初步设计内容深度规定　第 3 部分：电力电缆线路》（Q/GDW 10166.3—2016）、《输变电工程初步设计内容深度规定　第 5 部分：征地拆迁及重要跨越补充规定》

（Q/GDW 10166.5—2017）的相关要求。

初步设计文件应包括以下内容：

（1）设计说明书及图纸。

（2）主要设备材料清册。

（3）施工组织设计大纲（必要时）。

（4）专题报告（必要时）。

（5）概算书。

（6）勘测报告（水文气象、岩土工程等报告）。

二、工作开展

设计人员接收工作任务后，在开展设计前应根据设计任务书做好设计规划，并进行设计准备工作，包括了解业主对设计的要求、收集相关的设计资料、进行现场踏勘等。设计人员应根据设计计划的时间要求开展工作。输电线路初步设计典型流程如图6–2所示。

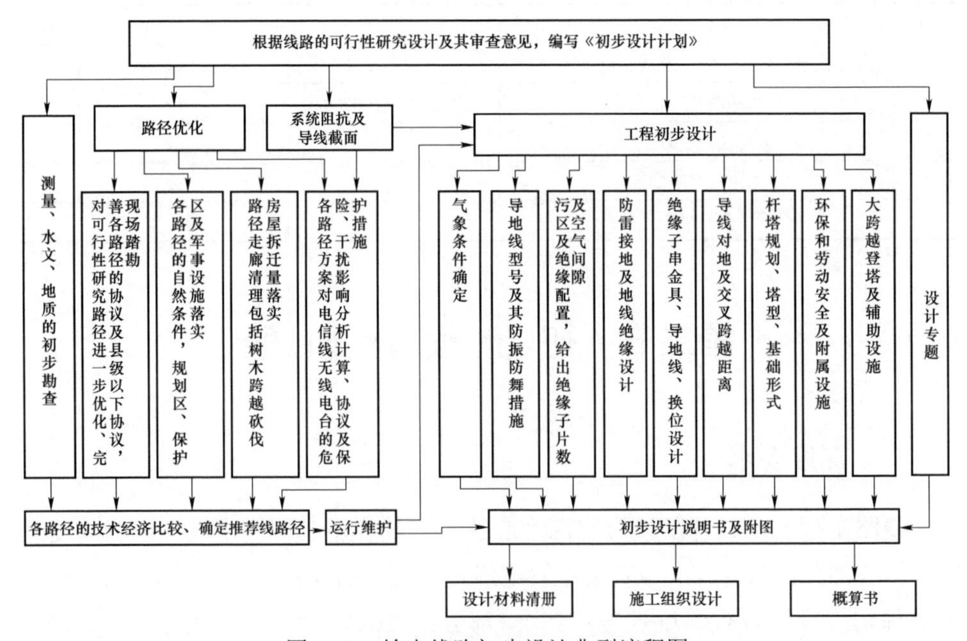

图6–2 输电线路初步设计典型流程图

（一）资料收集

接受任务后，根据项目设计计划要求，熟悉本工程线路情况，明确起讫点及π（T）接点、电压等级和导线截面等，并收集以下内容：

1. 架空输电线路

（1）收集最新的 1:50000 或其他比例地形图，拼接路径图、起草公文。

（2）收集本工程路径沿途已建、在建及规划中、设计中的其他工程情况，如有必要相关路径应在路径图上标注清楚，并了解该工程的设计特点及建设规模等内容。

（3）根据已掌握的资料在图上进行路径方案的初选，并确定几个可行的较优方案。

（4）常规的收资部门及收资内容参见表 6－6。

2. 电缆线路

电缆线路建设环境复杂，不仅要满足电力系统和城乡规划要求，还应与通信、交通、矿产等已建及拟建的设施协调，在城镇区域还应考虑与其他市政设施统一规划。线路路径的确定必须要搜集翔实的约束资料，并取得相关管理机构和利益相关方的书面意见作为路径选择的边界条件。

电缆路径选择的收资工作是指向地方政府、规划等相关部门了解线路建设的相关政策，了解线路附近的生态红线、禁止建设和限制建设区域的分布，了解城乡规划、市政设施现状及建设规划：向可能与电缆线路产生相互影响的设施的权属或管理单位收集相关的设施分布情况、发展规划，了解与相关规划、设施协调共存的政策和技术要求，为电缆路径选择提供全面的、可靠的边界条件。

各设计阶段，电缆线路应根据不同设计深度要求收集满足设计需求的资料。收资单位与收资内容可根据具体工程情况参照表 6－6 确定。

表 6－6　　电缆线路工程收资单位及内容概况

序号	收资单位	主要收资内容
1	规划建设部门	收集城乡建设、市政设施的现状和规划情况，了解城市规划管理技术规定
2	国土、矿产管理部门	收集线路附近基本农田分布情况，收集与路径有关的矿产资源分布、崩性及开采情况：了解采空区位置、范围及相关的技术要求，收集石油、煤层、气层分布，环境地质、灾害地质资料
3	市政管理部门	收集市政管网及绿化带等情况
4	油、气管线管理部门	收集线路附近的泊气管线的走向、建设规划，了解相关技术要求
5	水网管理部门	收集邻近的供水管网分布情况，了解相关的技术要求
6	旅游管理部门	了解所辖范围内风景名胜区、旅游区范围、规划情况及避让要求
7	环境保护部门	了解生态红线划定范围，水源保护地、自然保护区级别及分布情况，了解保护范围及相关的建设管理规定
8	交通管理部门	收集了解沿线各等级公路的路网现状、航道现状及规划，了解相关技术要求

续表

序号	收资单位	主要收资内容
9	铁路管理部门	收集邻近的铁路走向和铁路网规划情况，了解线路附近电气化铁路的供电制式，了解铁路部门相关技术要求
10	通信管理部门	收集邻近的埋地环境、通信设施分布，了解相关的技术要求
11	军事管理部门	了解线路附近军事设施相关及相关技术要求
12	文物管理部门	了解线路附近已有文物保护单位及地下文物资源分布情况及文物保护范围
13	林木管理部门	了解林地、宜林地范围，了解林业相关的自然保护区等级、范围
14	水利管理部门	了解当地的河流、水库分布，河道及行洪要求
15	水文气象部门	收集当地水文气象资料，包括气温、雨雪、日照、风速、雷暴日、土壤冻结深度、覆冰厚度、土壤热阻系数等统计资料
16	地震局	收集地震台、地磁台位置，了解地震设防烈度
17	电力部门	收集电网现状及规划，了解变电站、电缆终端站的电缆进出线位置、方向，新建电缆通道与拟建电缆通道相互关系

（二）工作要点

1. 线路路径方案

（1）架空线路。

1）路径复杂或拆迁量较大的工程应采用全数字摄影测量技术、机载激光雷达航测技术或高分卫星遥感等技术手段进行路径方案选择与优化。

2）路径方案与铁路、公路、机场、雷达、电台、军事设施、油气设施、民用爆破器材仓库、采石场、烟花爆竹工厂等各类障碍物之间的安全距离应满足相关规程、规范及与相关部门的协议要求。

3）对于线路无法避开的矿区，应简述其开采方式、开采范围及采深采厚比等信息，并说明对线路的影响，必要时开展线路安全性分析评价。

4）路径方案应结合林区、重覆冰区、舞动区、微地形、微气象区等因素进行优化调整。

5）路径方案描述应说明机械化施工条件。

6）详细描述各路径方案，包括线路走向、行政区、海拔高程、地形、地质、水文、交通运输条件、林区、重覆冰地段、舞动区范围及等级、主要河流、城镇规划、自然保护区、文物保护区、其他重要设施及重要交叉跨越等。

7）应对具有两个及以上可行的路径方案进行技术经济比较。

8）应简要说明路径推荐方案，包括行政区、地形比例、林区长度及重要交叉跨越等。π 接或改接线路应说明最终形成的线路长度。

9）列表说明沿线主要单位协议情况，对有特殊要求的协议进行说明。

10）走廊清理部分应包括走廊清理原则、走廊清理工程量、走廊清理内容，走廊清理内容应包含：① 拟拆迁或跨越的房屋情况；② 拟迁移改造“三线”（电力线、通信线、广播线）的情况；③ 林区长度、主要树种自然生长高度，树木跨越长度及砍伐数量等；④ 拟拆迁、压覆厂矿；⑤ 拟迁移改造道路或管线；⑥ 对导航台、雷达站、通信基站、地震台站等特殊障碍物的影响；⑦ 当走廊清理规模较大时，应提供相应专题报告或由建设方委托第三方完成的评估报告等。

（2）电缆线路。电缆路径选择应遵循以下原则：

1）电缆线路路径选择时应综合考虑地理特点、环境保护、规划设施、施工运行等因素，合理选择路径方案，保证线路安全可靠，经济合理。尽量避让民房，确保线路安全运行。

2）局部线路走廊狭小地区，选择合适的敷设方式，尽量避让建（构）筑物。

3）穿越河流、公路、管线等重要设施时，应当合理选择穿越地点，合理安排操作工井，减少对被跨越设施的影响，利于工程实施和今后的运行维护，同时考虑美观度。

4）路径选择时，应统筹考虑土地利用率、建设成本与运行维护的要求，为土地利用和方便线路运行维护创造条件。

5）结合道路网规划，在尽可能不妨碍工程管线正常运行、检修和合理占用土地的情况下，使电缆路径最短。

6）避开土质松软地区、沉陷区等不利地带。结合地形的特点合理布置工程管线位置，并应避开滑坡危险地带。

7）应避免电缆遭受机械性外力、过热、腐蚀等危害。

8）宜避开将要挖掘施工的地方。

9）电缆路径和工作井、接头井等选择时，应统筹考虑土地利用率、建设成本与运行维护的要求，为土地利用和方便电缆线路敷设、运行维护创造条件，保证电缆运行可靠性。

10）电缆与电缆、管道、道路、建（构）筑物等之间的容许最小距离，应符合 GB 50217—2018《电力工程电缆设计标准》的相关规定。

11）为施工运行提供便利。考虑交通条件和线路长度等因素，路径选择尽量靠近现有公路，合理选择交叉穿越点，力求减少工程投资，同时方便施工运行。

12）供敷设电缆用的土建设施宜按电网远景规划并预留适当裕度一次建成。

2. 气象条件的选择

（1）气象资料收集，包括气象台（站）的名称、周围环境、与线路的相对距离、风速和覆冰记录表、记录方式等。

（2）根据气象资料经数理统计并换算为线路设计需要的基本风速计算值，结合所经地区荷载风压值换算的基本风速、沿线风灾调查资料及所经地区已有线路运行经验，综合分析提出设计采用的基本风速值和区段划分，以及必要的稀有验算风速。

（3）根据气象资料，结合沿线冰凌调查情况、附近已有线路采用的设计覆冰值与运行经验，并参考国家电网有限公司冰区分布图，提出设计选用的覆冰值及需验算的稀有覆冰值和区段划分；收集路径所经地区最高气温、最低气温、年平均气温、平均年雷暴日数和土壤冻结深度；调查沿线已建线路运行情况（风灾、冰灾、舞动、雷害、沙尘等），必要时进行专项论述。

（4）对线路沿线微地形、微气象情况进行调查描述，说明加强的措施或避让的情况。

（5）电缆线路环境条件要求。根据工程具体情况，应按规范要求说明电缆线路路径所经地区最高气温、最低气温、年平均气温、基本风速、雷暴日数和土壤冻结深度、日照强度及覆冰厚度、土壤热阻系数、土壤电阻率等内容，并说明电缆线路路径所经地区的地震设防烈度。

3. 导、地线和电缆

（1）导、地线选型。

1）根据系统要求的输送容量确定导线截面积，结合工程特点，如高海拔、重覆冰区、大气腐蚀等因素，对不同材料和结构的导线进行电气和机械特性比选，采用年费用最小法进行综合技术经济比较后，确定导线型号、分裂根数，论述分裂间距和排列方式。推荐方案应满足输送容量、环境影响、施工、运行维护的要求，体现可靠性、经济性和社会效益。

2）根据系统通信、导地线配合和地线热稳定等要求确定地线型号。如采用良导体地线时，应论证其必要性并进行技术经济比较，如采用 OPGW 光缆，应进行 OPGW 光缆及分流地线的选型论证。

3）确定导线和地线的最大使用张力、平均运行张力及其防振措施。

4）结合舞动区等级划分、已有工程防舞措施与运行效果、线路工程与舞动季节主导风向情况等，提出推荐的导线防舞措施。

（2）电缆及附件选型。

1）电缆型式的选择。应根据系统要求的输送容量、电压等级、系统最大短路电流时热稳定要求、敷设环境和以往工程运行经验并结合本工程特点确定电缆截面和型号。城市电力电缆推荐采用铜芯交联聚乙烯绝缘电缆，金属护套采用皱纹铝护套，对阻燃要求较高的场合选用聚氯乙烯外护套，对防潮、防湿、防腐要求严格及护套对地绝缘电阻要求较高的场合选用聚乙烯护套，当防火有低毒性要求时，不宜选用聚氯乙烯外护套。

2）电缆附件选型。应根据电压等级、电缆绝缘类型、安置环境、污秽等级、海拔、作业条件、工程所需可靠性和经济性等要求说明电缆附件的型号规格。应根据系统短路热稳定条件和接地方式的要求确定交叉互联电缆、接地电缆（必要时含回流线）截面及护层保护器特性。

4. 绝缘配合

（1）应按沿线等值附盐密度、附灰密度、污湿特征、运行经验，并结合各省最新污区分布图的定级来确定污秽等级。

（2）分析瓷、玻璃、棒式（复合、瓷棒）等绝缘子技术特点，并结合公司设计新技术推广应用成果及运行经验（污闪、冰闪等）和工程实际情况，推荐绝缘子形式。

（3）根据选定的绝缘子形式及其各工况要求的安全系数，计算悬垂和耐张串所需绝缘子吨位和联数，通过综合经济比较，确定绝缘子强度及联数。

（4）工频（工作）电压下，按照国家电网有限公司关于加强绝缘配置的有关要求，确定绝缘子片数，并满足操作过电压、雷电过电压、重覆冰地区要求的绝缘子片数。

5. 防雷和接地

（1）调查沿线雷电活动情况和附近已有线路的雷击跳闸率。根据防雷需要，确定地线布置形式和保护角，以及档距中央导线与地线间的最小距离。对雷电活动较多地区应采取相应措施。

（2）因地制宜采用不同接地装置形式，提出接地电阻要求。

（3）如采用地线绝缘设计，应说明地线绝缘的目的、使用地段和绝缘方式、绝缘子片数和联数、间隙取值。

6. 绝缘子串和金具

（1）说明导线和地线的悬垂串、耐张串组装形式和特点，提出各种工况下绝缘子串和金具的安全系数，说明接续、防振等金具的形式及型号。

（2）论述新设计金具的作用及其机械电气特性。

（3）线路经过舞动区时应对绝缘子串及金具的防舞、抗舞设计进行论证说明。

（4）线路“三跨”区段应对绝缘子串及金具的使用情况进行说明。

7. 导地线换位及换相

（1）明确两端和中间变电站（换流站、升压站、开关站）相序，明确导线换位次数、换位节距、换位方式及换位杆塔形式，明确线路相序排列及调相方案。

（2）对π接线路或改接线路，应明确原线路换位方式、位置，新建线路与原线路换位位置的关系，为完善原线路相序排列采取的措施，以及线路相序调整情况。

8. 导线对地和交叉跨越距离

（1）明确导线对地最小距离，明确导线对各种交叉跨越物的最小距离。

（2）说明跨越树木的主要原则。

（3）线路工程安装或预留防舞装置时，应校验导线安全系数及对地和交叉跨越距离。

（4）线路“三跨”区段应进行充分的收资、协议等工作，梳理相关的规程、规范、文件、协议等设计依据，明确交叉跨越距离要求。

9. 电缆过电压保护、接地及分段

（1）应明确电缆线路雷电、操作过电压保护措施。

（2）应根据系统短路容量、电缆芯数、电缆长度和电缆正常运行情况下的线芯电流，说明电缆线路接地方式及其分段长度。

（3）应提出沿电缆通道设置接地装置的布置方案。

10. 电缆支持与固定

（1）应根据不同的通道及夹层环境、通道坡度、电缆敷设类型确定电缆的支持与固定方式。

（2）应根据电缆的荷重、运行中的电动力要求，确定电缆固定金具的形式和强度。

（3）应根据电缆及其附件数量、荷重、安装维护的受力要求，确定电缆支架的结构、材质和强度。

（4）应根据通道空间容量、电缆电压等级、电缆回路数量、敷设要求确定电缆支架的层数、支架层间垂直距离、电缆支架间距，电缆支架的层架长度、支架的防腐处理方式等。

（5）应说明电缆支架的接地处理方式。

11. 电缆敷设方式的选择

电缆敷设方式的选择，应视工程条件、环境特点和电缆类型、数量等因素，以及满足运行可靠、便于维护和技术经济合理的要求选择。常用的电缆敷设方式主要有直埋敷设、排管敷设、电缆沟敷设、隧道敷设、非开挖定向拉管及桥梁（桥架）敷设、顶管敷设、竖井敷设和水底敷设等，其中桥梁（桥架）敷设和竖井敷设仅用于特别工程条件下。

（1）直埋敷设。将电缆直接埋设在土壤中的敷设方式称为直埋敷设。直埋敷设不需要大量的土建工程，施工周期较短，是一种较经济的敷设方式。直埋敷设一般适用于低电压等级、电缆数量少、敷设距离短、地面荷载比较小、地下管网比较简单、不易经常开挖和没有腐蚀土壤的地方，如市区人行道、公共绿地、建（构）筑物边缘地带等。与其他市政管线设施及道路交叉时，或有可能遭受机械损伤、化学腐蚀等危害的地段，应采取其他保护措施。电缆直埋敷设示意如图 6-3 所示。

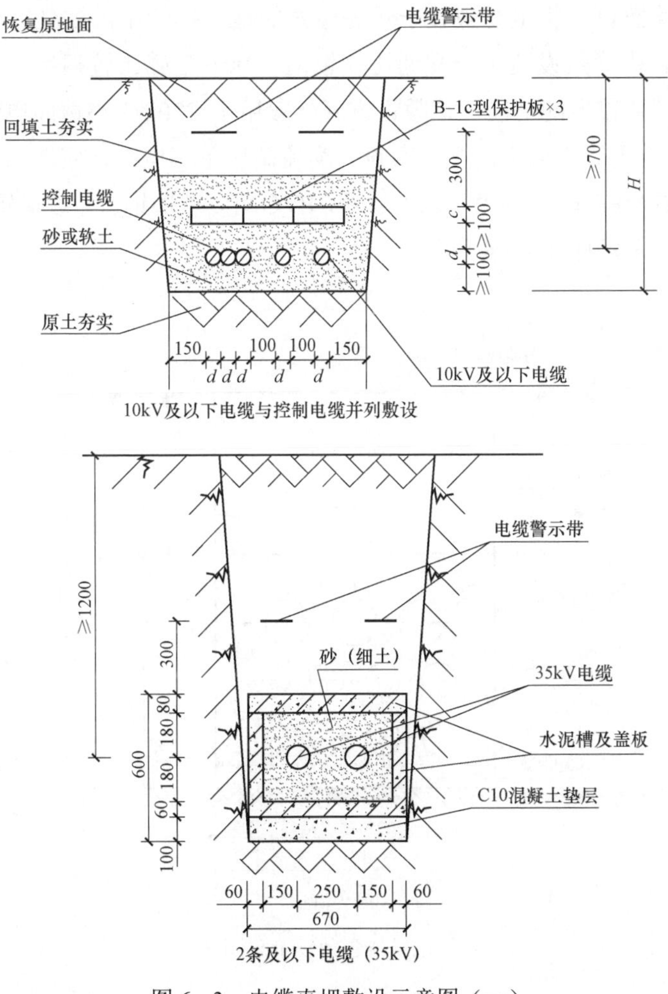

图 6-3　电缆直埋敷设示意图（一）

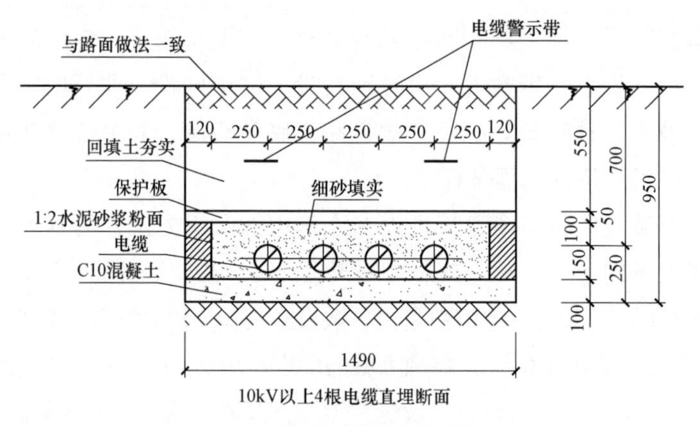

图 6-3 电缆直埋敷设示意图（二）

（2）排管敷设。将电缆敷设于预先建好的地下排管中的安装方法，称为电缆排管敷设。排管敷设适用于交通比较繁忙、地下走廊比较拥挤、线路穿越公路、敷设电缆数较多的地段，该敷设方式一般用于 220kV 小截面电缆短距离敷设和 110kV 电压等级以下的电缆敷设。交流高压单芯电缆，应选用非磁性并环保的管材，如 MPP 管、PE 管、CPVC 管、PVC 管、玻璃钢管、玻璃钢复合管等。电缆排管敷设示意如图 6-4 所示。

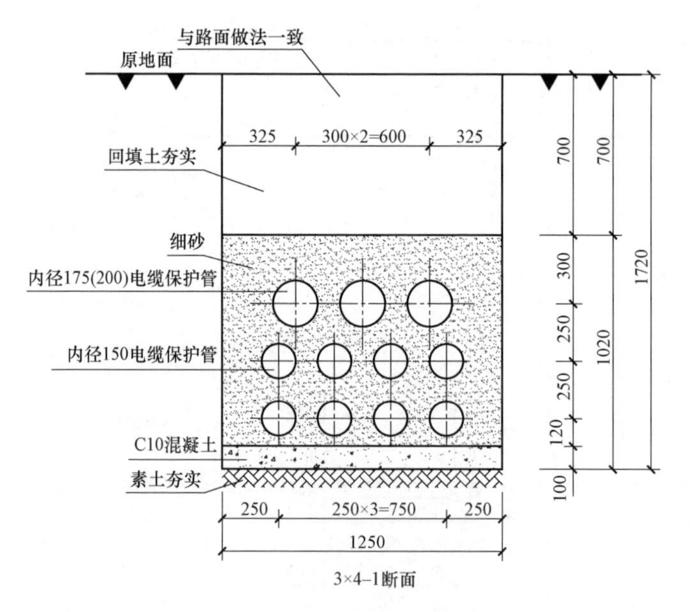

图 6-4 电缆排管敷设示意图（一）

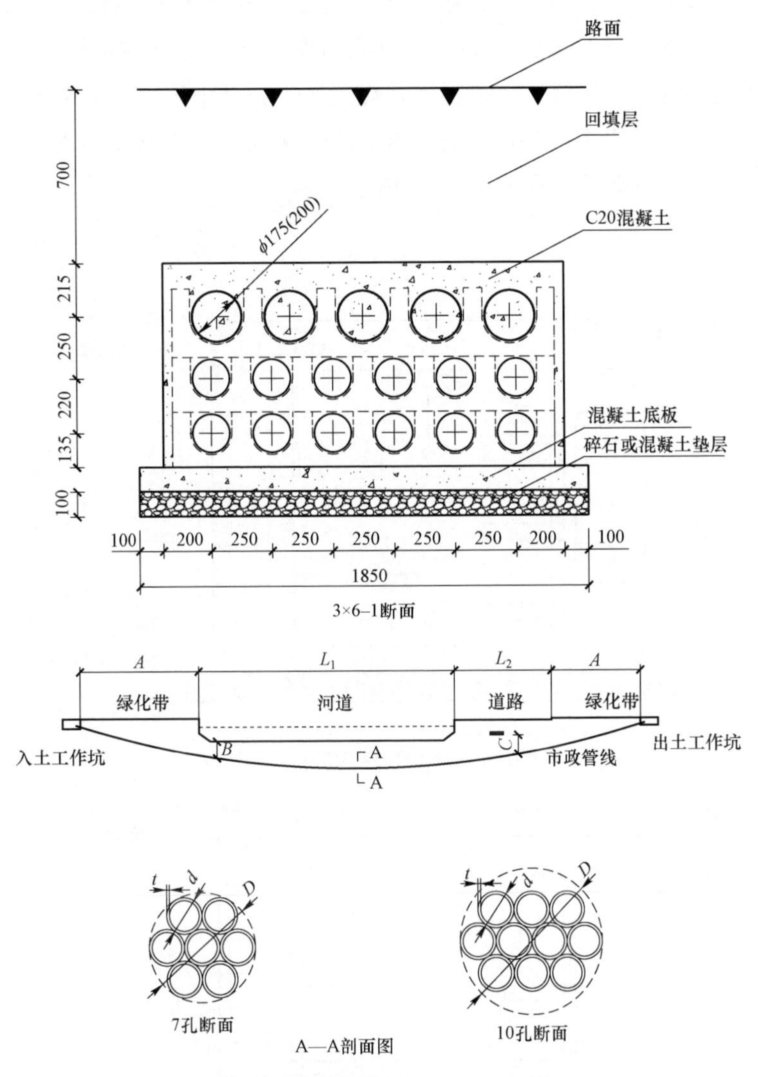

图 6－4　电缆排管敷设示意图（二）

（3）电缆沟敷设。将电缆敷设于预先建好的电缆沟中的安装方式，称为电缆沟敷设，该方式适用于 220kV 及以下任何电压等级。电缆沟采用钢筋混凝土或砖砌结构，用预制钢筋混凝土、复合材料盖板或钢制盖板覆盖，盖板顶面与地面相平或上面覆土。它适用于并列安装多根电缆的场所，如变电站内、工厂厂区或城市人行道等。根据并列安装的电缆数量，需在沟的单侧或双侧装置电缆支架，敷设的电缆固定在支架上。电缆沟敷设示意如图 6－5 所示。

（4）隧道敷设。将电缆线路敷设于电缆隧道中的一种安装方式，称为电缆隧道敷设。电缆隧道是能够容纳较多电缆的地下土建设施。隧道应具有照明、排水、通风、消防等装置。电缆隧道敷设适用于大型电厂、变电站进出线通道、并列敷设多条高压电缆通道、线路穿越高速公路及不适宜敷设水底电缆的内河等场所。电缆隧道敷设示意如图 6-6 所示。

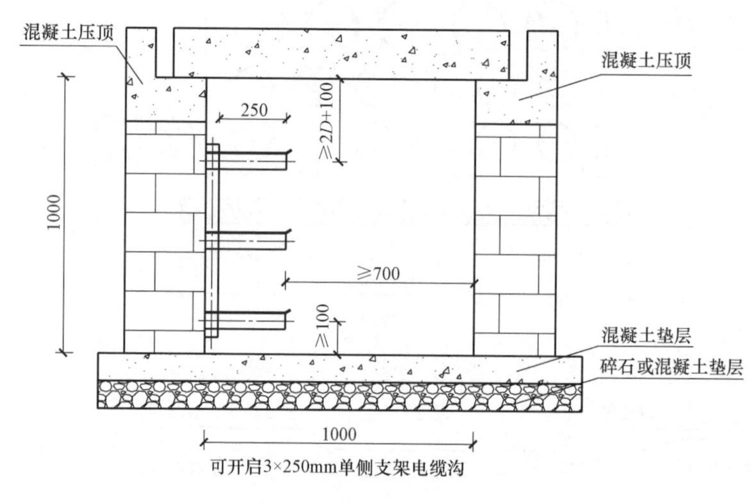

可开启3×250mm单侧支架电缆沟

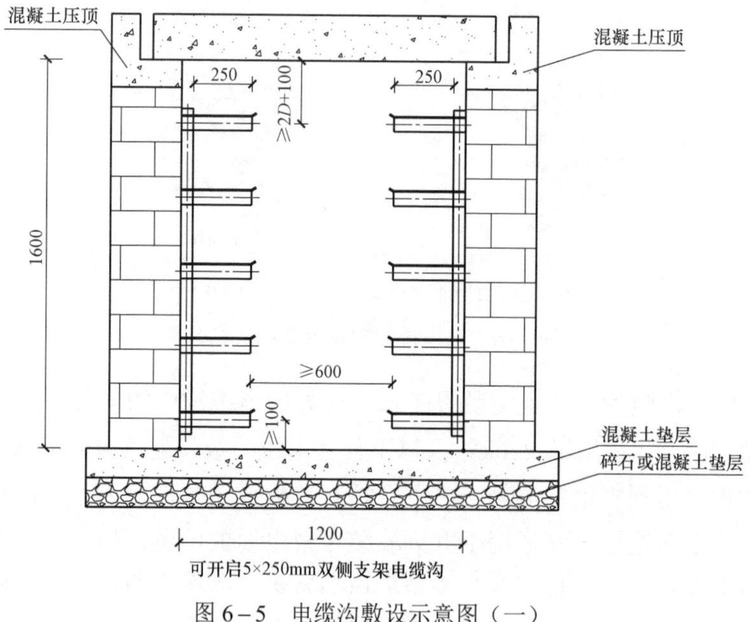

可开启5×250mm双侧支架电缆沟

图 6-5　电缆沟敷设示意图（一）

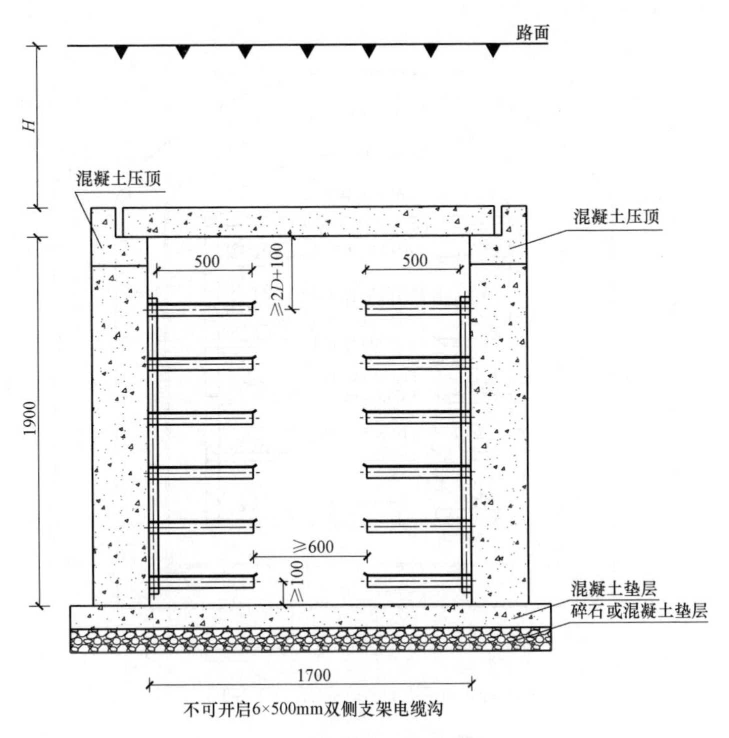

图 6-5　电缆沟敷设示意图（二）

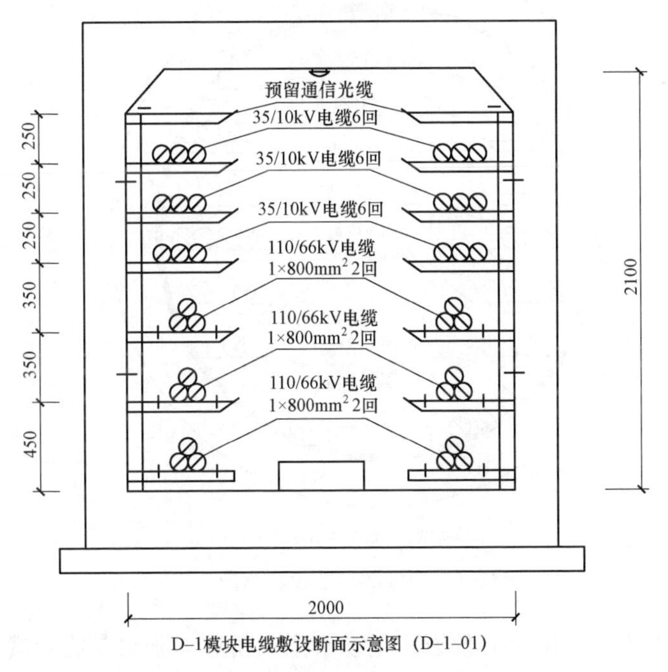

图 6-6　电缆隧道敷设示意图（一）

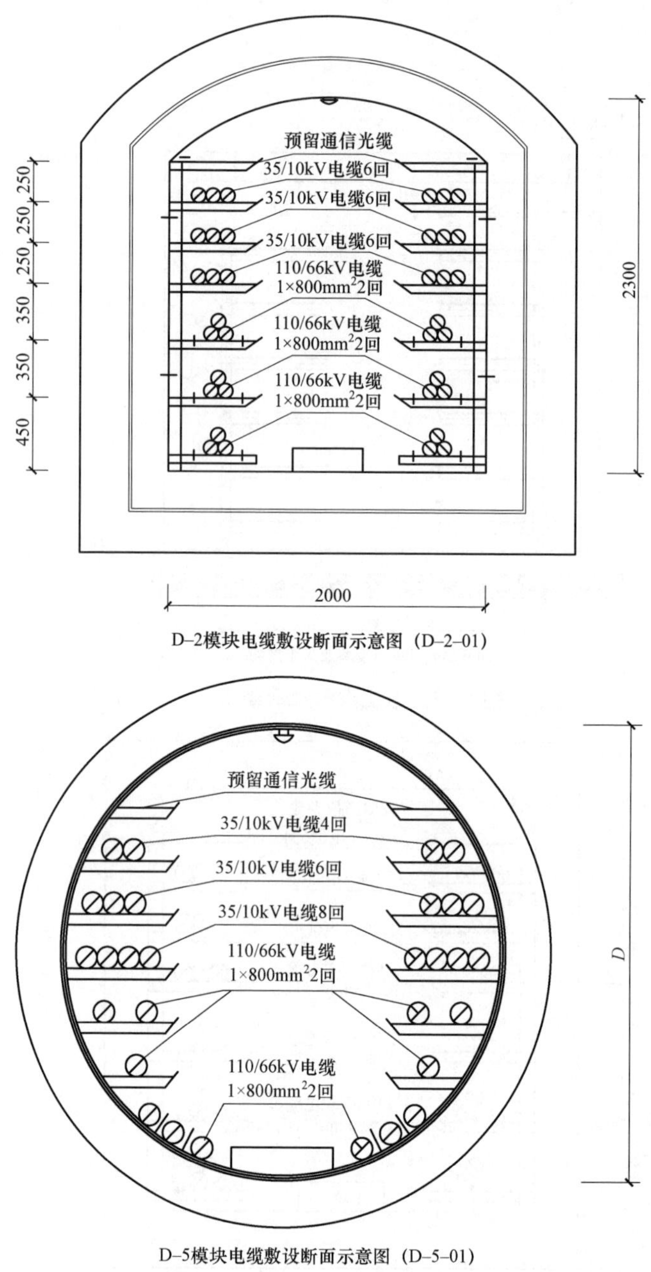

图 6－6　电缆隧道敷设示意图（二）

（5）电缆桥梁（桥架）敷设。电缆桥梁（桥架）敷设是将电缆敷设在专用的电缆桥梁（或利用公用桥梁）的一种电缆安装方式。电缆桥架由托盘、梯架

的直线段、弯通、附件及支、吊架等构成，用以支承电缆的具有连续的刚性结构系统。电缆桥架应具有电缆防火、防止外力损伤、防止振动、防热伸缩及风力影响等附属设施。在电缆线路跨越河流时可利用既有交通桥梁或架设电缆专用桥梁，或在变电站室内、配电室内、楼层之间不适于地下敷设时，可选用桥架敷设。电缆桥梁（桥架）敷设示意如图 6-7 所示。

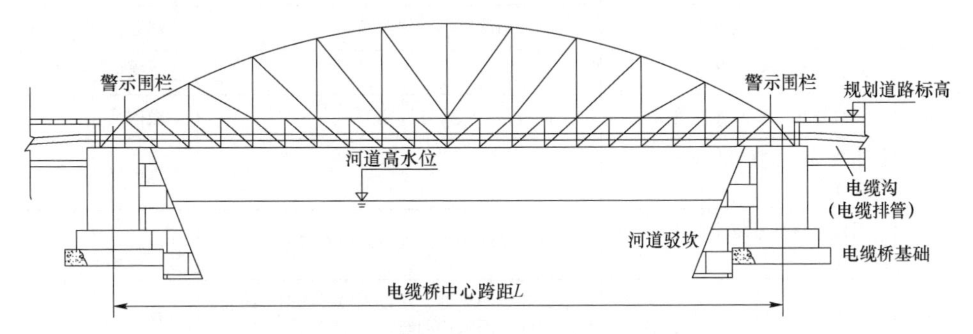

图 6-7　电缆桥梁（桥架）敷设示意图

三、专业配合

专业间工作配合内容及要求见本书第一章第六节《工程设计专业间联系配合及会签管理》。

（1）线路电气专业提供外专业资料项目，应符合表 6-7 的要求。

表 6-7　　　　线路电气专业提供外专业资料表

序号	资料名称	资料主要内容	接收专业	备注
1	间隙圆图	包括屏蔽线挂线位置	线路结构	
2	杆塔荷载、各类杆塔数量	需要验算和新设计杆塔的荷重及相应的使用条件、气象条件	线路结构	
3	输电线路路径方案	提供推荐的路径方案	线路结构、线路通保	
4	厂区附近线路路径图	—	总图	
5	出线架构荷重资料	包括导线和地线各种气象条件下水平张力、垂直荷重及风压最大弛度、允许偏角、挂线方式等	变电土建	
6	初步设计阶段勘测任务书	路径图及其要求	岩土、测量、水文	
7	技经资料	导地线型号及质量、绝缘子型号、数量，其他金具及钢材量、线路长度、导线分裂根数、金具组装图号或图纸、占地等	技经	设计说明书送出前交技经组

（2）线路电气专业接收外专业资料项目，应符合表6－8的要求。

表6－8　　线路电气专业接收外专业资料表

序号	资料名称	资料主要内容	提资专业	备注
1	杆塔形式	使用条件（包括验算外负荷后使用条件反馈）及杆塔尺寸	线路结构	
2	防护措施的比较方案	包括送电线路路径修改意见	线路通保	
3	对地线和屏蔽的要求	形式及线径	线路通保	
4	光缆路由方案及光缆选型	会同线路电气专业商定	通信	
5	电气间隔布置图及坐标、各间隔相序图	—	变电电气	
6	对线路终端杆塔至进线构架间导线布置要求	包括水平线距等，满足站内布置要求	变电电气	
7	系统配电资料	线路建设必要性、建设规模导线型号截面，出线回路、间隔排列等	系统	
8	地理接线图	—	系统	
9	系统短路电流曲线	本体及有关分支线路	系统	
10	技经资料	材料价格、各专业概算成果、工程造价	技经	
11	测量技术报告书	包括报告书、送电线路重要交叉跨越平断面分图、大跨越平断面图	测量	
12	可行性研究阶段水文气象报告	包括一般线路及大跨越	水文气象	
13	可行性研究阶段地质勘测报告	包括一般线路及大跨越，含特殊要求塔位	岩土	

（3）线路电气图纸会签应符合表6－9的要求。

表6－9　　会签图纸列表

序号	图纸名称	设计专业	会签专业	备注
1	线路路径图	线路电气	线路结构	
2	两端变电站进出线示意图	线路电气	变电一次	
3	导、地线换位图（相序）	线路电气	变电一次	
4	导线相序示意图	线路电气	变电一次	

四、输出成果

1. 架空输电线路

初步设计阶段线路电气专业提交成果主要有初步设计说明书（综合及线路

电气部分)、主要设备材料清册、相关文件(路径协议、可行性研究评审意见等)、专题（必要时）及图纸等。提交设计图纸质量要求见本书第一章第七节《工程设计图纸管理》。

一般情况下应提供的主要设计图纸见表6-10。

表6-10　　　　初步设计阶段线路电气专业输出成果汇总表

序号	文件名称	比例	图纸级别	备注
1	初设说明书（综合及线路电气部分）		一级	
2	路径方案图	1:50000	一级	
3	变电站进出线规划图		一级	
4	导线换位或换相图		二级	
5	导线特性曲线或表		三级	
6	地线和（或）OPGW光缆特性曲线或表		三级	
7	主要绝缘子串及金具组装图		四级	
8	主要新设计杆塔的间隙圆图		四级	
9	接地装置一览图		四级	

2. 电缆线路

初步设计阶段线路电气专业提交成果主要有初步设计说明书（综合及电缆电气部分)、主要设备材料清册、相关文件(路径协议、可行性研究评审意见等)、专题（必要时）及图纸等。

一般情况下应提供的主要设计图纸见表6-11。

表6-11　　　　初步设计阶段线路电气专业输出成果汇总表

序号	文件名称	比例	图纸级别	备注
1	初设说明书（综合及电缆电气部分）		一级	
2	电缆线路路径平面图		一级	
3	电缆通道平面图		一级	
4	进出线平面布置图		一级	
5	电缆接地方式示意图		一级	
6	电缆接地方式示意图		一级	
7	电缆通道内敷设位置图		一级	
8	重要交叉穿越地段纵断面图		一级	
9	电缆通道横断面图		一级	
10	电缆终端站平面布置图，终端塔形式		一级	

第三节 施 工 图 阶 段

一、深度规定

线路工程施工图设计阶段内容深度应执行国网企标《输变电工程施工图设计内容深度规定 第 4 部分：110（66）kV 架空输电线路》（Q/GDW 10381.4—2017）、《输变电工程施工图设计内容深度规定 第 7 部分：220kV 架空输电线路》（Q/GDW 10381.7—2017）、《输变电工程施工图设计内容深度规定 第 8 部分：330kV～1100kV 交直流架空输电线路》（Q/GDW 10381.8—2017）、《输变电工程施工图设计内容深度规定 第 2 部分：电力电缆线路》（Q/GDW 10381.2—2016）的相关要求。

二、工作开展

设计人员接收工作任务后，在开展设计前应根据设计任务书做好设计规划，并进行设计准备工作，包括了解业主对设计的要求、收集相关的设计资料、进行现场踏勘等。设计人员应根据设计计划的时间要求开展工作。输电线路初步设计典型流程如图 6-8 所示。

（一）资料收集

接受任务后，根据项目施工图设计计划要求，并收集以下内容：

（1）国家有关法律法规和现行工程建设标准规范。

（2）电力行业技术标准和国家电网有限公司企业标准及相关规定。

（3）批准的初步设计文件、初步设计评审意见、设备订货资料等设计基础资料。

（4）有关的协议文件。

（二）工作要点

1. 架空输电线路

（1）线路路径。

1）施工图说明书线路路径部分应根据工程具体情况，详细说明线路路径。说明线路起讫点，经过的地区、市、县名称，线路长度，曲折系数；应列表说明线路跨越铁路、公路、河流、电力线（分电压等级统计）、通信广播线、油气管道、林区等障碍物的次数或长度；说明沿线的地形、地质、水文情况及海拔

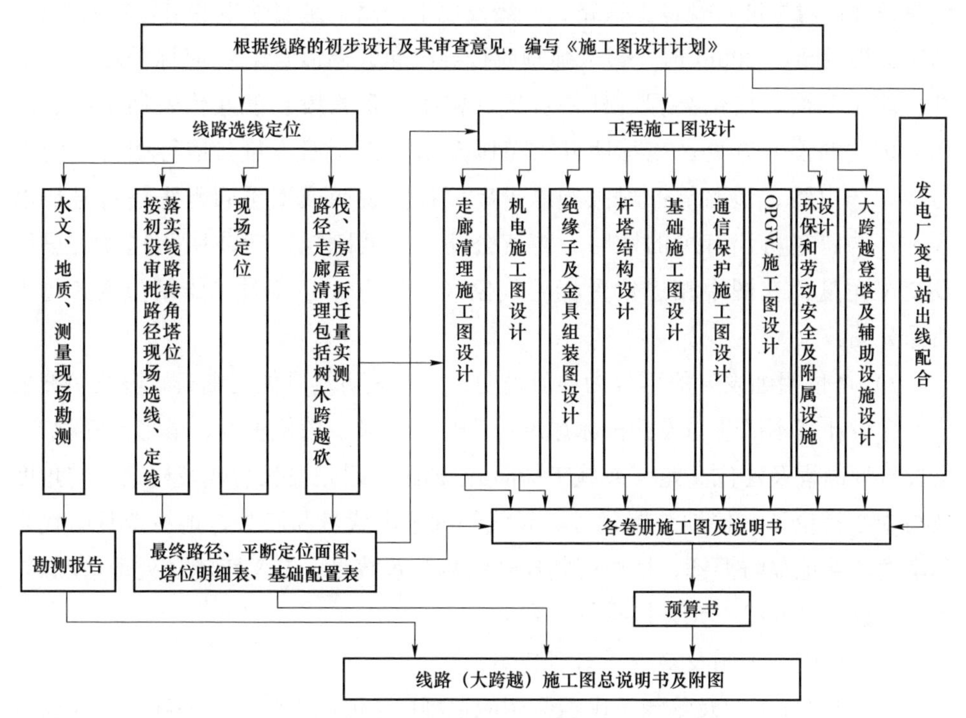

图 6－8　输电线路施工图设计典型流程图

范围；对线路经过的不良地质地带、重冰区、舞动区、林区、自然保护区、文物保护区等进行描述；简述沿线交通情况，说明采用机械化施工线路区段的交通运输情况；说明“π”接、改接、“T”接等线路的工程改造、拆除、过渡方案及注意事项及新形成线路的长度；应说明复核和补充路径协议的情况；还应说明线路走廊清理原则（包括相关法律、法规和政策文件、环评报告和批复、规程规范的要求）和主要拆迁项目简述。

2）线路路径图一般宜采用 1:50000 比例地形图；标出起讫点及转角位置；标出影响线路走向的保护区、厂矿设施、主要道路及规划设施等障碍物情况；标出与本线路交叉或平行接近的主要高压输电线路情况（路径、名称、电压等级）；标出指北针及新增标示的图例。

3）线路走廊拥挤地带平面图应标明线路路径及塔位、塔号、线路两侧的主要障碍物及规划预留通道情况。图纸比例可根据实际情况确定。

（2）平断面定位图及塔位明细表。

1）平断面定位图应绘出最大弧垂的地面线，对铁路、高速公路、通航河流（2 级及以上）等重要跨越，还应绘出实际悬点高的最大弧垂线并标注相应气象条件；对标准轨及以上铁路、一级及以上公路、重要输电通道等重要跨越，当交叉档距超过 200m 时，最大弧垂应按导线允许温度计算；应标明塔号、塔型、施工基面、塔位高程、杆塔位置、档距、耐张段长度及代表档距；边线和风偏的断面开方处，应标明开方范围及所开土、石方量；应标明拆迁的电力线、弱电线、道路等；耐张绝缘子串倒挂宜说明或用不同耐张塔符号加以区别；与跨越协议有关的铁路、高速公路等重要跨越，应注明跨越处的里程及交叉角度；在图中相应位置标明气象区分界点；必要时，绘制重要跨越平断面分图。

2）塔位明细表一般可分为卷册说明、分册说明及塔位明细表。塔位明细表应包含设计基本风速与设计覆冰厚度；序号、塔号、塔位里程、塔形及呼称高、塔位桩顶高程及定位高差（或施工基面）；档距、耐张段长与代表档距、转角度数与中心桩位移；接地装置代号、导线绝缘子串代号和串数、地线金具串代号和串数、导地线防振锤、档内间隔棒及防舞装置数量、交叉跨越及处理情况等；污区划分、导地线不允许接头等内容。

（3）机电施工图及绝缘子串组装图。

1）机电施工图及绝缘子串组装图应包括：导地线力学特性曲线及架线曲线（或表）、绝缘子串及金具组装图、换位（换相）及跳线图、接地装置图、导地线防振及间隔棒安装图（表）、防舞装置安装图（表）等。

2）导地线力学特性曲线及架线曲线（表）应按不同导地线型号、不同气象区、不同安全系数分别绘制。

3）导地线力学特性曲线应包括力学特性曲线及弧垂特性曲线两部分。导地线特性曲线应绘制最低气温、平均气温、基本风速、覆冰、最高气温、安装、外过有风、外过无风、内过电压等工况的力学特性曲线；导线特性曲线应绘制最大弧垂（覆冰或高温弧垂较大者）及外过无风的弧垂特性曲线（表）；地线特性曲线应绘制外过无风的弧垂特性曲线（表）；图上应标明临界档距、物理特性表与单位比载表。还应列表说明上述曲线所对应的气象条件组合，对最大风速宜注明计算高度及基本风速。

4）导地线架线曲线（表）可绘制不同代表档距下的架线弧垂或百米架线弧垂；应绘制从安装气温（考虑降温）到最高气温，每隔 5～10℃的架线数据；应注明补偿蠕变伸长所考虑的预降温度数；应注明观测档弧垂换算公式。

5）孤立档架线图纸应包括架线及竣工弧垂。孤立档还应在安装表上注明允许的过牵引长度及补偿蠕变伸长所考虑的预降温度数。

（4）绝缘子串及金具组装图。

1）绝缘子串及金具组装图一般应包含导线绝缘子串，跳线串，地线金具串，非标金具元件加工图，耐张串、悬垂串长度调整表等。

2）绘制绝缘子金具串的正视图，多联绝缘子串还应有其他方向视图，当采用标准金具串时应标明通用设计金具串代号。应标明各元件主要连接尺寸及总尺寸，标明该串材料表：包括元件名称、型号、图号、数量、单位重量，并给出绝缘子串或金具串总重量。对多分裂导线耐张串，绘制引流板安装示意图，标明各子导线金具连接顺序。

3）导线耐张串长度调整表应分别列出耐张转角塔的塔型、转角度数、绝缘子串补偿长度；应标明补偿采用的金具名称、型号，还应画出简图并写出说明，说明图中符号的意义、施工注意事项和技术要求。

（5）接地装置图。

1）接地装置图应包括不同的接地装置形式图和接地元件连接图。

2）应根据不同地形、实测土壤电阻率配置接地装置，并根据塔位周边设施确定敷设方式；应标明每种接地装置的各部尺寸、埋深要求、材料规格、数量及土方量，并注明适用的土壤电阻率范围和验收时的工频电阻要求值；应注明每种接地装置适用的塔型与地区；应注明施工工艺注意事项和具体要求。

3）对于强腐蚀地段应采用相应的防腐措施，如采用不锈钢、铜覆钢、石墨缆等耐腐蚀接地材料。

（6）导、地线防振锤及间隔棒、防舞装置安装图。

1）导地线防振锤及间隔棒、防舞装置安装图应包括导地线防振锤安装图、间隔棒安装图（表）、防舞装置安装图。

2）导地线防振锤安装图应标明各个防振锤安装距离。采用特殊形式的防振锤时，应说明防振锤的安装方法。

3）间隔棒安装图（表）应说明相关安装原则要求（含不对称安装、最大平均次档距限值、特殊地段的最大平均次档距限值、间隔棒形式等），还应根据不同的档距范围给出间隔棒安装距离表（按次档距）及一档中每相安装导线间隔棒的数量。

4）防舞装置安装图应说明采用的防舞装置规格、型号及安装原则（含防舞装置形式图、布置方式、安装要求、连接金具的要求、与子导线间隔棒的关系等），还应根据不同的档距范围给出防舞装置安装距离表（按次档距）及各档内安装数量。

（7）线路走廊清理。

1）走廊清理应包含拟拆迁或跨越情况，包括① 建（构）筑物的属性、规模、结构分类；② 拟拆除或迁移电力线、通信线、广播线的情况；③ 主要树种自然生长高度、跨越长度及砍伐数量等；④ 拟拆迁、压覆厂矿的类型、所属单位、规模、数量；⑤ 拟拆除或迁移改造道路或管线的情况，包括所属单位、类型、等级、数量对导航台、雷达站、通信基站等特殊障碍物的影响及处理措施等内容。

2）房屋拆迁部分应说明房屋（包括民房、院落、商铺、厂房、临建等）拆迁的原则及拆迁面积的计算方法。应按比例绘制房屋拆迁图，并标注与线路中心线相对距离，说明拆迁房屋的详细情况，包括杆塔号、物权人姓名（或单位名称）、所在地、房屋属性（民用或商用）、房屋建材类别、分类房屋面积、夹层情况等。必要时提供拆迁房屋的照片。

3）树木砍伐部分应说明树木跨越和砍伐的设计原则；列表说明需砍伐的树种、树高、数量等；说明树木砍伐（包括塔基、风偏、架线通道等）范围；必要时可绘制树木砍伐平面图。

4）对于其他障碍设施，应根据相关规范、路径协议，说明被拆迁物的名称、规模、数量等，宜列入平断面图和塔位明细表说明中。一般包括拟拆迁、压覆厂矿的类型、所属单位、规模、数量；拟拆除或迁移改造道路或管线的所属单位、类型、等级、数量；对导航台、雷达站、通信基站、油气管线等特殊障碍物的影响及处理措施等。

（8）架空线路主要设备材料表。电气部分材料表一般按导线、地线、绝缘子串、绝缘子、金具、接地装置、接地钢材顺序分类统计，列出材料名称、型号、规格、单位、数量；应列出在线监测装置（若有）等其他材料的名称、型号、规格和数量；应说明是否考虑耗损量和试验量。

2. 电缆线路

（1）电缆路径和通道。

1）施工说明书电缆路径和通道部分应包含电缆路径走向介绍，应包括电缆及电缆通道的起讫位置、路径长度、详细路径走向、土建设施形式与分布情况的描述；对于改接、“T”接、“π”接等应说明线路的工程改造、过渡方案及注意事项；应简要描述路径方案沿线地形、地貌、水文、绿化、主要河流、铁路、地铁、城市快速路、城镇规划、特殊障碍物等建设环境特点；线路特殊地段及采取的处理措施（特殊地段一般指大高差、大坡度、过桥、冻土、高土壤热阻、

临近热力管道和水下等情况）；电缆通道穿越电缆线路、铁路、地铁、城市快速路、河流、重要市政管线等主要交叉的描述及处理措施。

2）电缆线路走向总图应按比例绘制，可根据线路长度调整比例（不宜大于1:10000）；应标明电缆线路走向、电缆线路所经路径的主要路名、河道、电缆敷设牵引场布置位置及路径沿线需迁改的障碍物；应标明变电站（终端站）位置和名称，电缆线路进出线方向及电缆通道方式；应附指北针、设计说明、图例等。

3）电缆线路路径图应标示图纸分幅编号，各分幅图纸边缘衔接标志。图纸比例宜取1:500或1:1000，标明电缆线路走向、电缆接头在工作井内编号和接头里程、电缆在敷设断面的布置形式及位置、相位、电缆电压等级和型号，附指北针、图例。线路路径较长，图纸较多时，应补充电缆线路路径全线示意图。

（2）电力电缆及附件。

1）施工图说明书中应包含电缆的敷设方式、排列位置；电缆的主要技术指标，如电缆的载流量等；电缆及主要附件的名称、型号、外形主要参数、种类等；电缆线路的接地方式；电缆终端及接头布置方式；接地线及同轴电缆的型号、外形主要参数、种类等；电缆本体采用的防火措施及工艺要求；电缆敷设中对特殊环境段的处理；必要时包括电缆与架空线的连接方式及防雷措施；必要时包括电缆监测系统，主要包括监测方式、设备型号、参数等。

2）电缆金属护层接地方式图应包含示意电缆金属护层接地方式；列表表示电缆分段长度、电缆接头个数、电缆型号和线路总长度；标明交叉互联箱和接地箱的内外部接线。

3）电缆接头布置图比例应取1:50或1:100。应标示安装位置尺寸、电缆接头和交叉互联箱、接地箱位置、电缆线路和接头相位、电缆弯曲半径；应标示同轴电缆、接地电缆敷设位置（如有回流线，还应表示回流线敷设位置），列设备材料表。电缆接头安装方式、安装尺寸，必要时应绘出局部放大详图。应绘制安装固定接头用的支架、连接方式等零部件的加工图，并列安装用材料表。

4）电缆登塔（杆）布置图应按比例绘制，根据需要绘制平、断面图。标示电缆登塔（杆）平台、电缆终端头、避雷器、绝缘子位置、安全距离、相位。标示电缆沟、接地箱位置，列出设备材料表。应标示设备安装方式和安装尺寸，必要时应绘出局部放大详图。应绘制安装设备用的构件、零部件的尺寸和加工图，并列出安装用材料表。

5）电缆（蛇形）敷设图应按比例绘制。标示电缆通道尺寸、电缆位置、电缆弯曲半径、蛇形敷设方式、夹具位置、蛇形敷设节距和幅值。应绘制安装设备用的构件、零部件的尺寸和加工图，并列出安装用材料表。

6）在线监测系统图和安装图应表示主机、通道扩展器及接线系统图。应表示主机安装方式、安装位置及布线等。

（3）电缆线路主要设备材料清册。电缆线路电气部分材料表宜按电缆、电缆终端与接头、接地箱、交叉互联箱、避雷器、金具、防火等分类统计（考虑损耗）所需各种材料型号、规格、数量。电缆监测设备的型号、规划、数量。

（4）典型输电线路工程施工图卷册划分见表 6－12。

表 6－12　　典型输电线路工程施工图卷册划分参考表

序号	卷册编号	卷册名称	备注
	A01	综合卷册	
1	A0101	施工图设计说明书及工程总图	
2	A0102	施工图设计说明书及工程总图（电缆部分）（如有）	
3	A0103	大跨越施工图设计说明书及工程总图（如有）	
	D01	光缆架设卷册	列入通信工程
1	D0101	光缆设计说明书及图纸（新建段）	
2	D0102	光缆设计说明书及图纸（地线更换段）（如有）	
	D02	线路电气卷册	
1	D0201	塔位图及塔位明细表（线路一）	
2	D0202	塔位图及塔位明细表（线路二）	
3	D0203	金具组装图及配置表	
4	D0204	导地线架设及耐张塔跳线施工图	
5	D0205	导地线防振锤及间隔棒、防舞装置安装图	
6	D0206	接地装置图	
7	D0207	通道清理清册（如必要）	
8	D0208	主要设备材料清册（如必要）	
9	D0209	通信保护施工图（如必要）	
10	D0210	线路电气施工图（改线段）（如有）	
	T03	铁塔结构卷册	
1	T0301	杆塔加工说明及施工图说明书	
2	T0302	（塔型 1）结构图	
3	T0303	（塔型 2）结构图	
4	……	……	

续表

序号	卷册编号	卷册名称	备注
	T04	铁塔基础卷册	
1	T0401	基础施工图总的部分	
2	T0402	（塔型 1/基础形式 1）基础施工图	
3	T0403	（塔型 2/基础形式 2）基础施工图	
4	……	……	
	D05	电缆电气卷册	（如有）
1	D0501	电缆电气部分施工图设计说明	
2	D0502	电缆电气部分施工图纸	
3	……	……	
	D06	电缆附属设施（电气部分）	（如有）
1	D0601	电缆构筑物接地	
2	D0602	电缆支持和固定	
	……	……	
	D07	电缆隧道监控	（如有）
1	D0701	电缆本体监测图纸	
2	D0702	电缆隧道监测图纸	
	……	……	
	T08	电缆土建卷册	（如有）
1	T0801	电缆土建部分施工图设计说明	
2	T0802	电缆土建部分施工图纸	
3	……	……	
	T09	电缆附属设施（土建部分）	（如有）
1	T0901	电缆隧道消防	
2	T0902	电缆隧道通风、排水	
	……	……	

注　各卷册具体图纸内容参照 Q/GDW 10381.2—2016《输变电工程施工图设计内容深度规定　第 2 部分：电力电缆线路》、Q/GDW 10381.4—2017《输变电工程施工图设计内容深度规定　第 4 部分：110（66）kV 架空输电线路》、Q/GDW 10381.7—2017《输变电工程施工图设计内容深度规定　第 7 部分：220kV 架空输电线路》和 Q/GDW 10381.8—2017《输变电工程施工图设计内容深度规定　第 8 部分：330kV～1100kV 交直流架空输电线路》相关内容确定。

三、专业配合

专业间工作配合内容及要求见本书第一章第六节《工程设计专业间联系配

合及会签管理》。

（1）线路电气专业提供外专业资料项目，应符合表 6–13 的要求。

表 6–13　　线路电气专业提供外专业资料表

序号	资料名称	资料主要内容	类别	接收专业	备注
1	杆塔荷重资料	杆塔荷载及相应使用条件和气象条件，孤立档的放松应力	重要	线路结构	
2	杆塔主要尺寸及挂线要求，接地孔	—	重要	线路结构	
3	线路路径图	全线定位路径	一般	线路结构	
4	终端塔位置	塔位及坐标	一般	线路结构、变电	
5	分支塔平面布置图	—	一般	线路结构	
6	杆塔明细表表头	杆塔数量、名称、累距等有关部分	一般	线路结构	
7	出线架构荷重资料	包括导线和地线各种气象条件下水平张力、垂直荷重及风压最大弛度、允许偏角、挂线方式等	一般	变电土建	
8	送电终勘勘测任务书	任务要求及附图	重要	岩土等专业	

（2）线路电气专业接收外专业资料项目，应符合表 6–14 的要求。

表 6–14　　线路电气专业接收外专业资料表

序号	资料名称	资料主要内容	类别	提资专业	备注
1	各类杆塔允许使用条件	包括允许最大水平、垂直档距、转角度数、呼称高及高低腿等	重要	线路结构	
2	对路径修改的要求	—	一般	线路通保	
3	加屏蔽线的要求	—	一般	线路通保	
4	Ⅰ、Ⅱ级通信线（包括各级电缆）位置图	—	一般	线路通保	
5	地线通信对地线要求	地线规格、地线换位、引下线要求	一般	通信	
6	出线构架资料	相序、耦合电容器配置位置、出线孔位、孔径等	一般	变电电气	
7	旁母资料及一切位于线路进出档内的变电设备	旁母线在进线档中位置及高度、围墙高度、集中荷载	一般	变电电气	
8	短路电流曲线	本体及有关分支线路	重要	系统	
9	出线构架资料	出线坐标、允许偏角等，出线架外形尺寸和挂线点孔位、孔径等	一般	变电土建	
10	测量技术报告书及平断面图	包括报告书、平断面图等	重要	测量	
11	施工图阶段水文气象报告	包括报告及附图	重要	水文气象	
12	塔位土壤电阻率测量成果表	塔基土壤电阻率	重要	岩土	

（3）线路电气图纸会签应符合表6－15的要求。

表6－15　　会签图纸列表

序号	图纸名称	设计专业	会签专业	备注
1	线路路径图	线路电气	线路结构	
2	两端变电站进出线平面布置图	线路电气	变电一次	
3	杆塔明细表	线路电气	线路结构	
4	线路平断面定位图	线路电气	线路结构	
5	导地线换位图（相序）	线路电气	变电一次	
6	导线相序示意图	线路电气	变电一次	

四、输出成果

1．架空输电线路

施工图阶段线路电气专业提交成果主要有施工图总说明书及附图（综合及线路电气部分）、主要设备材料清册、相关文件（初步设计评审意见、必要的会议纪要和文件、路径协议文件等）、专题（必要时）及图纸等。提交设计图纸质量要求见本书第一章第七节《工程设计图纸管理》。

一般情况下应提供的主要设计图纸见表6－16。

表6－16　　架空线路施工图阶段线路电气专业输出成果汇总表

序号	文件名称	比例	图纸级别	备注
1	施工图设计说明书（综合及电气部分）		一级	
2	线路路径图	1:50000	一级	
3	变电站进出线平面图		二级	
4	线路走廊拥挤地带平面图		二级	
5	平断面定位图及塔位明细表		三级	
6	机电施工图及绝缘子串组装图：包括导地线力学特性曲线及架线曲线（表）、绝缘子串及金具组装图、换位（换相）及跳线图、接地装置图、导地线防振及间隔棒安装图（表）、防舞装置安装图（表）、强制性条文执行情况、质量通病防治措施、标准工艺应用情况及《国家电网有限公司十八项电网重大反事故措施》条文执行情况等		四级	
7	通信保护施工图		三级	
8	在线监测装置安装施工图		四级	
9	线路走廊清理		四级	

2. 电缆线路

施工图阶段线路电气专业提交成果主要有电缆综合部分施工图及说明（综合及电缆电气部分）、主要设备材料清册、相关文件（初步设计审查意见、规划意见书或市政管线综合及其他与工程有关的重要会议纪要及文件等）、专题（必要时）及图纸等。

一般情况下应提供的主要设计图纸见表 6-17。

表 6-17　　电缆线路施工图阶段线路电气专业输出成果汇总表

序号	文件名称	比例	图纸级别	备注
1	电缆线路施工图说明书（综合及电缆电气部分）		一级	
2	综合部分施工图设计图纸，包括电缆线路走向总图、电缆线路接线示意图、电缆纵断面图等		一级	
3	电缆电气部分施工图，包括电缆线路路径图、电缆金属护层接地方式图、工作井间距布置图、电缆接头布置图、电缆终端站电气平面布置图、电缆终端站电缆进出线间隔断面图、电缆终端站接地系统布置图、电缆登塔（杆）布置图、变电站站内电缆走向布置图、变电站电缆层（工作井）电缆布置图、变电站间隔设备图、剖面图、电缆（蛇形）敷设图、工作井内电缆布置图、电缆夹具图、电缆防火槽盒图、在线监测系统图和安装图、管线复杂地段电缆敷设断面图等		二级、三级、四级	

第七章

线路结构设计

输变电工程规划设计全过程一般可分为可行性研究、初步设计、施工图设计、设计服务、竣工图编制等主要阶段。本章主要从可行性研究、初步设计、施工图设计三个阶段分别介绍线路结构专业在每个阶段需要开展的工作，包括工作深度要求、设计工作要点、专业间配合、需提供的设计成品等内容。

第一节 可行性研究阶段

一、深度要求

线路工程可行性研究阶段内容深度应执行国网企标《220kV 及 110（66）kV 输变电工程可行性研究内容深度规定》（Q/GDW 10270—2017）、《330kV 及以上输变电工程可行性研究内容深度规定》（Q/GDW 10269—2017）的相关要求。

二、工作开展

设计人员接收工作任务后，在开展设计前应根据设计任务书做好设计规划，并进行设计准备工作，包括了解业主对设计的要求、收集相关的设计资料、进行现场踏勘等。设计人员应根据设计计划的时间要求开展工作。

（一）资料收集

接受任务后，根据项目设计计划要求及系统专业提资情况，深入了解工程接入系统方案、建设规模、线路途经地区。配合电气专业收集本工程路径沿途已建、在建及规划中、设计中的其他工程情况，如有必要应落上相关路径，并了解此工程的设计特点及建设规模等。根据已掌握的资料配合开展路径方案的初选。经过多个路径方案比较，在图上确定 2～3 个可行的较优方案。

输电线路主要收资单位、收资内容、注意事项及涉及的主要法律法规、规程规范见第七章。

（二）工作要点

1. 线路总体方案设计

（1）协助线路电气专业确定线路的总体技术方案，如确定同走廊架设回路数、线路利旧等。

（2）应重视线路起止点的塔位布置和关键的特殊塔位、塔型（换位塔、分支塔、T 接塔、电缆终端塔等）的方案选择，确保方案可行。对于位置受限的转角塔位、重要跨越塔位、开断点等关键塔位布置应做实做细。

（3）因新建线路需改造或利用已有线路时，应收集已有线路的信息，包括建设年代、原设计单位、塔型设计条件、运维单位改造情况等。若原设计条件不满足现行规范要求，需校验后提出加强或者拆后重建等意见。

（4）根据线路总体技术方案，配合线路电气专业选定线路路径，收集相关资料，并协助办理部分协议（如地灾评估、水文、国土等协议）。

2. 线路主要杆塔和基础形式选择

（1）根据工程特点，结合通用设计，进行全线杆塔塔型规划并提出杆塔主要型式和结构方案。

（2）结合工程特点、施工条件和沿线主要地质情况，提出推荐的主要基础型式。

（3）在山区等复杂地形，提出采用全方位铁塔长短腿、高低基础等设计技术、原状土基础等，减少土方开挖、保护植被的技术方案。

（4）提出特殊气象区杆塔形式论证和不良地质条件的基础型式论证专题。

（5）杆塔和基础型式图应表明线路使用的主要杆塔和基础型式。

三、专业配合

专业间工作配合内容及要求见本书第一章第六节《工程设计专业间联系配合及会签管理》。

（1）线路结构专业提供外专业资料项目，应符合表 7-1 的要求。

表 7－1　　线路结构专业提供外专业资料表

序号	资料名称	资料主要内容	类别	提资专业	备注
1	杆塔形式	使用条件（包括验算外负荷后使用条件反馈）及杆塔尺寸	重要	线路电气	
2	技经资料	杆型图、基础图、钢材耗用量、混凝土耗用量、施工基础土石方量	重要	技经	估算用

（2）线路结构专业接收外专业资料项目应符合表 7－2 的要求。

表 7－2　　线路结构专业接收外专业资料表

序号	资料名称	资料主要内容	类别	提资专业	备注
1	杆塔荷载、各类杆塔数量	需要验算和新设计杆塔的荷重及相应的使用条件、气象条件	重要	线路电气	
2	送电线路路径方案	提供推荐的路径方案	一般	线路电气	
3	技经资料	材料价格，各专业估算成果，工程造价	一般	技经	
4	可行性研究阶段水文气象报告	包括一般线路及大跨越	重要	水文气象	
5	可行性研究阶段地质勘测报告	包括一般线路及大跨越，含特殊要求塔位	重要	岩土	

（3）线路结构图纸会签应符合表 7－3 的要求。

表 7－3　　会 签 图 纸 列 表

序号	图纸名称	设计专业	会签专业	备注
1	全线杆塔一览图	线路结构	线路电气	
2	全线基础一览图	线路结构	线路电气	

四、输出成果

可行性研究阶段线路结构专业提交成果主要有可行性研究报告（线路结构部分）及附图。提交设计图纸质量要求见本书第一章第七节《工程设计图纸管理》。

一般情况下应提供的主要设计图纸见表 7－4。

表 7－4　　　　可行性研究阶段线路结构专业输出成果汇总表

序号	文件名称	比例	图纸级别	备注
1	可行性研究报告（线路结构部分）		一级	
2	杆塔和基础型式图		二级	

第二节　初步设计阶段

一、深度要求

线路工程初步设计阶段内容深度应执行 Q/GDW 10166.1—2017《输变电工程初步设计内容深度规定　第 6 部分：110（66）kV 架空输电线路》、Q/GDW 10166.6—2016《输变电工程初步设计内容深度规定　第 6 部分：220kV 架空输电线路》、Q/GDW 10166.7—2016《输变电工程初步设计内容深度规定　第 7 部分：330kV～1100kV 交直流架空输电线路》、Q/GDW 10166.3—2016《输变电工程初步设计内容深度规定　第 3 部分：电力电缆线路》、Q/GDW 10166.5—2017《输变电工程初步设计内容深度规定　第 5 部分：征地拆迁及重要跨越补充规定》的相关要求。

初步设计文件应包括以下内容：

（1）设计说明书及图纸。

（2）主要设备材料清册。

（3）施工组织设计大纲（必要时）。

（4）专题报告（必要时）。

（5）概算书。

（6）勘测报告（水文气象、岩土工程等报告）。

二、工作开展

设计人员接收工作任务后，在开展设计前应根据设计任务书做好设计规划，并进行设计准备工作，包括了解业主对设计的要求、收集相关的设计资料、进行现场踏勘等。设计人员应根据设计计划的时间要求开展工作。

（一）资料收集

接受任务后，根据项目初步设计计划要求，收集以下内容：

（1）充分查阅可行性研究资料，熟悉工程设计范围和技术方案，了解工程存在问题、难点、关键点。

（2）梳理专业资料，理清后续工作量和重点关注问题清单。

（二）工作要点

1. 杆塔

（1）杆塔应根据工程实际情况优先选用通用设计模块，并进行适用性分析。没有对应模块的工程，杆塔应采用通用设计原则进行规划设计。通道紧张地区宜结合路径规划要求，对窄基组合塔、钢管塔、钢管杆等方案进行综合比较分析，提出推荐意见。

（2）采用通用设计杆塔模块的工程，应重点校验以下内容。

1）气象条件：设计风速、覆冰厚度、海拔、地形情况等；

2）电气条件：导、地线型号，电气间隙，地线保护角等；

3）杆塔规划：水平档距、垂直档距、代表档距、呼高范围等；

4）杆塔材料：构件材质、规格，螺栓型号等；

5）挂点型号、地脚螺栓型号等接口参数。

（3）不能采用通用设计模块的工程，应综合考虑气象条件、地形条件、杆塔排位情况等因素，采用通用设计原则进行杆塔规划，包括杆塔规划、荷载条件、杆塔选型等。

（4）杆塔计算方面。应布置出各塔型的单线图，对典型直线塔和耐张塔按荷载条件进行计算，以此推算出各塔型的质量，为工程的杆塔工程量计算提供依据。

2. 基础

（1）应说明沿线的地形地貌情况、地质及水文情况、土壤冻结深度、地震烈度、施工、运输条件，对软弱地基、腐蚀性土、膨胀土和湿陷性黄土等特殊地质条件做详细的描述。

（2）综合线路沿线地形、地质、水文条件及基础作用力，因地制宜选择适当的基础形式，优先选用原状土基础。说明各种基础形式的特点、适用地区及适用杆塔的情况。

（3）线路通过软地基、湿陷性黄土、腐蚀性土、活动沙丘、流沙、冻土、膨胀土、滑坡、采空区、地震烈度高的地区、局部冲刷和滞洪区等特殊地质地段时，应论述采取的措施。

（4）对拟采用的新型基础，应论证其技术特点和经济效益、安全性和施工可行性。需试验验证时，应给予说明，并提出专项立项报告。

（5）说明基础材料的种类、强度等级。

（6）如需设置护坡、挡土墙和排水沟等辅助设施时，应论述设置方案和对环境的影响。

3. 电缆建（构）筑物

（1）应根据工程实际情况对选用相应的通用设计模块进行说明。新设计断面应采用通用设计的原则，论证其技术经济特点和使用意义。

（2）应论述电缆通道横断面设计，主要包括以下内容：隧道、沟道、沟槽的净宽、净高、结构形式及壁厚，明确沟盖板承载能力等；保护管的直径、数量、排列方式及材质等，当保护管选用新型材料时，应论述材质的选择理由。

（3）应根据现场地质勘查情况，结合市政综合管线规划的要求，确定电缆通道的纵断面设计，明确通道的覆土厚度和坡度；重要交叉、高落差等特殊地形处，应提供纵断面设计。

（4）软弱或特殊地基应说明处理方案。

（5）应根据电缆的电压等级、转弯半径、进出线规划、通道分支情况，综合考虑经济性，确定电缆井的结构尺寸，对特殊井型应明确围护结构方式。

三、专业配合

专业间工作配合内容及要求见本书第一章第六节《工程设计专业间联系配合及会签管理》。

（1）线路结构专业提供外专业资料项目应符合表 7–5 的要求。

表 7–5　　线路结构专业提供外专业资料表

序号	资料名称	资料主要内容	类别	提资专业	备注
1	杆塔形式	使用条件（包括验算外负荷后使用条件反馈）及杆塔尺寸	重要	线路电气	
2	技经资料	杆型图、基础图、钢材耗用量、混凝土耗用量、施工基础土石方量	重要	技经	

（2）线路结构专业接收外专业资料项目应符合表 7–6 的要求。

表 7–6　　线路结构专业接收外专业资料表

序号	资料名称	资料主要内容	类别	提资专业	备注
1	间隙圆图	包括屏蔽线挂线位置	重要	线路电气	
2	杆塔荷载、各类杆塔数量	需要验算和新设计杆塔的荷重及相应的使用条件、气象条件	重要	线路电气	

续表

序号	资料名称	资料主要内容	类别	提资专业	备注
3	送电线路路径方案	提供推荐的路径方案	一般	线路电气	
4	技经资料	材料价格、各专业概算成果、工程造价	一般	技经	
5	初步设计阶段水文气象报告	包括一般线路及大跨越	重要	水文气象	
6	初步设计阶段地质勘测报告	包括一般线路及大跨越，含特殊要求塔位	重要	岩土	

（3）线路结构图纸会签应符合表 7-7 的要求。

表 7-7　　　　会签图纸列表

序号	图纸名称	设计专业	会签专业	备注
1	全线杆塔一览图	线路结构	线路电气	
2	全线基础一览图	线路结构	线路电气	

四、输出成果

1. 架空输电线路

初步设计阶段线路结构专业提交成果主要有初步设计说明书（综合及线路结构部分）、主要设备材料清册、专题（必要时）及图纸等。提交设计图纸质量要求见本书第一章第七节《工程设计图纸管理》。

一般情况下应提供的主要设计图纸见表 7-8。

表 7-8　　　架空线路初步设计阶段线路结构专业输出成果汇总表

序号	文件名称	比例	图纸级别	备注
1	初设说明书（综合及线路电气部分）		一级	
2	杆塔型式一览图		二级	
3	基础型式一览图		二级	

2. 电缆线路

初设阶段线路结构专业提交成果主要有初步设计说明书（综合及电缆土建部分）、主要设备材料清册、专题（必要时）及图纸等。

一般情况下应提供的主要设计图纸见表 7-9。

表7-9　　电缆线路初步设计阶段线路结构专业输出成果汇总表

序号	文件名称	比例	图纸级别	备注
1	初步设计说明书（综合及电缆土建部分）		一级	
2	其他必要图纸		二级	

第三节　施工图阶段

一、深度规定

线路工程施工图设计阶段内容深度应执行Q/GDW 10381.4—2017《输变电工程施工图设计内容深度规定　第4部分：110（66）kV架空输电线路》、Q/GDW 10381.7—2017《输变电工程施工图设计内容深度规定　第7部分：220kV架空输电线路》、Q/GDW 10381.8—2017《输变电工程施工图设计内容深度规定　第8部分：330kV～1100kV交直流架空输电线路》、Q/GDW 10381.2—2016《输变电工程施工图设计内容深度规定　第2部分：电力电缆线路》的相关要求。

二、工作开展

施工图结构专业设计流程基本为接收设计任务—外业选定线—外业定位—内业出图—设计成品交付。

（一）资料收集

外业前的准备资料主要包括如下：

（1）准备施工图勘测任务书、路径图。

（2）本工程结构专业关键点清单。

（3）杆塔使用条件。

（4）本工程所用杆塔模块的根开、对角根开、塔重等基本参数。

（5）本工程备选基础类型及其尺寸、埋深、勘测深度要求、危险点等信息。

（6）工程定位表格，表格中应包括工程设计所需全部输入信息，用于外业现场记录。

（二）工作要点

1. 杆塔结构图

（1）杆塔结构图一般应包括总图、分段结构图、杆塔加工说明等。

（2）杆塔总图应包括杆塔单线图，主要尺寸、分段编号、材料汇总表（标明材料类别、材质、规格、数量）及说明。在总图中标注转角塔的内外角侧。总图应由线路电气专业会签。

（3）分段结构图应绘出单线控制尺寸图、正侧面展开图、隔面俯视图、复杂节点的大样图、接头断面图及本段与相应段的连接方式。材料明细表应包括构件的编号、规格、长度、数量、质量，还应包括螺栓、脚钉、垫圈的级别、规格、符号、数量及质量和备注栏。导地线挂线点、地线引流孔、接地孔应依据线路电气要求设计，并由线路电气专业会签。应根据施工、运行检修的需要预留安装孔，在分段结构图中应标明脚钉布置示意图。

（4）杆塔加工说明一般包括以下内容：杆塔加工的方法和应遵守的规程、规范及规定的名称编号；钢材材质和质量等级及所对应的产品标准（必要时提出其他特殊要求，角钢构件应有角钢准距表和边距、端距的要求）；各种钢材的焊接方法及所采用的焊接要求；螺栓种类、性能等级及螺栓规格表；构件及螺栓防腐措施；螺栓紧固扭矩值要求；其他加工、安装要求和对机械化施工的相关要求。

（5）杆塔计算书应包括计算简图、荷载计算、结构受力计算、构件选材计算、辅助材结构计算、导地线挂点和节点计算、塔脚板（法兰）计算、连接计算、构件规格调整后复核验算、基础作用力计算等内容，并注明所采用的杆塔计算软件名称、代号、版本。

2. 基础施工图

（1）基础明细表（配置表）应包括编号、塔型及呼高、转角度数、基础形式、定位高差（降基值）、长短腿配置等。

（2）基础图一般应包括基础平面布置图，基础平、立、剖面及配筋图，外形尺寸，埋置深度，材料表和必要的施工说明。

（3）护坡、排水沟等防护设施施工图可包括平、立、剖面图，配筋图，外形尺寸，埋置深度，材料表，必要的施工说明等。

（4）基础根开表应包括基础根开、地脚螺栓间距、材质和规格等参数。

（5）基础施工说明应包括沿线地形地貌、水文、地质概况，基础形式种类和采用新技术的基础形式特点及要求，基础材料种类及等级，基面开方和放坡要求，基础内外边坡要求，基础开挖和回填要求，基础浇筑与养护要求，不良地质条件地段的地基和基础处理措施，基础防护措施、处理方案，基础工程验收标准，基础施工和运行注意事项，以及对机械化施工的相关要求等。

（6）基础计算书应包括基础上拔稳定计算，基础下压稳定计算，倾覆稳定计算，基础强度计算，地基计算，地基及基础变形计算，地脚螺栓、插入角钢计算等内容，注明基础计算软件名称及版本号。

3. 架空线路主要设备材料表

（1）线路结构部分材料表中，杆塔按强度分别统计钢材量和其他材料量并提供总量。基础混凝土按强度等级分别提供方量及总量，基础钢材分类统计材料量，并应提供挡土墙、护坡、护壁、排水沟等附属设施及其他必要的材料量。

（2）材料表中应说明是否考虑耗损量和试验量。

4. 电缆敷设土建部分

（1）施工图说明书电缆敷设土建部分应包含如下内容：

1）地质概况。应列出地质勘探资料有关技术（土质、标高、地下水、地基土和地下水的腐蚀性等）数据。

2）土建工程及附属设施（供电、通风、照明、排水、防火、通信、监控、接地、标识等）的设计原则。

3）土建工程概况。应说明电缆通道主要形式土建长度、通道断面尺寸、支护形式、地基处理情况、电缆通道沿线覆土厚度等。

（2）电缆沟道/隧道的主要设计原则：设计使用年限、安全等级标准、结构等级、防水等级等；说明电缆沟道/隧道结构形式、材料选用、净宽、净高及覆土深度；说明电缆沟道/隧道降水方案及特殊地段采取的技术措施；描述隧道与工作井、变电站接口的防水方案；穿越铁路、公路、河流、建（构）筑物、其他市政管线等的处理方案。

（3）电缆沟道/隧道工作井施工说明应说明工作井种类、数量、位置、净宽、净高、结构形式及覆土深度，三（四）通井等的出口方向；说明沉降缝设置要求；工作井的防水措施及特殊地段采取的技术措施；工作井内电缆支架及电缆接头的结构形式、安装位置，支架间距及固定形式、防腐要求等；说明工作井的井盖、井圈的要求。

（4）辅助系统部分应描述电缆沟道/隧道的通风方式，通风机位置、距离，进、出风口位置、距离、编号，防火隔门分段、位置、设备等要求；电缆沟道/隧道的照明设置、通信及排水方案等；说明接地方式、接地装置装设处数、位置、形式、接地电阻及接地装置防腐要求等。

5. 电缆线路主要设备材料清册

电缆土建部分材料表应包括以下内容：分类统计电缆终端站、电缆登塔（杆）、构支架等（考虑损耗）所需各种材料型号、规格、数量；电缆保护管形式、孔数和孔径、长度；沟道、隧道形式、尺寸、长度；隧道附属设施（供电、通风、照明、排水、防火、通信、监控、接地、标识等）的主要设备材料；工作井的规格和数量、接地装置。

三、专业配合

专业间工作配合内容及要求见本书第一章第六节《工程设计专业间联系配合及会签管理》。

（1）线路结构专业提供外专业资料项目，应符合表7-10的要求。

表7-10　　线路结构专业提供外专业资料表

序号	资料名称	资料主要内容	类别	接收专业	备注
1	各类杆塔允许使用条件	包括允许最大水平、垂直档距、转角度数、呼称高及高低腿等	重要	线路电气	

（2）线路结构专业接收外专业资料项目，应符合表7-11的要求。

表7-11　　线路结构专业接收外专业资料表

序号	资料名称	资料主要内容	类别	提资专业	备注
1	杆塔荷重资料	杆塔荷载及相应使用条件和气象条件，孤立档的放松应力	重要	线路电气	
2	杆塔主要尺寸及挂线要求，接地孔	—	重要	线路电气	
3	线路路径图	全线定位路径	一般	线路电气	
4	终端塔位置	塔位及坐标	一般	线路电气	
5	分支塔平面布置图	—	一般	线路电气	
6	杆塔明细表表头	杆塔数量、名称、累距等有关部分	一般	线路电气	
7	塔基断面图或地形图	塔基根开对角线方向断面图或大比例尺小面积地形图	重要	测量	
8	施工图阶段水文气象报告	包括报告及附图	重要	水文气象	
9	塔基工程地质条件一览表	塔基地层描述、地质主要指标地下水位及建议等	重要	岩土	

（3）线路结构图纸会签应符合表7-12的要求。

表7－12　会签图纸列表

序号	图纸名称	设计专业	会签专业	备注
1	全线杆塔一览图	线路结构	线路电气	
2	全线基础一览图	线路结构	线路电气	
3	杆塔施工图（单线图及挂线点接地部分）	线路结构	线路电气	

四、输出成果

1. 架空输电线路

施工图阶段线路结构专业提交成果主要有施工图总说明书及附图（综合及线路结构部分）、主要设备材料清册、专题（必要时）及图纸等。提交设计图纸质量要求见本书第一章第七节《工程设计图纸管理》。

一般情况下应提供的主要设计图纸见表7－13。

表7－13　架空线路施工图阶段线路结构专业输出成果汇总表

序号	文件名称	比例	图纸级别	备注
1	施工图设计说明书（综合及结构部分）		一级	
2	杆塔结构图，包括总图、分段结构图、杆塔加工说明等		四级	
3	基础施工图，包括基础明细表、基础图、基础根开表、基础施工说明等		四级	

2. 电缆线路

施工图阶段线路结构专业提交成果主要有电缆综合部分施工图及说明（综合及电缆土建部分）、主要设备材料清册、专题（必要时）及图纸等。

一般情况下应提供的主要设计图纸见表7－14。

表7－14　电缆线路施工图阶段线路结构专业输出成果汇总表

序号	文件名称	比例	图纸级别	备注
1	电缆线路施工图说明书（综合及电缆土建部分）		一级	
2	电缆土建部分施工图（以电缆沟道/隧道方式为例），包括电缆沟道/隧道平面示意图、电缆沟道/隧道平面图、电缆沟道/隧道的纵断面图、电缆沟道/隧道规划管位断面图、电缆沟道/隧道断面图、工作井建筑图、结构配筋图、沉降缝施工图、不同结构形式电缆沟道/隧道的衔接图、各种井盖、盖板、支架、挂钩、挂梯及预埋件等安装图、加工图、通风设计系统图、通风设计平面图、排水设计系统图、电缆沟/隧道基坑支护方案图等		二级	

第八章

通 信 设 计

输变电工程通信设计主要包含站内通信部分和系统通信部分，其中站内通信部分包含数据通信网、行政交换网、调度软交换、通信电源等内容，系统通信包含光缆建设、光路建设、光传输系统设备配置、通道组织等内容。本章主要介绍通信专业在可行性研究、初步设计、施工图阶段的设计深度要求和设计工作开展要点。

第一节 可行性研究阶段

一、深度规定

按照国家电网有限公司可行性研究设计一体化管理深度要求，可行性研究阶段通信专业设计深度内容与初步设计一致。

系统概况：简述一次系统的方案。提出相关调度端的调度关系和调度通信要求。

现状及存在的问题：概述与本工程相关的通信传输网络、调度交换网、数据通信网现状及存在的问题，与本工程相关的已立项或在建通信项目情况等。

需求分析：根据各相关的电网通信规划，分析本工程在通信各网络中的地位和作用，分析各业务应用系统（包括保护、安全自动装置、信息系统）对通道数量和技术的要求。

系统通信方案：根据需求分析，提出本工程系统通信建设方案，包括光缆建设方案、光通信电路建设方案、组网方案等。

通道组织：提出通信设计方案中的业务通道组织方案。

数据通信网：根据相关电网数据通信网总体方案要求，分析本工程在网络中的作用和地位及各应用系统接入要求，提出本工程数据通信网网络设备配置要求、网络接入方案和通道配置要求。

调度交换网：根据相关电网调度交换网方案要求，分析本工程在网络中的作用和地位及各应用系统接入要求，提出本工程调度交换网网络设备配置要求、网络接入方案和通道配置要求。

通信机房、电源：提出通信机房、电源、机房动力环境监视系统等的设计原则。

二、工作开展

设计人员接受任务后，根据项目设计计划要求及系统专业提资情况，依托工程接入系统方案、建设规模、线路路径方案开展通信系统设计。

（一）收集资料

按照国家电网有限公司可行性研究设计一体化管理深度要求，可行性研究阶段收集资料内容与初步设计一致，在可行性研究资料收集阶段要做实做细，对现场设备、电源、机柜空间、沟道资源、光缆台账等信息要全面收集并做记录。

（1）踏勘前准备。根据系统专业提资方案及线路电气专业路径方案，确定本期工程涉及的对侧站点、线路等范围，梳理对侧站点站内相关收集资料内容。

（2）设备收集资料。在涉及有新光路建设的工程中，需要记录相关站点传输设备的投运年限、空余槽位、光路开通等现状信息，以便满足本期光路开通需求；对于投运超过 10 年、故障频发的设备需提前考虑退运方案并要求业主出具设备退运报告；对于设备空余槽位不满足本期扩容需求的设备，本期考虑增配传输设备。

（3）电源收集资料。在涉及新上设备的站点，需要详细记录站内通信电源投运年限、整流容量、负载电流值、剩余空气开关的规格及数量，并判断是否满足本期新上设备对通信电源的需求。对于不能满足本期需求的电源，提前考虑通信电源的扩容或更换方案，扩容方案需要记录现有通信电源整流模块数量、安装位置，并核实是否有扩容模块的空间以及背板接线是否需要重新布放。对于新上通信电源的情况需要核实机房屏柜安装位置、是否有通信电源直流分配屏，详细记录现状便于后续制定方案。对于空开规格、数量不满足本期需求的站点，应该核实是否具备扩充空气开关或者改造空气开关的条件，并记录现状

信息。

（4）光配收集资料。对于本期涉及的光缆，还需记录对应光配使用情况，并与业主部门提供的光缆台账核实。对于需新上光配的站点，需详细核实并记录光配屏的安装位置、屏内光配布置现状、屏内剩余空间（以 U 为单位记录）。

（5）机柜空间收集资料。对于本期需新上设备的站点，应详细记录通信设备用机柜柜内剩余可用空间（以 U 为单位）、柜内支架/立柱支持的安装尺寸（19in/21in/可调）、柜顶电源输入/输出空开规格及数量、屏柜平面布置图等信息。

（6）机房空间收集资料。对于本期需新上机柜的站点，应详细记录机房尺寸、屏柜平面布置图，剩余屏柜安装基础/可扩展屏柜基础。

（7）站内沟道路径收集资料。对于站内沟道情况，若本期有新建导引光缆敷设，需按照反措要求严格落实导引光缆引下及敷设至二次设备室（通信机房）的路径，同时考虑光缆引下所需预埋钢管的工程量，以及标识牌、标石、护套管（槽盒）用量。

（二）工作要点

1. 可行性研究报告编制要点

（1）系统概况。简要说明与本工程建设方案相关的电力系统概况，包括相关电网现状及发展规划、新建（改、扩建）输变电工程建设规模、变电站接入系统概况（各电压等级出线方向及回路数）、相关站内倒间隔和线路改跨接情况等。

（2）现状及存在的问题。概述与本工程相关的通信传输网络、调度/行政交换网、数据通信网、频率同步网等的现状及存在的问题，与本工程相关的已立项或在建通信项目情况等。其中，光缆现状应表述起止点、所在线路名称和电压等级、光缆类型、光缆芯数、纤芯类型、投运年限等；设备现状应表述站点名称、设备名称、设备型号、线路侧方向和容量、设备现有扩容条件等；设施现状应表述站点名称、通信设备布置区域、屏位预留情况、设备供电方式、电源系统配置和容量、配电端子预留条件等。

对于需改造光缆，应对原光缆性能及承载业务进行描述。

说明退役设备情况及原因，设备情况需包括设备名称、设备型号、投运年限、运行情况等。

（3）需求分析。根据各相关的电网通信规划，分析本工程在通信各网络中的地位和作用，分析各业务应用系统对通道数量和技术的要求，包括调度自动化、调度数据网、安全稳定装置、调度/行政交换网、数据通信网、线路保护等。

（4）系统通信方案。根据需求分析，提出本工程系统通信建设方案，包括光缆建设方案、光通信电路建设方案、组网方案等。存在多个备选方案时，应进行技术经济比较和方案推荐。

1）光缆建设方案。详述各条光缆依附的输电线路名称、线路电压等级、架设方式、缆路起讫点、中间起落点、站距、线路（光缆）总长度、光缆类型、光纤芯数和规格、与相关光缆连接点位置及引接方式。

提出本工程各站光缆进站引入方案，确定引入光缆形式、敷设方式、芯数。

2）传输设备建设方案。提出本工程传输设备建设方案，详述本工程传输网建设和组织方案，包括设备制式、传输容量、光链路方向、保护方式、重要部件和板件配置原则等。对于已有设备扩容，应对扩容条件和扩容方案进行描述。对于有10kV配出的变电站，应同步考虑配网传输设备建设方案。

3）临时过渡方案。对于线路π接或改接引起光缆临时中断以及设备更换改造时的情况，应对原承载业务情况进行描述，并提供相关业务临时过渡方案。

过渡方案可分为业务临时割接与光缆路由迂回两种情况。具备利用现有通信系统对业务进行临时割接条件的，应进行方案说明；对于不具备业务临时割接条件的，应通过迂回路由组织或加装临时通信设备、架设临时光缆、租用运营商通道等方式对过渡方案进行表述。

（5）通道组织方案。提出推荐通信方案的通道组织，包含通道路由及带宽分配。如调度数据网接入网一、二接入相应核心节点的通道组织，线路保护复用通信光传输设备2Mbit/s通道路由组织，视频监控通道、数据通信网通道、动环监控等业务通道组织与分配。

（6）数据通信网建设方案。根据相关电网数据通信网络总体方案要求，分析本工程在网络中的作用和地位及各应用系统接入要求，提出本工程数据通信网络设备配置要求、网络接入方案和通道配置要求。

（7）调度/行政软交换网建设方案。提出变电站调度/行政电话的解决方案及相应的设备配置方案。

（8）通信机房、电源建设方案。提出通信机房、电源、机房动力环境监视系统等的设计原则及方案，明确电源整流模块容量配置、蓄电池容量配置、动环监控内容、蓄电池室防火隔离要求等。

对于220kV及以下变电站通常采用一体化电源或通信DC/DC电源或并联直流型电源供电，并配置通信电源屏，通信设备及通信电源动力环境监控接至站

内一体化监控系统和通信专业动环监控系统。

通信设备布置于二次设备室，屏柜颜色及尺寸同二次设备柜。

2. 可行性研究图纸设计要点

（1）接入系统相关地理接线图。根据系统专业提资绘制接入系统相关地理接线图（现状）、接入系统相关地理接线图（本期）、接入系统相关地理接线图（远景）。

（2）相关光缆网络建设示意图。根据本期工程接入系统设计、线路路径方案，绘制相关光缆网络建设示意图（现状）、相关光缆网络建设示意图（本期）。

（3）传输网络拓扑图。根据本期工程光路建设方案，绘制相关传输系统的网络现状图及本期建设示意图。

（4）通道组织图。根据本期工程承载业务及路由组织方式，绘制本期业务通道路由组织图。

三、专业配合

专业间工作配合内容及要求见本书第一章第六节《工程设计专业间联系配合及会签管理》。通信专业在输变电工程可行性研究设计中需要与电气一次、电气二次、变电土建、线路电气、变电技经、线路技经等专业相互配合。

（1）光缆通常跟随线路一起架设/敷设，在可行性研究阶段通信专业根据需求向线路电气提出光缆建设方案中关于架空光缆条数与芯数，以及管道光缆条数与芯数、管道光缆槽盒的数量与安装位置等内容的“专业间互提资料单”。

（2）通信设备通常与电气二次设备共同安装于二次设备室，在可行性研究阶段通信专业还需要向电气二次专业提出关于通信屏柜数量及布置要求等内容的“专业间互提资料单”。

（3）由一体化电源供电的站点，在可行性研究阶段通信专业还需要向电气二次专业提出关于一体化通信电源关于整流容量、整流模块规格与数量、直流空开规格与数量、直流进线要求等内容的“专业间互提资料单”。

（4）估算书为准确计列通信部分的投资规模，在可行性研究阶段通信专业需要向技经专业提出通信设备、辅材、视频监控方案等内容的“专业间互提资料单”。

提供外专业资料见表 8–1。

表 8-1　　提供外专业资料表

序号	资料名称	资料主要内容	接收专业
1	光缆路由方案及光缆选型	包含光缆建设方案中关于架空光缆条数与芯数，以及管道光缆条数与芯数、管道光缆槽盒的数量与安装位置等内容	线路电气
2	通信屏柜数量及布置要求	包含通信屏柜数量、屏柜尺寸、颜色及布置要求	电气二次
3	通信电源容量	包含一体化通信电源关于整流容量、整流模块规格与数量、直流空开规格与数量、直流进线要求等内容	电气二次
4	进站光缆双沟道	包含站内导引光缆敷设满足双沟道/双竖井引致二次设备室光纤配线屏	电气一次、变电土建
5	技经资料	包含通信设备、辅材、视频监控方案等内容	技经

四、输出成果

输出成果列表见表 8-2。提交设计图纸质量要求见本书第一章第七节《工程设计图纸管理》。

表 8-2　　输出成果列表

序号	文件名称	图纸级别
1	通信部分可行性研究报告	—
2	相关光缆网络图（现状）	一级
3	相关光缆网络图（本期）	一级
4	本期光缆建设路径图	一级
5	SDH 光传输系统拓扑图（现状）	一级
6	SDH 光传输系统拓扑图（本期）	一级
7	PTN/SPN 光传输系统拓扑图（现状）	一级
8	PTN/SPN 光传输系统拓扑图（现状）	一级

第二节　初步设计阶段

一、深度规定

系统概况：简述一次系统的方案。提出相关调度端的调度关系和调度通信

要求。

现状及存在的问题：概述与本工程相关的通信传输网络、调度交换网、数据通信网现状及存在的问题，与本工程相关的已立项或在建通信项目情况等。

需求分析：根据各相关的电网通信规划，分析本工程在通信各网络中的地位和作用，分析各业务应用系统（包括保护、安全自动装置、信息系统）对通道数量和技术的要求。

系统通信方案：根据需求分析，提出本工程系统通信建设方案，包括光缆建设方案、光通信电路建设方案、组网方案等。

光传输系统设计：对本工程所有光再生段性能进行计算，给出再生段长度计算及各中继段计算结果；给出传输链路的传输质量计算结论，包括传输链路起止点、传输链路长度、光口和光放配置、工作波长、功率富裕度等。

通道组织：提出通信设计方案中的业务通道组织方案。

数据通信网：根据相关电网数据通信网总体方案要求，分析本工程在网络中的作用和地位及各应用系统接入要求，提出本工程数据通信网网络设备配置要求、网络接入方案和通道配置要求。

调度交换网：根据相关电网调度交换网方案要求，分析本工程在网络中的作用和地位及各应用系统接入要求，提出本工程调度交换网网络设备配置要求、网络接入方案和通道配置要求。

通信机房、电源：提出通信机房、电源、机房动力环境监视系统等的设计原则。

二、工作开展

设计人员接受任务后，根据项目设计计划要求及系统专业提资情况，依托工程接入系统方案、建设规模、线路路径方案开展通信系统设计。

（一）收集资料

按照国家电网有限公司可行性研究设计一体化管理深度要求，可行性研究阶段收集资料内容与初步设计一致，详见可行性研究阶段中收集资料的相关内容。

（二）工作要点

1. 初步设计说明书编制要点

（1）概述。

1）设计依据。国家相关的政策、法规和规章，工程设计有关的规程、规范，本工程可行性研究报告的审定稿、可行性研究批复、可行性研究评审意见及中标通知单。

2）设计范围。通信项目分为光纤通信系统部分和光缆通信线路部分。明确通信专业承担的设计范围与分工。站内提供通信设备安装位置及供电电源，本工程提供传输通道接口至各配线单元的里侧，所有业务至配线单元外侧接线由本体工程提供。线路本体提供线路路径、气象条件及非光缆地线的设计。

通信专业：通信系统设计、传输计算、设备配置、网管公务系统、同步系统及保护方式，进站光缆的设计及配套设施的设计。

线路专业：OPGW 地线复合光缆及非光缆段地线的热稳定计算、选型、架线安装设计。

技经专业：初步设计概算书的编制、造价分析。

系统专业：按远景年系统规划接线运行方式提供线路系统单相短路电流计算结果及曲线图。

3）建设规模。简要说明本期通信工程的建设规模，包含光缆建设规模、设备配置及光路建设。

4）主要设计原则。阐明本工程设计过程遵循的主要设计原则。

（2）工程建设综述。

1）电力系统概况。简要说明与本工程建设方案相关的电力系统概况，包括相关电网现状及发展规划、新建（改、扩建）输变电工程建设规模、变电站接入系统概况（各电压等级出线方向及回路数）、相关站内倒间隔和线路改跨接情况等。

2）通信网络现状。概述与本工程相关的通信传输网络、调度/行政交换网、数据通信网、频率同步网等的现状及存在的问题，与本工程相关的已立项或在建通信项目情况等。其中，光缆现状应表述起止点、所在线路名称和电压等级、光缆类型、光缆芯数、纤芯类型、投运年限等；设备现状应表述站点名称、设备名称、设备型号、线路侧方向和容量、设备现有扩容条件等；设施现状应表述站点名称、通信设备布置区域、屏位预留情况、设备供电方式、电源系统配置和容量、配电端子预留条件等。

对于需改造光缆，应对原光缆性能及承载业务进行描述。

说明退役设备情况及原因，设备情况需包括设备名称、设备型号、投运年限、运行情况等。

3）业务需求分析。根据各相关的电网通信规划，分析本工程在通信各网络

中的地位和作用，分析各业务应用系统对通道数量和技术的要求，包括调度自动化、调度数据网、安全稳定装置、调度/行政交换网、数据通信网、线路保护等。

4）工程建设必要性。从电力通信业务需求、加强相关地区通信网络、相关电力通信规划等方面需求，简要叙述本工程建设的必要性。对于因电网智能化要求引起的工程内容，应增加其必要性的简述。对工程中所应用的新技术、新工艺、新材料内容，应增加其必要性简述。

5）通信方案简述。根据需求分析，提出本工程系统通信建设方案，包括光缆建设方案、光通信电路建设方案、组网方案等。存在多个备选方案时，应进行技术经济比较和方案推荐。

光缆建设方案：详述各条光缆依附的输电线路名称、线路电压等级、架设方式、缆路起讫点、中间起落点、站距、线路（光缆）总长度、光缆类型、光纤芯数和规格、与相关光缆连接点位置及引接方式。

提出本工程各站光缆进站引入方案，确定引入光缆形式、敷设方式、芯数。

传输设备建设方案：提出本工程传输设备建设方案。详述本工程传输网建设和组织方案，包括设备制式、传输容量、光链路方向、保护方式、重要部件和板件配置原则等。对于已有设备扩容，应对扩容条件和扩容方案进行描述。对于有10kV配出的变电站，应同步考虑配网传输设备建设方案。

临时过渡方案：对于线路π接或改接引起光缆临时中断及设备更换改造时的情况，应对原承载业务情况进行描述，并提供相关业务临时过渡方案。

过渡方案可分为业务临时割接与光缆路由迂回两种情况。具备利用现有通信系统对业务进行临时割接条件的，应进行方案说明；对于不具备业务临时割接条件的，应通过迂回路由组织或加装临时通信设备、架设临时光缆、租用运营商通道等方式对过渡方案进行表述。

6）差异说明与分析。具体分析本工程初步设计方案与可行性研究设计方案的偏差，包含光缆、设备、光路、投资的方案及规模差异，并充分分析偏差原因。

（3）通信系统部分。

1）光纤通信网络建设方案。光缆建设方案：详述各条光缆依附的输电线路名称、线路电压等级、架设方式、缆路起讫点、中间起落点、站距、线路（光缆）总长度、光缆类型、光纤芯数和规格、与相关光缆连接点位置及引接方式。提出本工程各站光缆进站引入方案，确定引入光缆形式、敷设方式、芯数。

设备配置方案：提出本工程传输设备建设方案。详述本工程传输网建设和组织方案，包括设备制式、传输容量、光链路方向、保护方式、重要部件和板件配置原则等。对于已有设备扩容，应对扩容条件和扩容方案进行描述。对于有 10kV 配出的变电站，应同步考虑配网传输设备建设方案。

光路建设方案：提出本工程传输网光路建设方案。

临时过渡方案：对于线路 π 接或改接引起光缆临时中断及设备更换改造时的情况，应对原承载业务情况进行描述，并提供相关业务临时过渡方案。

2）通道组织方案。提出推荐通信方案的通道组织，包含通道路由及带宽分配。如调度数据网接入网一、二接入相应核心节点的通道组织，线路保护复用通信光传输设备 2Mbit/s 通道路由组织，视频监控通道、数据通信网通道、动环监控等业务通道组织与分配。

3）光系统设计方案。根据 YD 5095—2014《同步数字体系（SDH）光纤传输系统工程设计规范》的有关规定确定本工程光系统传输模型。根据光接口类型计算再生段距离，推导光通信传输质量计算结论，得出相应光放、色散、光衰等配置。

4）进站引入光缆。提出本工程涉及站点光缆在站内的引下接续方案及导引光缆的敷设路由。

导引光缆在敷设过程中需满足：同一进线终端塔引入的两条光缆，应沿相互独立的路由敷设，且不能同沟道、共竖井进入通信设备机房，中间不得有交叉。导引光缆在电缆沟内敷设时全程穿光缆槽盒/保护套管，弯曲半径大于 25 倍光缆直径。

5）数据通信网建设方案。根据相关电网数据通信网络总体方案要求，分析本工程在网络中的作用和地位及各应用系统接入要求，提出本工程数据通信网络设备配置要求、网络接入方案和通道配置要求。

6）调度/行政软交换网建设方案。提出变电站调度/行政电话的解决方案及相应的设备配置方案。

7）通信机房、电源建设方案。提出通信机房、电源、机房动力环境监视系统等的设计原则及方案，明确电源整流模块容量配置、蓄电池容量配置、动环监控内容、蓄电池室防火隔离要求等。

对于 220kV 及以下变电站通常采用一体化电源或通信 DC/DC 电源或并联直流型电源供电，并配置通信电源屏，通信设备及通信电源动力环境监控接至站内一体化监控系统和通信专业动环监控系统。

通信设备布置于二次设备室，屏柜颜色及尺寸同二次设备柜。

2. 初步设计图纸设计要点

（1）接入系统相关地理接线图。根据系统专业提资绘制接入系统相关地理接线图（现状）、接入系统相关地理接线图（本期）、接入系统相关地理接线图（远景）。

（2）相关光缆网络建设示意图。根据本期工程接入系统设计、线路路径方案，绘制相关光缆网络建设示意图（现状）、相关光缆网络建设示意图（本期）。图纸中还需要体现重要光缆建设方案中的重要杆塔号，若存在光缆分芯的情况，还需要单独绘制光缆分芯接续示意图。

（3）传输网络拓扑图。根据本期工程光路建设方案，绘制相关传输系统的网络现状图及本期建设示意图，通常包括 SDH、PTN/SPN、OTN 光传输系统网络拓扑图，图中应能完全体现本工程相关站点的光传输设备、光路开通等信息。

（4）通道组织图。根据本期工程承载业务及路由组织方式，绘制本期业务通道路由组织图。

220kV 及以下变电站第一套调度数据网设备应接入相应地调接入网两个网络节点（其中 1 个节点应为地调核心或备用核心节点），每路带宽为 2×2M，由地区网 SDH 设备承载；配置 1 路 100M 通道接入地调核心节点，由地区网 PTN 承载。第二套调度数据网设备应接入相应地调接入网两个网络节点（其中 1 个节点应为地调核心或备用核心节点），每路带宽为 2×2M，由地区网 SDH 设备承载；配置 1 路 100M 通道接入地调备用核心节点，由地区网 PTN 承载。

220kV 及以下变电站数据通信网通道带宽应满足变电站全景监控需求，接至地市公司核心节点或县级公司及其第二汇聚点，由地区网传输设备承载。信息网络业务原则上应接至数据通信网交换机信息 VPN 对应端口。

220kV 及以下变电站行政交换网应通过数据通信网接至省公司 IMS 核心网，行政交换网接入终端原则上应接入数据通信网交换机 IMS 语音 VPN 对应端口。

220kV 及以下变电站视频监控应通过数据通信网接至地市公司，业务原则上应接至数据通信网交换机视频业务 VPN 对应端口。

220kV 及以上电压等级线路的继电保护和安全自动装置通信通道按照三条光纤通道路由方式安排，主要包括“双装置/双接口、三路由”和“双装置/单接口、三路由”两种典型方式。

同一条 220kV 及以上电压等级线路的两套继电保护装置均采用复用通道的情况，应由两套独立的通信传输设备分别提供，满足“双设备、双电源”的要求。

单条光缆、单套通信设备故障或检修不应导致 8 条及以上线路保护和安全自动装置业务中断，也不应导致双重化配置的两套线路保护或安控系统业务同时中断。保护复用通道宜选择在 OPGW 光缆上开通的 SDH 光路。

（5）公务、网管、同步系统图。绘制本工程新上传输设备同步时钟图，网管接入图。时钟跟踪设计严禁设置环路。定时链路组织应遵循由上及下的原则，定时基准信号应从上级节点向下级节点或同级节点之间进行传送，禁止下级节点向上级节点进行传送。原则上，任何一条端到端同步定时链路串接的同步设备（除第一基准时钟之外的其他同步设备，如第二基准时钟、辅助基准时钟、2 级节点时钟和 3 级节点时钟等）数量不超过 5 个，任意两个同步设备之间串接的 SDH 设备时钟（SEC）不应超过 8 个。

（6）光缆引下示意图。根据光缆引下方式（架构、女儿墙）、接地要求并结合引下施工工艺及设计光缆引下示意图。光缆引下接续要点详见施工图阶段 OPGW 光缆引下接续设计要点。

（7）导引光缆敷设路由示意图。根据导引光缆敷设要求绘制本期所有涉及导引光缆敷设的站内路由敷设示意图，标明导引光缆的走向。

示意图应在站区平面图的基础上绘制引入光缆敷设图，包括光缆型号、起止点、敷设路径及方式等。光缆敷设路由应满足以下相关要求：

1）对于 220kV 及以上电压等级变电站，通信光缆进站应具备至少两条相互独立的路由，且不能同沟道、共竖井进入通信设备机房，土建专业应配合提供电缆沟道及竖井的双路由条件。

2）变电站导引光缆应选择非金属阻燃光缆（电缆沟内敷设采用管道光缆，直埋采用地埋光缆），不应采用 ADSS 光缆；进站导引光缆应全部接入通信光纤配线柜后再行分配使用。

（8）二次设备室平面布置图。根据对电气二次专业的提资，绘制本期通信工程所用屏柜的机房平面布置图。通信专业屏柜配置应满足以下要求：

1）新建 220kV 变电站通信设备屏位不应少于 23 个（不含−48V 直流配电柜、通信保护接口柜、安稳装置接口柜等）；

2）新建 110kV 变电站通信设备屏位不应少于 11 个（不含−48V 直流配电

柜、通信保护接口柜、安稳装置接口柜等）；

3）新建35kV变电站通信设备屏位不应少于9个（不含−48V直流配电柜、通信保护接口柜、安稳装置接口柜等）。

（9）一体化通信电源/独立通信电源原理接线图。根据通信专业对一体化电源/通信电源的整流容量、空开配置、防雷模块等要求绘制电源原理接线图。

（10）地线配置图。由线路电气专业根据本期线路建设方案设计地线配置图，图中应完整体现地线（OPGW）型号、长度及重要杆塔号等信息。

（11）OPGW光缆金具组装图。由线路电气专业根据本期OPGW光缆选型设计相关金具组装图，包含悬垂、耐张等金具。

（12）短路电流曲线图。由线路电气专业提供相关线路远期单相接地短路电流曲线图。

三、专业配合

专业间工作配合内容及要求见本书第一章第六节《工程设计专业间联系配合及会签管理》。通信专业在输变电工程初步设计中需要与电气一次、电气二次、变电土建、线路电气、变电技经、线路技经等专业相互配合。

（1）光缆通常跟随线路一起架设/敷设，在初步设计阶段通信专业根据需求向线路电气提出光缆建设方案中关于架空光缆条数与芯数，以及管道光缆条数与芯数、管道光缆槽盒的数量与安装位置等内容的“专业间互提资料单”。

（2）通信设备通常与电气二次设备共同安装于二次设备室，在初步设计阶段通信专业还需要向电气二次专业提出关于通信屏柜数量及布置要求等内容的“专业间互提资料单”。

（3）由一体化电源供电的站点，在初步设计阶段通信专业还需要向电气二次专业提出关于一体化通信电源关于整流容量、整流模块规格与数量、直流空开规格与数量、直流进线要求等内容的“专业间互提资料单”。

（4）为满足站内通信导引光缆“双沟道”进二次设备室的要求，初步设计阶段应向电气一次提出关于二次/通信电缆沟，电缆竖井的“专业间互提资料单”。

（5）为满足OPGW光缆引下接续施工工艺要求，初步设计阶段应向土建专业提出光缆引下预埋管、预埋接地端子、预埋光缆接续盒与余缆架的安装预埋件等内容的“专业间互提资料单”。

（6）概算书为准确计列通信部分的投资规模，在初步设计阶段通信专业需要向技经专业提出通信设备、辅材、视频监控方案等内容的“专业间互提资料单”。

提供外专业资料见表 8－3。

表 8－3　提供外专业资料表

序号	资料名称	资料主要内容	接收专业
1	光缆路由方案及光缆选型	包含光缆建设方案中关于架空光缆条数与芯数，以及管道光缆条数与芯数、管道光缆槽盒的数量与安装位置等内容	线路电气
2	通信屏柜数量及布置要求	包含通信屏柜数量、屏柜尺寸、颜色及布置要求	电气二次
3	通信电源容量	包含一体化通信电源关于整流容量、整流模块规格与数量、直流空开规格与数量、直流进线要求等内容	电气二次
4	进站光缆双沟道	包含站内导引光缆敷设满足双沟道/双竖井引致二次设备室光纤配线屏	电气一次、变电土建
5	光缆引下接续	包含光缆引下预埋管、预埋接地端子、预埋光缆接续盒与余缆架的安装预埋件等内容	变电土建
6	技经资料	包含通信设备、辅材、视频监控方案等内容	技经

四、输出成果

输出成果列表见表 8－4。提交设计图纸质量要求见本书第一章第七节《工程设计图纸管理》。

表 8－4　输出成果列表

序号	文件名称	图纸级别
1	通信部分初步设计报告	—
2	××地区相关电网地理接线图（现状）	一级
3	××地区相关电网地理接线图（本期）	一级
4	××地区相关电网地理接线图（远景）	一级
5	相关光缆网络图（现状）	一级
6	相关光缆网络图（本期）	一级
7	本期光缆建设路径图	一级

续表

序号	文件名称	图纸级别
8	SDH 光传输系统拓扑图（现状）	一级
9	SDH 光传输系统拓扑图（本期）	一级
10	PTN/SPN 光传输系统拓扑图（现状）	一级
11	PTN/SPN 光传输系统拓扑图（现状）	一级
12	通道组织示意图	一级
13	二次设备室/通信机房屏位布置图	一级
14	一体化电源/通信电源原理接线图	一级
15	光缆引下接续示意图	一级
16	导引光缆敷设路径示意图	一级
17	公务、网管、同步系统图	一级
18	地线配置图	一级
19	OPGW 光缆金具组织示意图	一级
20	短路电流曲线图	一级

第三节　施 工 图 阶 段

一、深度规定

根据国网企标《国家电网有限公司输变电工程施工图设计内容深度规定　第 3 部分：电力系统光纤通信》（Q/GDW 381.3—2010）。施工图设计文件各部分具体的设计及计算深度要求，在本规定各章节中分别说明。本规定未能涉及的问题，应结合工程具体情况适当加以说明。

二、工作开展

设计人员接受任务后，根据通信工程施工图设计计划要求按照初步设计既定方案开展施工图设计。

（一）收集资料

初步设计阶段已完成工程相关资料收集，若施工图与初步设计收口时间相距较长，未避免施工阶段现场情况与初步设计发生变化可在施工图阶段再次进行资料收集，收集内容详见初步设计阶段。

（二）设计要点

1. 站内通信施工图设计要点

站内通信通常包含变电站内综合布线设计、通信电源系统设计、数据通信网设计、调度软交换及行政软交换设计。本章内容着重讲述施工图设计作业指导，站内通信在施工图设计阶段分为总的部分、综合布线部分、通信电源系统部分、数据网和交换网部分四个卷册。

（1）总的部分。

1）设计范围。站内通信施工图设计第一卷册为总的部分，一般编号为TA×××S－U0101，其中“×××”代表工程编号。总的部分设计范围包含施工图总说明、站内通信系统图、标准施工工艺说明、线缆清册。

2）施工图设计说明。施工图设计总说明应包括设计依据、设计范围及分工、工程设计方案、施工中注意事项及特殊施工方案、新技术特性及注意事项、站内通信系统卷册说明。

设计范围及分工包括施工图设计范围及专业间分工说明。

工程设计方案应对批准的设计方案进行总体描述，包括：① 行政交换网、调度交换网、数据通信网、通信电源等站内通信系统设计方案；② 说明与批准文件的差异及原因；③ 根据需要描述本工程实施期间的过渡方案。

施工中注意事项及特殊施工方案应详细说明施工注意事项及施工要求及特殊施工图方案。新技术特性及注意事项应对采用的新技术、新设备、新结构详细说明技术特性及注意事项。站内通信系统卷册说明应列出站内通信系统包含的全部卷册名称、卷册编号等。

3）站内通信系统图。应在站区平面图的基础上表示出站内各种设备间的连接关系，包括光传输设备与网络配线架、数字配线架间的缆线连接、配线架与数据通信网、调度交换网、行政交换网、调度数据网间的缆线连接等。

4）标准施工工艺说明。根据电力系统通信工程施工工艺相关要求，对本工程需遵循的标准施工工艺摘录说明。

5）线缆清册。应以表格形式计列站内通信部分每根线缆编号、起止点、规格型号、数量及在本工程中的实际用途。

（2）综合布线。

1）设计范围。通信机房的综合布线系统设计，应符合 GB 50311—2016《综

合布线系统工程设计规范》的规定。综合布线包括卷册说明，综合布线系统图，站内通信埋管、电缆敷设、电话及信息端口布置图，电话及信息插座安装示意图，设备材料表。

2）综合布线系统图。应绘出全站的电话、计算机网络系统连接，包括电话、计算机终端与分线箱、配线设备及交换机之间的连接关系。综合布线系统图中应标出连接线缆的型号、规格及长度。

在站区平面图的基础上绘出站内音频配线架/网络配线架至楼层分线箱、分线箱至各房间电话出线盒、出线盒至电话机间的埋管位置及线缆敷设路径，并明确埋管的位置、尺寸、长度，以及线缆敷设所经过的电缆沟、桥架等路径信息。音频线缆应选用带有屏蔽功能的双绞线或控制电缆。

在站区平面图的基础上绘出站内信息交换机至楼层交换机/集线器、楼层交换机/集线器至每个房间信息端口的埋管位置及线缆敷设路径，并明确埋管的位置、尺寸、长度，以及线缆敷设所经过的电缆沟、桥架等路径信息。信息线缆应宜采用屏蔽六类双绞线。

变电站二次设备室、门卫室、会议室、值班室应配置电话及网络接口，其他房间宜根据功能设置及运维需求配置电话机网络接口。

变电站电话及网络线缆应采用六类及以上等级的屏蔽双绞线，室外敷设线缆应采用铠装屏蔽电缆。综合布线应采用暗敷方式，所有通信缆线均应穿保护套管或槽盒敷设。

管线敷设弯曲半径见表8-5。

表8-5　　管线敷设弯曲半径

缆线类型	弯曲半径
2芯或4芯水平光缆	＞25mm
其他芯数和主干光缆	不小于光缆外径的10倍
4对非屏蔽电缆	不小于电缆外径的4倍
4对屏蔽电缆	不小于电缆外径的8倍
大对数主干电缆	不小于电缆外径的10倍
室外光缆、电缆	不小于缆线外径的10倍

3）电话及信息插座安装示意图。电话及信息插座安装示意图应标出插座安装位置及距地面距离。墙上型信息插座底端宜距地 300mm；地面信息插座距强

电插座宜距离不小于300mm。

（3）通信电源系统。

1）设计范围。通信电源系统施工图包括卷册说明、通信电源屏面布置图、通信电源原理图、通信电源端子排接线图、通信电源线缆敷设示意图、蓄电池安装示意图、设备材料表，应符合GB 51194—2016《通信电源设备安装工程设计规范》、DL/T 5044—2014《电力工程直流系统设计技术规程》、Q/GDW 5762—2010《站用交直流一体化电源系统技术规范》中相关要求。

2）通信电源平面布置图。通信电源屏面布置图应表示出通信直流电源系统屏柜外形尺寸、各装置屏面布置和元件参数表等。

3）通信电源原理图。通信电源原理图应完整表示出通信电源系统网络结构、直流电压等级、母线连接形式，蓄电池的容量、组数，充电装置形式，与通信电源的连接方式。

通信电源原理图应设计电源系统防雷接地方式，整流器、接触器、熔断器、断路器的配置方式及器件规格型号。每套通信电源应配置两组交流进线接触器，配置两组蓄电池熔断器；每套通信电源配置直流馈线回路断路器均为直流空开。

4）通信电源端子排接线图。端子排接线图应包括各进、出线及信号回路、回路名称、电缆去向、电缆编号和截面。通信电源端子排接线图中应设计通信电源告警信息及监控模块信息上联动环监控平台通道。

5）通信电源线缆敷设示意图。通信电源线缆敷设示意图应在站区平面图的基础上绘制通信电源各进、出线及信号线缆走向，两套通信电源的进线线缆应沿不同路由敷设。专用通信电源中应设计通信蓄电池与通信电源间缆线敷设路径图。

蓄电池组引出线为电缆时，电缆宜采用单芯电力电缆。

6）蓄电池安装示意图。独立通信电源蓄电池组安装于蓄电池室时，应按比例绘制蓄电池室平面布置图，标注布置尺寸，包括设备至墙（柱）中心线间的距离、通道的净尺寸、纵向及横向布置尺寸，绘出蓄电池组架或组柜布置、尺寸及安装方式。

安装在同一层的蓄电池间宜采用有绝缘的或有护套的连接条连接，不同层的蓄电池间采用电缆连接，连接电缆应采用阻燃电缆。连接导线应力求缩短，蓄电池应布置合理、紧凑。

（4）站内通信系统。

1）设计范围。站内通信系统施工图包括卷册说明、站内通信系统图、音频

配线架屏面布置及业务分配图、网络配线架屏面布置及业务分配图、站内通信设备屏面布置及业务分配图、设备材料表。

2）站内数据通信网及交换网系统图。站内数据网及交换网应表示出站内各种设备间的连接关系，包括光传输设备与网络配线架、数字配线架间的缆线连接；配线架与数据通信网、调度交换网、行政交换网、调度数据网间的缆线连接等。

3）音频配线架屏面布置及业务分配图。音频配线架屏面布置图应包括音频配线架机架组屏、模块布置，业务分配图应包括各相关设备至音频配线单元的配线连接，并标注主要业务。

4）网络配线架屏面布置及业务分配图。网络配线架屏面布置图应包括网络配线架机架组屏、模块布置，业务分配图应包括各相关设备至网络配线单元的配线连接，并标注主要业务。

5）站内通信设备平面布置及业务分配图。站内通信设备屏面布置应包括数据通信网、调度及行政交换网设备机架组屏、子架面板布置、各板卡功能，并标注屏柜外形尺寸。业务分配图应包括各站内通信设备进、出线，包括端子号、线缆编号及去向。

对于下进线的屏柜，设备子框应自上而下安装，将扩容预留位置留在机柜下方；对于上进线的屏柜，应自下而上安装，将扩容预留位置留在机柜上方。

站内调度交换网交换机、数据通信网交换机、IAD 设备、录音设备等采用交流供电时，均应采用 UPS 电源供电。施工图应设计站内 UPS 电源至设备 PDU 的电源连接。

各子框间、设备间应留 1－2U 间隙，以满足设备通风散热、线缆穿放、运行维护操作要求。

2. 系统通信施工图设计要点

系统通信通常包含光缆接入设计、光传输系统接入设计、带宽/业务分配设计、网管/同步系统设计、通信传输系统设计、进站引入光缆设计、对侧站通信设计。本章内容着重讲述施工图设计作业指导，系统通信在施工图设计阶段分为总的部分、通信传输系统部分、进站引入光缆部分、对侧站部分等卷册。

（1）总的部分。系统通信施工图第一册应为总的部分，需包含施工图总说明、相关光缆网络图、光传输系统网络拓扑图、光通信系统配置图、带宽/业务分配图、公务/网管/同步系统图、标准施工工艺说明、线缆清册等图纸。

施工图总说明应包括设计依据、设计范围及分工、工程设计方案、施工中注意事项及特殊施工方案、新技术特性及注意事项、卷册目录。

（2）通信传输系统。

1）设计范围。通信传输系统施工图应包括卷册说明、通信传输系统图、通信设备屏位布置图、传输设备面板图及屏面布置图、数字配线架屏面布置及业务分配图、光纤配线架屏面布置及业务分配图、光纤色谱图、设备机柜、设备材料表，应符合 Q/GDW 10759《电力系统通信站安装工艺规范》和 Q/GDW 381.3《国家电网有限公司输变电工程施工图设计内容深度规定　第 3 部分：电力系统光纤通信》中相关要求。

2）通信传输系统图。通信传输系统应表示出站内各光通信设备间的连接关系，包括光通信设备与 ODF、DDF 间的缆线连接，调度数据网与通信设备间的缆线连接，终端设备与 DDF、VDF 间的缆线连接等，同时应标明各连接缆线的类别和规格。

3）通信设备屏位布置图。施工图应按比例绘制通信设备区域内通信屏位布置图，标明屏－屏、屏－墙的尺寸及门的位置。通信机柜应按照统一编号原则编号、命名。图中应明确体现每个屏位名称、屏体规格，并应区分本期及预留备用屏位。

通信设备屏位宜按功能分区集中布置，配线架宜靠近机房线缆出口布置。小型机房的光纤配线屏宜靠近光传输设备屏布置，预留及备用屏位宜放置在已有及新上屏位两侧，方便后期施工。

新建站通信设备屏柜颜色及规格宜采用国网最新标准要求。扩建、改造站点机柜颜色及规格宜与前期保持一致。

4）传输设备面板图及屏面布置图。传输设备面板图及屏面布置图应包括传输设备（含光纤放大器、预放大器及色散补偿模块等）机架组屏、子架面板布置、各板卡名称、光路方向等。标明光口号、光口类型，标明尾缆、尾纤编号及两端接口类型。

同一个环路上不同方向的光路所用光板宜设计在对偶槽位。设备面板图中应标明设备子架号、槽位号。

通信设备柜内光路开通宜设计尾纤连接，出设备柜光路宜设计尾缆连接，尾纤和尾缆长度应严格计算，避免过长或过短。

光路子系统宜与传输设备子架安装在同一机柜内。如设备较多，宜安装在独立机柜内。

设备机柜施工图中电源线、接地线及尾纤应设计为从两侧布放。

5）数字配线架屏面布置及业务分配图。数字配线架屏面布置应包括数字配线架机架组屏、模块布置，业务分配应包括各相关设备至数字配线单元的配线连接。施工图应标注各业务类型、所接输配单元端子号、线缆编号及去向等信息。

数字配线单元上侧端子应接SDH设备，宜采用设备厂家提供的2M同轴线缆接SDH设备2M出线板；下侧端子应为用户侧端子，根据业务需求，接各用户设备线缆。

用户线缆与传输设备侧2M线缆应设计为分两侧入柜，布放应顺直，整齐美观。施工图中应体现柜内电缆剥开点。

为主备接入设备分配数配单元时，应分别接在不同2M接口板上的数配单元。

6）光纤配线架屏面布置及业务分配图。光纤配线架屏面布置图应包括光纤配线架机架组屏、模块布置，业务分配应包括各相关设备至光纤配线单元的配线连接。标注各光配单元所接的光缆，以及光缆的套管颜色、光纤色标。业务分配图应标注各业务类型、所接光配单元端子号、线缆编号及去向等。

机房内原有ODF空余容量满足本期需要时，可不配置新的ODF。新配置的ODF容量应与引入光缆的终端需求相适应，外形尺寸、颜色应与机房原有设备一致。

7）光纤终接装置的容量应与光缆的纤芯数相匹配，盘纤盒应有足够的盘绕半径和容积，以便于光纤盘留。ODF中，由引入光缆到光设备侧应不多于3个活动连接点。

8）光纤色谱图。光纤色谱图应包括本工程新上各类光缆光纤色谱、接续方式、接续位置、光纤使用情况、光路容量、光路起止光口等信息。

光缆中的光纤应采用全色谱标志，其颜色应选自规定的各种颜色；每个松套管内光纤的序号应按表8-6中规定的颜色顺序排列。

表8-6　　光纤识别用全色谱

序号	1	2	3	4	5	6	7	8	9	10	11	12
颜色	蓝	桔	绿	棕	灰	白	红	黑	黄	紫	粉红	青绿

光纤色谱图还应根据光缆结构图及各部分尺寸确定光缆内光纤芯数与松套管数量，光纤芯数与松套管数量关系应满足表8-7的规定。

表 8-7　　光纤芯数与松套管数量关系

每管内光纤最大芯数	松套管数量	适用芯数
6	1	2～6
6	2	8～12
6	3	14～18
6	4	20～24
6	5	26～30
6	6	32～36
12	4	38～48
12	5	50～60
12	6	62～72
12	7	74～84
12	8	86～96
12	9	98～108
12	10	110～120
12	11	122～132
12	12	134～144

9）设备机柜接地系统图。设备机柜接地系统图应包括设备室环形接地母线、接地汇流排、机柜接地线布置等。通信设备与二次设备共用机房时，通信设备屏柜规格及接地汇流排布置等应与二次设备一致。

通信机柜柜列下部应设置接地汇流排，两点接至设备室环形接地母线，接地汇流排宜采用截面积不小于 90 mm^2 的铜排或 120 mm^2 的镀锌扁钢。

通信屏柜均应做接地，屏柜的接地端子应通过接地线就近接至接地铜排上。接地线截面积根据最大故障电流确定，宜选用不小于 25 mm^2 的黄绿双色相间的塑料（橡胶）绝缘铜芯多股软导线。接线端头应选用与接地线线径相同的铜质非开口接线鼻子。

屏体内侧面应设置 30mm×4mm 及以上规格的镀锡扁铜排作为屏内接地母排。母排应每隔约 50mm，预设ϕ6～ϕ10 mm（中心孔宜选ϕ12 mm）的孔，并配置铜螺栓。屏柜接地线必须通过压接式接线端子与机房接地网的接地排连接，连接前应将连接端面清洁，保证可靠连接，连接后接地排应采取防锈措施处理。

屏柜前、后门和侧门的下方有接地端子和接地标志的位置，应分别通过软铜带接到机柜结构体的接地端子上。屏柜所有的接地线中间不允许有接头。接地线布线应平直、整齐、美观。

接地应满足 Q/GDW 759—2012《电力系统通信站安装工艺规范》中对屏体安装接地的要求，接地装置的位置、接地体的埋设深度及接地体和接地线的尺寸应符合信息通信工程建设管理工艺要求：

a. 所有电气设备（含数配、音配、屏体），均应装设接地线接至地母。通信屏内接地母排至机房地母的接地线规格不应小于 25～95mm^2，屏内设备至接地母排的接地线不应小于 2.5～6mm^2，其他屏体的接地线可选用 1.5～2.5mm^2 规格，过电压保护地线不应小于 4～6 mm^2 规格的地线。

b. 接地线连接宜采用螺栓方式固定连接，其工作接触面应涂导电膏。扁钢接头搭接长度应大于宽度的两倍。扁钢与扁钢或扁钢与地体连接处至少有三面满焊，焊接牢固，焊缝处涂沥青。

c. 引入扁钢涂沥青，并用麻布条缠扎，然后在麻布条外面涂沥青保护。

d. 通信电源的正极应在直流电源屏处单点接地。

（3）进站引入光缆。

1）设计范围。进站引入光缆施工图包括卷册说明、进站引入光缆敷设示意图、光缆进站引下示意图、设备材料表。

2）进站引入光缆敷设示意图。示意图应在站区平面图的基础上绘制引入光缆敷设图，包括光缆型号、起止点、敷设路径及方式等。光缆敷设路由相关要求参见初步设计阶段设计要点。

进站光缆选型及光缆敷设安装应符合 GB 50217《电力工程电缆设计标准》、Q/GDW 10758—2018《电力系统通信光缆安装工艺规范》及 YD 5102《通信线路工程设计规范》的相关要求：

a. 同一通道内电缆数量较多时，若在同一侧的多层支架上敷设，宜按电压等级由高至低的电力电缆、强电至弱电的控制和信号电缆、通信电缆由上而下的顺序排列。当水平通道中含有 35kV 以上高压电缆，或为满足引入柜盘的电缆符合允许弯曲半径要求时，宜按由下而上的顺序排列；在同一工程中或电缆通道延伸于不同工程的情况均应按相同的上下排列顺序配置。

b. 直埋光缆敷设同构布放多条光缆时，应平行排列，不重叠或交叉，缆间平行净距不应小于 100mm。

c. 进站光缆在电缆沟及电缆隧道中布放时，应布放在耐火槽盒内。

3）光缆进站引下示意图。光缆进站引下示意图应包含光缆终端接头盒、余缆架安装位置、光缆接地位置、光缆引下方式及施工要求。

（4）管道光缆部分。

1）设计范围。管道光缆施工图设计包括施工图说明、管道光缆路径图、平断面图、设备材料表。

2）管道光缆敷设路径及位置。管道光缆敷设路径宜与线路专业同路径。管道光缆在电缆沟/隧道中敷设时，宜设计光缆敷设槽盒。管道光缆宜穿保护套管沿光缆槽盒敷设。

3）管道光缆敷设要求。管道光缆敷设应设计地面“管道光缆标识”，在管道中应设计“标识牌”区分不同方向的管道光缆。施工图设计应遵循 Q/GDW 10758—2018《电力系统通信光缆安装工艺规范》中 6.4 的相关要求：

a. 管道光缆在管道中敷设时，管孔位置应全线一致，不应任意变换。

b. 同一管孔中布放两根及以上子管时，各子管宜采用不同颜色加以区分。

4）光缆直埋敷设要求。光缆直埋敷设时，应设计“光缆地埋标识”。通信管道的直埋深度应符合 GB 50373—2019《通信管道与通道工程设计标准》中对埋深的要求，见表 8–8，当达不到要求时，应采用混凝土包封或钢管保护。

表 8–8　　路面至管顶的最小深度表　　单位：m

类别	人行道下	车行道下	与电车轨道交越（从轨道底部算起）	与铁道交越（从轨道底部算起）
水泥管、塑料管	0.7	0.8	1.0	1.5
钢管	0.5	0.6	0.8	1.2

5）平断面图。施工图应设计管道光缆、保护管的敷设位置。

3. OPGW 光缆引下接续设计要点

（1）变电站门型架 OPGW 光缆引下及接续施工工艺。

1）变电站门型架光缆引下金具要求。OPGW 光缆引下应采用匹配的固定卡具进行固定。固定卡具应采用镀锌扁钢抱箍固定，同时佩戴绝缘子，绝缘子长度约 200mm。

门型架立柱下方的余缆架和接续盒，采用匹配的抱箍和固定卡具进行固定。固定卡具应采用镀锌扁钢抱箍固定，同时带绝缘子。

OPGW 光缆侧采用并沟线夹连接，架构侧采用螺栓连接，不得焊接。

变电站门型架处电缆沟内应敷设槽盒，主控通信楼出口电缆沟内采用不小

于 200mm×100mm 槽盒，其他采用不小于 150mm×100mm 槽盒。

2）变电站门型架光缆引下工艺要求。变电站门型架 OPGW 光缆优先自靠近电缆沟一侧的门型架立柱引下，OPGW 光缆、余缆架、接续盒、镀锌钢管均安装在立柱的侧面。

变电站门型架 OPGW 光缆沿变电站门型架立柱引下时应顺直美观。采用匹配的固定卡具固定，每隔 1.5～2m 安装一个固定卡具，过横梁处上下应各增加一处，根据需要也可在横梁处增设一处塔用带绝缘垫片引下线夹固定，并做适当偏转以避开横梁。

变电站门型架 OPGW 光缆应在架构顶端、最下端（入余缆架前）和光缆末端（入接续盒前），分别通过光缆线路匹配的专用线（材料、截面与线路接地线同类型地线）与架构进行可靠的电气连接，OPGW 光缆侧采用并沟线夹连接，架构侧采用螺栓连接，不得焊接。

门型架立柱下方的余缆架和接续盒，应采用匹配的抱箍和固定卡具（带绝缘子方式）进行固定，接续盒应设在余缆架上方。应采用直径 1m 的余缆架，中心位置离地 1.8～2m，接续盒底座离地距离 2.5～3m。在同一个变电站内，不同门型架处的余缆架、接续盒应在相同高度。OPGW 光缆自余缆架上方右侧盘入，导引光缆自余缆架下方左侧盘入，共同自余缆架左侧盘出后进接续盒。余缆架上方第一个 OPGW 光缆固定卡具距余缆架上沿 0.8～1m，并在接续盒上方。

余缆架上的 OPGW 光缆和导引光缆余缆盘绕均应 3～5 圈，长度不小于 10m，余缆用直径 3～5mm 的铝线固定在余缆架上，捆绑点为 8 处，每处捆扎不少于 3 圈。

3）变电站门型架处导引光缆要求。依据变电站 500kV 出线光缆规划，按照一缆一管的原则，在 500kV 出线门型架柱下方预埋 ϕ60mm×4mm（外径×壁厚）镀锌钢管通至就近电缆沟内，钢管内套 PVC 管，以备穿接导引光缆。镀锌钢管高出地面 1m，与架构之间距离应不小于 50mm，采用焊接方式与架构固定。

变电站门型架处同一立柱需要预埋两根钢管，两根钢管应布置在立柱两侧。钢管上端管口位置应加装光缆引下防水保护套管，加装防水套管之前用防火泥封堵，进入电缆沟侧管口也用防火泥封堵。自钢管入地至电缆沟的管体宜采用整根钢管，如两根以上应采用满焊接方式，严禁采用点焊、套接等方式，避免管体渗水。钢管进入电缆沟，管头与电缆沟内壁齐平。

变电站门型架处电缆沟内导引光缆应采用不锈钢金属槽盒敷设。电缆沟内金属槽盒布置在最上层电缆支架上，与强电等其他电缆不应布置在同一层支架。槽盒应采用螺栓与电缆支架可靠固定，金属槽盒应为光缆专用。

预埋钢管地上部分每 2～3m 应埋设具有明显反光条的光缆标石，标石采用白色 PVC 方管材料，型号为 600 mm×120 mm×120mm（高×长×宽），并注明下有光缆、严禁开挖和光缆走向，标石埋深 250mm。220kV 及以下变电站光缆标石应根据现场情况，适当调整标石高度及埋深，标石材料及颜色应与已有标石保持一致。

4）变电站门型架处光缆标识标牌要求。变电站导引光缆应在竖井及走线槽处、电缆沟转弯处、电缆沟交汇处、穿越防火墙两端处、光缆进出机房（地板）处及光缆末端 ODF 处悬挂或捆扎标牌，线缆距离较长时，宜每隔 3m 设置一个标牌，竖井、走线槽中吊牌的悬挂高度、倾斜角度应一致，字体应朝外。

变电站门型架处余缆架中心位置应设置 OPGW 光缆标牌，标牌与余缆架采用螺栓固定，固定孔宜设在余缆架中心偏上 100mm 处，直径 12mm。

（2）变电站女儿墙 OPGW 光缆引下及接续施工工艺。

1）变电站女儿墙光缆引下金具要求。变电站女儿墙 OPGW 光缆应采用匹配的固定卡具（带绝缘子引下线夹）进行固定，宜每隔 1m 安装一个固定卡具。

变电站女儿墙每个混凝土立柱应至少预埋两个接地端子，每个接地端子应具备至少两个螺栓孔配合 M16 螺栓使用，接地端子宜采用 80mm×5mm 扁钢。

每个余缆架应采用四个绝缘子与余缆架固定件连接，余缆架固定件宜采用 80mm×5mm 镀锌扁钢制作，两点固定于预埋件。

余缆架、接续盒预埋件宜采用三块 80mm×5mm 扁钢，扁钢之间应利用钢筋焊接以连接固定。余缆架预埋件扁钢应预留螺栓孔，螺栓孔垂直间距 500mm。接续盒预埋件扁钢与余缆架预埋件扁钢水平间距 800mm。预埋件应随墙体施工时由土建预埋，预埋深度 150mm，露出墙面部分 100mm。

2）变电站女儿墙光缆引下工艺要求。OPGW 光缆沿钢筋混凝土立柱引下时应顺直美观，与立柱或墙面不能有直接触碰。

变电站女儿墙 OPGW 光缆应通过地线连接金具固定在屋顶钢筋混凝土立柱上。采用匹配的固定卡具将 OPGW 光缆固定在钢筋混凝土立柱上，经余缆架后引接到接续盒。

余缆架、接续盒应安装在屋顶女儿墙内侧，余缆架最低点离屋顶高度宜为 300mm 左右，接续盒最低点距离屋顶高度宜为 950mm 左右，同时余缆架、接续

盒安装高度不应超过墙体。

变电站女儿墙OPGW光缆应与构架可靠电气连接至少两点，在钢筋混凝土立柱下端的适当位置（余缆架前）和光缆末端（接续盒前），专用地线的并沟线夹应分别与OPGW光缆可靠连接，专用接地线在架构侧与女儿墙接地端子应采用螺栓连接，不得焊接。接地端子应提前预埋，与主接地网可靠连接。

变电站女儿墙内侧的余缆架通过绝缘子及余缆架固定件与女儿墙预埋件进行连接固定，每个余缆架采用四个绝缘子与余缆架固定件连接，余缆架固定件两点固定于预埋件。接续盒与预埋件间加装绝缘垫片，要求接续盒与预埋件间良好绝缘。

变电站女儿墙OPGW光缆应自余缆架上方左侧盘入，导引光缆自余缆架下方右侧盘入，共同自余缆架右侧盘出后进接续盒（左右均指面向余缆架）。余缆架上的OPGW光缆和导引光缆的余缆盘绕均应3～5圈，长度不小于10m。余缆宜采用直径3～5mm的铝线固定在余缆架上，捆绑点为8处，每处捆扎不少于3圈。光缆固定卡具、余缆架固定卡具及接续盒固定卡具安装固定完成后，需进行立柱和墙面修复。

3）变电站女儿墙处导引光缆要求。变电站女儿墙处应依据变电站220kV出线光缆规划，按照一缆一管的原则，在220kV出线的地线混凝土立柱下方沿女儿墙内侧预埋内径50mm镀锌钢管通至就近电缆沟内，钢管内套PVC管，以备穿接导引光缆，钢管弯曲半径不应小于15倍钢管直径。镀锌钢管应高出屋顶200mm，钢管距离墙壁及立柱均应不小于50mm，以便于加装防水护罩。220kV架构区应至少有两条不同路由沟道进入通信设备所在机房。

变电站女儿墙处同一立柱有双缆引入，应预埋两根钢管及两处预埋件，两根钢管应布置在立柱两侧，钢管、接续盒、余缆架及预埋件等应以立柱为参照对称布置。钢管上端管口位置应加装光缆引下防水护罩，加装防水护罩之前应用防火泥封堵，进入电缆沟侧管口也用防火泥封堵。自钢管入地至电缆沟的管体宜采用整根钢管，如两根以上应采用满焊接方式，严禁采用点焊、套接等方式，避免管体渗水。钢管进入电缆沟时，管头与电缆沟内壁齐平。

变电站女儿墙处电缆沟内导引光缆应穿内径40mm的PE套管或金属槽盒保护，并分段固定在支架上，无电缆沟时应穿镀锌钢管直埋（钢管两端用防火泥封堵）。电缆沟内导引光缆应布置在最上层电缆支架上，与强电等其他电缆不应布置在同一层支架。直埋钢管地上部分每2～3m应埋设具有明显反光条的光缆标石，标石采用白色PVC方管材料，型号为600mm×120mm×120mm

（高×长×宽），并注明下有光缆、严禁开挖和光缆走向，标石埋深 250mm。220kV 及以下变电站光缆标石应根据现场情况，适当调整标石高度及埋深，标石材料及颜色应与已有标石保持一致。

4）变电站女儿墙处光缆标识标牌要求。变电站女儿墙处导引光缆应在竖井及走线槽处、电缆沟转弯处、电缆沟交汇处、穿越防火墙两端处、光缆进出机房（地板）处及光缆末端 ODF 处悬挂或捆扎标牌，线缆距离较长时，宜每隔 3m 设置一个标牌，竖井、走线槽中吊牌的悬挂高度、倾斜角度应一致，字体应朝外。

变电站女儿墙处余缆架中心位置应设置 OPGW 光缆标牌，标牌与余缆架采用螺栓固定，固定孔宜设在余缆架中心偏上 100mm 处，直径 12mm。

（3）线路 OPGW 光缆引下及接续施工工艺。

1）线路光缆耐张塔引下要求。线路中间的接续盒应安装在铁塔上，接续盒应安装在铁塔第一级平台上方的小号侧塔材内侧。

线路 OPGW 光缆需接续时，应采用引下线夹来固定 OPGW 光缆。OPGW 光缆沿铁塔小号侧塔腿（A、D 腿）主材内侧引下，由引下线夹控制其走向，引接至接续盒。引下线夹应装在铁塔主材的角钢上，安装间距一般控制在 1.5～2m。

线路 OPGW 光缆架线后的富余长度，应盘在余缆架上（卷起的光缆圈直径不得小于 0.8m），并做临时固定。光纤熔接完毕后，余缆应用直径 3～5mm 的铝线固定在余缆架上，捆绑点为 8 处，每处捆扎应不少于 3 圈，并将余缆架固定在杆塔的小号侧塔材内侧。

线路 OPGW 光缆熔接后余长，不应小于光缆放置地面后加 5～10m，并应符合设计规定。

线路上架设两根 OPGW 光缆时，OPGW 光缆沿铁塔小号侧塔腿（A、D 腿）主材内侧引下，接续时两根 OPGW 光缆接续盒和余缆架应对称于相同高度。

线路 OPGW 光缆引下时，对于钢管杆法兰处等可能造成光缆磨损的位置，应增加一处引下线夹固定，以避免造成光缆长期运行后磨损。

2）光缆标识标牌要求。光缆接续盒内应随工放置接续信息卡，接续卡应包含接续人、接续时间、设计塔号和接续盒号信息等。

线路 OPGW 光缆余缆架中心位置应设置 OPGW 光缆标牌，标牌与余缆架宜采用螺栓固定，固定孔宜设在余缆架中心偏上 100mm 处，直径 12mm。标牌应包含光缆线路起止点、光缆类型等信息。

4. 通信电源设计要点

（1）高频开关电源系统。每套通信高频开关电源系统应至少包括一套高频开关电源整流装置、一套蓄电池组及相应直流配电输出装置。高频开关电源、直流配电宜配置一面屏，直流输出断路器数量根据需求进行配置。

高频开关电源屏由交流输入、整流模块、监控单元、直流输出等部分组成。

高频开关电源系统的交流输入应由能自动切换的、可靠的、来自不同站用变压器母线段的双回路交流电源供电。

配置两套高频开关电源系统时，高频开关电源系统宜采用图 8-1 的接线方式，每套高频开关电源分别接于独立的母线段。

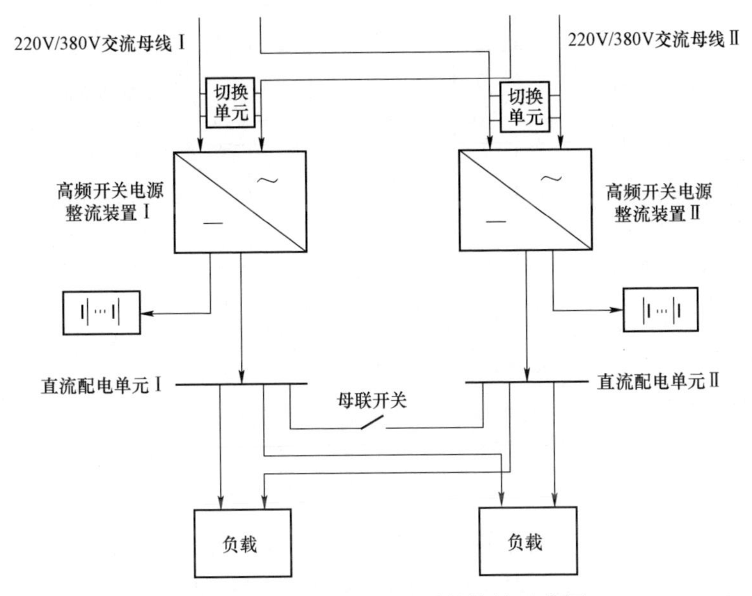

图 8-1　高频开关电源系统接线示意图

当配置 1 套高频开关电源 1 套蓄电池时，宜采用单母线接线。当配置 2 套高频开关电源 2 套蓄电池时，应采用两段单母线接线分别运行，可设置母联开关，正常分列运行，当需退出某一套蓄电池时，投入母联开关，保证直流负荷不间断供电。母联开关应采用手动切换方式。通信电源系统正常运行时，禁止闭合母联开关。

具有双电源输入功能的通信设备，由通信设备柜内的直流分配开关供电时，需配置两组独立的直流分配开关，分别与两套高频开关电源系统独立连接，禁止形成并联。

由-48V 高频开关电源系统供载的单电源供电线路保护接口装置和其对应的单电源供电通信设备（如外置光放、PCM、载波设备等）应由同一套-48V 高频开关电源系统供电。

（2）一体化电源系统。采用全站一体化电源供电时，一体化电源应配置 DC－DC 转换装置给通信设备进行供电。

配置两套 DC－DC 转换装置时，宜采用图 8－2 的接线方式。两套 DC－DC 转换装置电源应分别引自站内不同电源。

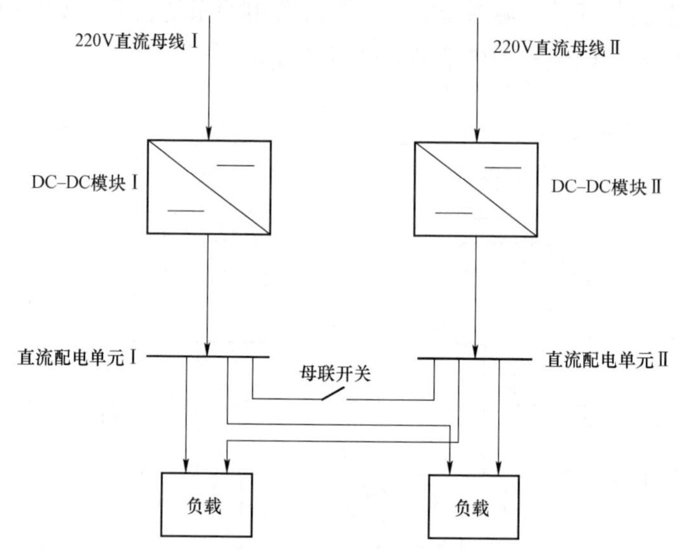

图 8－2　一体化电源 DC－DC 转换装置接线示意图

每座站点应配置两套独立的 DC－DC 转换装置。

DC－DC 模块在选择时应满足馈线短路时直流断路器的可靠动作，并具有选择性。

（3）蓄电池设计。每套高频开关电源系统宜设置一套蓄电池，交流不间断（UPS）电源系统的蓄电池组每台宜设一套。当容量不足时可并联，蓄电池组最多的并联组数，不应超过 4 组。

每套蓄电池的容量按全站全部通信负荷统计。

当市电交流电源中断时，由高频开关电源蓄电池组单独供电后备时间不小于 4h，地处偏远的无人值守站点应大于抢修人员携带必要工器具抵达站点的时间且不小于 8h。

当市电交流电源中断时，交流不间断（UPS）电源系统由蓄电池组单独供电

后备时间不少于 2h。

（4）设备配置及选型。

1）蓄电池。直流供电系统应采用在线充电方式以全浮充制运行。电池浮充电压、电池再充电或均衡充电电压、初充电电压，均应根据蓄电池种类和通信设备端子电压要求计算确定。电力通信站点应选用阀控式密封铅酸蓄电池，其电压要求应符合表 8－9 的规定。

表 8－9　　　　蓄电池电压要求

阀控式密封铅酸蓄电池	标称电压（V）		
	2	6	12
浮充状态的电压偏差值	±0.05	±0.15	±0.3
开路电压最大、最小电压差值	0.03	0.04	0.06

蓄电池组的容量计算式：

$$Q \geqslant \frac{KIT}{\eta[1+\alpha(t-25)]}$$

式中　Q——蓄电池组总容量，Ah。

K——安全系数，取 1.25。

I——负荷电流，A。

T——放电小时数，h。

η——放电容量系数。

t——实际电池所在地最低环境温度值。所在地有采暖设备时，按 15℃考虑，无采暖设备时，按 5℃考虑。

α——电池温度系数，当放电小时率不小于 10 时，取 $\alpha=0.006$；当放电小时率大于等于 1 且小于 10 时，取 $\alpha=0.008$。

当放电小时率小于 1 时，取 $\alpha=0.01$。

铅酸蓄电池放电容量系数（η）见表 8－10。

表 8－10　　　　铅酸蓄电池放电容量系数（η）表

电池放电小时数（h）	0.5			1			2	3	4	6	8	10	≥20
放电终止电压（V）	1.65	1.70	1.75	1.70	1.75	1.80	1.80	1.80	1.80	1.80	1.80	1.80	≥1.85
阀控电池	0.48	0.45	0.40	0.58	0.55	0.45	0.61	0.75	0.79	0.88	0.94	1.00	1.00

根据蓄电池组的容量的计算结果，应选取与计算容量最大值接近的蓄电池标称容量作为蓄电池的选择容量。通用蓄电池标称容量有 100、150、200、300、500、800、1000Ah。其中蓄电池的标称容量指蓄电池以 110h 放电率放电到终止电压所能达到的容量，用 C10 表示。

蓄电池可具备远程充放电功能，其设计及技术要求应符合《电力通信蓄电池远程充放电技术标准》（Q/GDW06 10005—2018）的规定。

2）高频开关电源系统。在满足通信站点近期设备可靠工作的同时，应为站点通信设备远期扩容提供一定的系统容量预留，即系统冗余系数 γ，宜选取 20%。

高频开关电源在保证站点通信设备正常满负载工作的状态下还应额外为蓄电池提供充电的均充电流。

承载一、二级骨干通信网业务或 220kV 及以上继电保护、安控业务的通信站，容量应在模块数量为 N 的情况下大于本套蓄电池组容量的 20%与通信站总负载容量之和。

高频开关电源模块应按 $N+1$ 冗余方式配置，其中 N 只主用。当 $N \leqslant 10$ 时，1 只备用；当 $N>10$ 时，每 10 只备用 1 只。

3）一体化电源系统。DC－DC 模块配置和数量应满足 $N+1$ 冗余配置。

（5）导线选择及布放。电缆的选择和敷设应符合《电力工程电缆设计规范》（GB 50217—2018）的有关规定。电缆应选用耐火电缆或阻燃电缆，直流电缆应选用屏蔽电缆。

蓄电池组的正负极电缆引出线宜采用单芯电力电缆，且不应共用一根电缆，应穿管采用独立通道，沿最短路径敷设。

按满足电压要求选取直流放电回路的导线时，−48V 直流放电回路全程压降不应大于 3.2V。

（6）机房与设备布置。通信电源各种机房工艺要求，应符合《通信建筑工程设计规范》（YD/T 5003—2014）的有关规定。

包含 300Ah 以下蓄电池组的直流电源成套设备可布置在通信机房或二次设备室内，室内应保持良好通风。

蓄电池组的布置应符合下列要求：

1）蓄电池组安装方式采用组屏或支架安装方式，300Ah 及以上蓄电池组应采用支架安装方式。

2）蓄电池容量在 300Ah 及以上时，应设专用的蓄电池室，专用蓄电池室宜

布置在 0m 层。

3）专用蓄电池室的照明应使用防爆灯室内照明线应采用耐酸绝缘导线，穿管暗敷，室内不应装设开关和插座。

4）专用蓄电池室的窗户应采取遮光措施，以免阳光直射蓄电池。

5）蓄电池的门应向外开启，采用非燃烧体或难燃烧体的实体门。

6）蓄电池安装应平稳，间距均匀并防止滑动，安装的蓄电池组应排列整齐、标识清晰、正确。

7）在基本地震烈度为 7 度及以上地区，蓄电池组应有抗震加固措施。

8）蓄电池组的隔架距地最低不宜小于 150mm，距地最高不宜超过 1700mm。

配电屏及各种换流设备的布置应符合下列要求：

1）配电屏及各种换流设备可与通信设备同列安装；

2）配电屏及各种换流设备的正面与墙之间的主要走道净宽不应小于 1.5m；

3）配电屏及各种换流设备的背面与墙之间的主要走道净宽不应小于 0.8m；

4）配电屏及各种换流设备的侧面与墙之间的次要走道净宽不应小于 0.8m，主要走道净宽不应小于 1m。

通信电源相关设备机柜宜采用加强型结构，防护等级不宜低于 IP30，根据布放位置外形尺寸的宽×深×高宜为 800mm×600mm×2260mm 或 600mm×600mm×2260mm，柜净高 2200mm，门楣高 60mm；正面操作设备的布置高度不应超过 1800mm，距地高度不应低于 400mm。

（7）保护与监控。

1）保护要求。蓄电池出口回路、充电装置直流侧出口回路、直流馈线回路和蓄电池试验放电回路等应装设保护电器，蓄电池出口回路宜采用熔断器。

高频开关电源直流侧出口回路、支流馈线回路、蓄电池试验放电回路宜选用直流断路器。在满足级差配合的条件下，直流断路器的额定工作电流应按最大负荷电流的 1.5～2 倍选用。

各级直流馈线断路器宜选用具有瞬时保护和反时限过电流保护的直流断路器，并满足上下级保护配合要求。直流配电柜馈线断路器宜选用二段式微型断路器，终端短路应选用 B 型脱扣器。

直流断路器的下级不应使用熔断器，必须采用直流断路器，严禁采用交流断路器。

2）监控要求。变电站通信电源设备监控单元应具备 RS232 或 RS485/422、以太网、USB 等标准通信接口，将本地监控信息传输到通信动力环境监测系统和本变电站辅助监控系统，实现对机房（蓄电池室）环境、高频开关电源、蓄电池等实时监测、智能告警、自诊断及远程维护等功能。

通信电源系统状态及告警信息应接到有人值班的地方或接入通信综合监测系统。

通信电源监控作为通信动力环境监控系统的一部分，监控对象为机房（蓄电池室）环境、高频开关电源系统、通信用 UPS 电源、蓄电池等。

动力环境监控系统及接口的系统结构、监控对象、通信接口、监控中心功能和监控单元功能等要求应符合《电力通信机房动力环境监控系统及接口技术规范》（T/CEC 192—2018）的规定。高频开关电源监控应包括以下内容。

a. 遥测：交流输入电压、电流（可选），直流母线电压，负载总电流，模块电流，蓄电池组电压、电流，蓄电池单体电压（可选）等。

b. 遥信：交流输入过电压/欠电压/失电压，缺相，高频开关整流模块故障，过热，负载/电池分断状态等。

c. 遥控（可选）：蓄电池充放电参数调整，充电装置的均、浮充转换控制等。

UPS 电源监控应包括以下内容。

a. 遥测：交流输入电压、频率、相位，输出电压、电流、相位，旁路电压、频率，功率、功率因数、直流母线电压、蓄电池电压、电流等。

b. 遥信：交流输入过电压/欠电压/失电压，缺相，UPS 电源系统各断路器，设备故障、过热，负载/电池分断状态等。

蓄电池室环境监控应至少包括以下内容。

a. 遥测：温度，湿度。

b. 遥信：烟感，水浸（可选），门禁，空调运行情况。

c. 遥视：根据需要设置遥视点。

（8）防雷与接地。

1）防雷要求。通信电源柜体应设有保护接地，接地处应有防锈措施和明显标志。

电力通信电源系统防雷性能要求按照 Q/GDW 11442—2015《通信专用电源技术要求、工程验收及运行维护规程》执行。

2）接地要求。通信电源系统接地线宜采用多股软铜导线。工作地的截面规格应根据通过的最大负荷电流确定，保护地一般采用不小于 25mm^2 的导线，并就近接入环形接地母线。柜内子框均应采用 6mm^2 软铜线可靠接在机柜内接地母

排/柱上，接地线具有明显标识。

接地线两端的连接点应确保电气接触良好，并应做防腐处理。

严禁在接地线中、交流中性线中加装断路器或熔断器。

三、专业配合

专业间工作配合内容及要求见本书第一章第六节《工程设计专业间联系配合及会签管理》。专业护提资料单详见初步设计阶段，若施工图阶段与初步设计阶段发生变化需重新向相关专业提资。提供外专业资料见表 8－11。

表 8－11　　提供外专业资料表

序号	资料名称	资料主要内容	接收专业
1	光缆引下接续	包含光缆引下预埋管、预埋接地端子、预埋光缆接续盒与余缆架的安装预埋件等内容	变电土建

四、设计成果输出

成果汇总见表 8－12。

表 8－12　　成果汇总表

序号	文件名称	图纸级别
1	站内通信部分施工图设计说明书	—
2	站内通信部分线缆清册	—
3	站内通信部分总的部分卷册施工图	三级
4	站内通信部分综合布线卷册施工图	三级
5	站内通信部分通信电源卷册施工图	三级
6	站内通信部分数据网及交换网卷册施工图	三级
7	系统通信部分施工图设计说明书	—
8	系统通信部分线缆清册	—
9	系统通信部分总的部分卷册施工图	三级
10	系统通信部分系统通信卷册施工图	三级
11	系统通信部分进站光缆卷册施工图	三级
12	系统通信部分对侧站卷册施工图	三级

第九章

技 经 专 业

输变电工程技经专业工作内容主要是根据审定的编制原则实施估、概、预算的编制工作。技经工作贯穿可行性研究、初步设计、施工图等阶段，根据不同阶段的设计深度要求输出不同阶段的设计文件，包括说明书、经济性评价、估/概/预算书、最高投标限价、工程量清单等相关技经资料。

第一节 可行性研究阶段

一、深度规定

可行性研究阶段技经专业提交资料需按照国家电网有限公司输变电工程可行性研究及初步设计内容深度规定和省公司发展部、建设部评审相关要求规定执行。合理控制工程造价，做到经济效益和社会效益的协调统一。

（1）投资估算执行《电力工业基本建设预算管理制度及规定》等文件的规定。

（2）根据推荐方案和工程设想的主要技术原则编制输变电工程投资估算，其内容深度应满足技经专业审查的要求。估算应包括造价水平分析，宜满足通用造价控制指标的要求。土地征用和拆迁赔偿等费用应有费用计列依据；基本预备费、线路工程长度裕度、设备材料价格、生活福利工程应满足政府核准要求；计列项目核准必须完成的支持性文件的相关费用。

（3）编制说明应包括估算编制的主要原则和依据，采用的定额、指标及主要设备、材料价格来源等。

（4）估算应包括但不限于以下内容：工程规模的简述、估算编制说明、估算造价分析、总估算表）、专业汇总估算表、单位工程估算表、其他费用计算表、

本体和场地清理分开计列、编制年价差计算表、调试费计算表、建设期贷款利息计算表及勘测设计费计算表等。

（5）如工程需进口设备或材料，应说明输变电工程所用外汇额度、汇率、用途及其使用范围。

（6）应提供推荐方案和对比方案的技术经济论证，应将输变电工程投资估算与通用造价控制指标进行对比，分析影响造价的主要因素，并有相应的对比分析表。

（7）经济评价工作执行国家和行业主管部门发布的有关文件和规定，并应满足以下要求：

1）应说明输变电工程资金来源、资本金比例、币种、利率、宽限期、其他相关费用、还款方式及还款年限。

2）财务评价采用的有关的原始数据应有依据。

3）收益和债务偿还分析应按计算期、还贷期两个阶段分别说明。

4）主要经济评价指标及简要说明应有下列内容：① 财务内部收益率（全部投资、资本金）及投资回收期；② 投资利润率、投资利税率及资本金净利润率；③ 偿还贷款的收入来源。

5）当有多种投融资条件时，应对投融资成本进行经济比较，选择条件优惠的贷款。

6）敏感性分析及说明。

7）综合经济评价结论。

二、工作开展

（一）收集资料

接受任务后，充分查阅可行性研究成果资料，熟悉工程设计范围和技术方案。按照国家电网有限公司可行性研究设计一体化管理深度要求，可行性研究阶段收集资料内容与初步设计一致。重点关注工程建设地点、建设规模、设计方案等；收集最新国网设备材料信息价格及当地地材价格；了解工程的特殊性，如是否有依托项目等；收集工程所在地建设场地征用及清理费相关政策或前期工程结算资料等内容。

（二）设计要点

设计要点如下：

（1）根据预规、定额说明等完成设计文件编制，各级校审、修改等。

（2）参加可行性研究评审会议。

（3）配合可行性研究评审收口，并按照要求上传成品资料。

（4）设计成品验证。

做好个人设计的自校工作，确保个人出手质量，填写“成品校审记录单”，按公司三标管理体系文件要求逐级校审签字，严控设计文件质量。

三、专业配合

技经专业在输变电工程可行性研究设计中需要与变电一次、变电二次、土建、通信、线路电气及线路结构等专业相互配合。

可行性研究阶段技经收集资料需要提资专业交代清楚特殊费用（如地基处理、防腐添加剂、大件运输措施费等），对于信息价无法查询到的或者涉及单一来源的设备需提资专业配合询价，对于土建及线路专业涉及的无政策文件支撑的大额赔偿，需会同（或要求）当地属地公司给出参考价并提供支撑材料。

技经专业接受外专业提资内容及向外专业提资内容见表9－1和表9－2。

表9－1　　接受外专业资料表

序号	资料名称	资料主要内容	提资专业	备注
1	概况数据	（1）近、远期建设规模。 （2）施工工期	变电	
2	电气一次线设备材料清单、电气主接线图、电气总平面布置图	主变压器、无功补偿装置、屋外（内）配电装置、主母线、站用配电装置、站用备用电源、站区照明、接地、电力电缆及桥架、检修等设备材料工程量（台、套、m、t）	变电	
3	电气二次线设备材料清单	控制、保护、交流不停电电源、直流、微机监控、火灾报警系统、试验设备、控制电缆及桥架工程量（台、套、m、t）	变电	
4	系统继电保护设备材料清单	系统继电保护、安全自动装置设备及材料工程量（台、套、m）	系统继保	
5	系统调度自动化设备材料清单	远动装置、电能计费系统设备及材料工程量（台、套、m）有关调度端接口、调试费用	远动	
6	通信系统设备材料清单	各通信方式设备、电缆及站外通信线路工程量（台、套、m、km）	通信	
7	给排水系统设备材料清单	消防、给排水、污水处理、站内外取水设备、管道工程量（台、套、m、t）	水工	
8	主要生产建筑物	主控及通信综合楼、站用配电室、就地保护小室、屋内（外）配电装置、雨淋阀间等生产建筑物结构形式，建筑几何尺寸，装修标准，基础型式及埋深，工程量（m^3、m^2、m、座）	土建	
9	屋外配电装置结构	变电构架及设备支架结构形式，几何尺寸，基础型式及埋深，配电装置构筑物工程量（m^3、m^2、m、座）	土建	

续表

序号	资料名称	资料主要内容	提资专业	备注
10	给水系统建筑	综合泵房建筑物结构形式，建筑几何尺寸，装修标准，基础型式及埋深，深井及供水管路、冷却塔、储水池、事故油坑及站区管沟、井类等构筑物工程量（m^3、m、台、座）	水工	
11	辅助生产建筑	站区辅助生产建筑物结构形式、建筑面积、装修标准、基础型式及埋深、工程量（m^2、m、座）	土建	
12	生活工程	生活工程建筑面积及征地面积	土建	
13	站区性建筑设施、站区总平面布置图	站区土石方、道路、围墙、站内沟道、护坡及防洪设施工程量（m^3、m^2、m、座），站区绿化面积、征地面积及拆迁赔偿工程量（m^2、m、棵、座）	土建	
14	场外施工临时设施	场外施工临时水源、电源、通信、道路、二次搬运及排水等施工措施方案，施工临时租地面积及拆迁赔偿工程量（台、m、m^2、棵、座）、主变压器运输方式、运输距离、租赁费用	各相关专业	
15	站外工程	进站公路、涵洞工程量（m、个），或外委设计造价	土建、设总	
16	线路电气资料	导地线型号及重量、绝缘子型号、数量，其他金具及钢材量、线路长度、导线分裂根数、金具组装图号或图纸、占地等	线路电气	
17	线路结构资料	杆型图、基础图、钢材耗用量、混凝土耗用量、施工基础土石方量	线路结构	
18	通信材料	站内通信、系统通信材料表	通信	
19	研究试验费	按设计规定在施工中必须进行的试验费，以及支付科技成果、先进技术的一次性技术转让费	各专业	

表 9-2　　提供外专业资料表

序号	资料名称	资料主要内容	类别	接受专业	备注
1	技经资料	材料价格，各专业估算成果，工程造价	一般	各相关专业	

四、输出成果

本阶段技经专业的成果包括估算书和可行性研究报告技经章节。

五、可行性研究复核

需要复核的电网项目主要包括：

（1）初步设计概算超过可行性研究估算 20%及以上。

（2）初步设计概算超过可行性研究估算不足 20%，或者初步设计概算低于可行性研究估算，但是主要技术方案和建设规模等发生以下变化：

1）接入系统方案发生变化，如变电站高中压侧本期出线回路数或接入点发生变化；

2）变电站主要技术方案发生较大变化，如站址位置、主变压器容量或台数调整，常规变电站改为（半）地下变电站、户外变电站改为户内变电站、高压并联电抗器配置方案或电气主接线方案发生较大变化等；

3）线路部分主要技术方案发生较大变化，如线路路径途经区域或长度较大调整，架空改电缆等线路形式、单双回路等杆塔架设方式，以及导线等效截面等发生较大变化等；

4）需要对可行性研究批复文件所规定的内容进行调整的其他重大情形。

第二节　初步设计阶段

一、深度规定

初步设计提交资料按照国家电网有限公司输变电工程可行性研究及初步设计内容深度规定和省公司发展部、建设部评审相关要求规定执行。

基建技经管理工作遵循“依法合规、标准统一、科学合理、精准有效”原则：

（1）依法合规是指遵守国家法律法规、行业规范和公司规章制度。

（2）标准统一是指统一工程计价标准、统一技经管理业务流程。

（3）科学合理是指贯彻公司资产全寿命周期管理理念，保障工程安全可靠，加强工程方案技术经济比较，提高工作效率和效益。

（4）精准有效是指加强工程全过程造价控制，强化工程造价关键环节集约化和专业化管理，实现工程造价可控、能控，控制得精准、有效。

初步设计概算是初步设计文件的重要组成部分，是编制工程投资计划、招标、施工图预算、工程结算的重要依据。在初步设计阶段，应根据初步设计文件、定额和费用计算有关规定编制概算。

概算应由具有相应资质的设计、咨询单位编制，以初步设计文件为基础，内容深度及格式应符合国家、行业和公司相关规定，并满足业主和相关管理部门要求，在做好现场调查、市场调研的基础上，合理确定工程造价。

初步设计概算文件应包括概算编制说明、概算表及附表（如调试费等）、附件。

（1）概述。概算编制说明的概述部分包括：

1）工程概况。应说明工程建设地点、设计依据、远期建设规模、本期建设规模、站址特点及交通运输等情况；说明工程建设的起点和终点、路径和地理位置、额定电压、导地线截面、回路数等情况。

2）工程资金来源。应说明融资方式、资本金比例、融资利率。

3）建设场地情况。应说明建设场地占地面积、地形地貌、地质、地震烈度、地基承载力、土石方工程量、地基处理、地下水、地面建筑物（构）筑物、植被、拆迁等；说明线路路径长度、曲折系数、直线塔数量、转角耐张塔数量、采用基础类型、特殊的地基处理、土石方工程量（尖峰、基面、风偏、基坑、接地）。

4）施工条件。应说明施工水源、电源、通信及道路情况。对于改扩建工程还应说明改建部位和工程量及相关过渡措施；说明沿线地形分布、土质、地震烈度、地基承载力、污秽条件、设计风速、覆冰、通信干扰，说明沿线交通运输情况、运输地形、运输方式、运输距离及超距离运输。

5）应说明项目业主、项目建设工期、可行性研究核准或批复的总投资，本期设计概算编制价格水平年份，工程本体静态、场地征用及清理、工程静态、工程动态投资额和单位造价、主要材料每公里用量。

6）主要技术方案。包括电气主接线、主要电气设备选型、配电装置形式等。

（2）编制原则和依据。

1）可行性研究批复文件。

2）工程量。依据初步设计图纸及说明书、初步设计提资单、搜集资料单（如征地费等提资单中没有的内容）及相关依据。采用估算指标的应有设计方案。

3）概算定额、预算定额。其包括所采用的定额名称、版本、年份。采用补充定额、定额换算及调整时应有说明。

4）项目划分及费用标准。所依据的项目划分及费用标准名称、版本、年份。建筑安装工程费中各项取费的计算依据。上述标准中没有明确规定的费用的编制依据。

5）人工工资。建筑、安装人工工资编制依据，人工工资调整文件。

6）材料价格。安装工程装置性材料价格的计价依据、价格水平年份。定额内消耗性材料价格调整系数的计价依据、价格水平年份。建筑工程材料价格的计价依据，信息价格采用的时间和地区。

7）机械费用。安装工程定额内机械费用调整系数的计费依据、费用水平年份和地区。建筑工程机械费用调整的计费依据、费用水平年份和地区。

8）设备价格及运输。设备价格的内容组成、计价依据及价格年份。设备运杂费费率的确定依据。超限设备运输措施费的计算方法和依据。

9）编制年价差。编制年价格的取定原则和依据，编制年价差的计算方法。

10）价差预备费。价格上涨指数及计算依据。概算编制水平年至开工年时间间隔。

11）建设场地征用及清理费用。应说明建设场地征用、租用及场地拆迁赔偿等各项费用所执行的相关政策文件、规定和计算依据。

12）对投资影响较大的土石方工程、地基处理工程、外部电源、水源、道路桥梁工程应根据已审定的施工组织设计方案计算工程费用。

13）智能设备和调试。应说明智能一次设备和二次设备的主要设备价格，说明调试费用的取费和计算依据。

14）特殊项目。应有技术方案和相关文件的支持，按本规定要求的深度编制概算或预算。

二、工作开展

（一）收集资料

接受任务后，充分查阅可行性研究资料，熟悉工程设计范围和技术方案。联系可行性研究单位主要设计人，了解工程存在问题、难点、关键点；在设总的统一带领下，与业主对接，了解业主对工程进度计划要求，制订本专业工程计划；梳理专业资料，理清后续工作量和重点关注问题清单。重点关注工程建设地点、建设规模、设计方案等；收集最新国网设备材料信息价格及当地地材价格；了解工程的特殊性，如是否有依托项目等；收集工程所在地建设场地征用及清理费相关政策或前期工程结算资料等内容。

（二）35～500kV 输变电工程初步设计概算编制原则

1. 变电建筑工程本部分引用 2018 年版《电力建设工程概算定额　第一册　建筑工程》的相关内容

（1）通用说明。

建筑工程费除包括建筑工程的本体费用之外，以下项目也列入建筑工程费中：

1）建筑物的上下水、采暖、通风、空调、照明设施（含照明配电箱）。

2）建筑物用电梯的设备及其安装。

3）建筑物的金属网门、栏栅及防雷设施，独立的避雷针、塔，建筑物的防雷接地。

4）屋外配电装置的金属结构、金属构架或支架。

5）换流站直流滤波器的电容器门形构架。

6）各种直埋设施的土方、垫层、支墩，各种沟道的土方、垫层、支墩、结构、盖板，各种涵洞，各种顶管措施。

7）消防设施，包括气体消防、水喷雾系统设备、喷头及其探测报警装置。

8）站区采暖加热站设备及管道、采暖锅炉房设备及管道。

9）生活污水处理系统的设备、管道及其安装。

10）混凝土砌筑的箱、罐、池等。

11）设备基础、地脚螺栓。

12）建筑专业出土的站区工业管道。

13）建筑专业出图的电线、电缆埋管工程。

14）凡建筑工程建设预算定额中已明确规定列入建筑工程的项目，按定额中的规定执行，如二次灌浆均列入建筑工程等。

（2）土石方工程。

1）土石方挖、填、运的体积按照挖掘前自然密实体积计算，松散系数与压实系数影响的土石方量已经在定额中考虑，不另行计算。

2）场地平整是指超出±300mm 以上土方的平整，包括平衡土方的挖、运、填、碾压与夯实，其中机械施工土方运距 1000m 以内，人工施工土方运距 100m 以内。

（3）基础与地基处理工程。

1）灌注桩安装灌注桩体积计算工程量。桩体积＝灌注桩设计桩截面面积×桩长，桩长为灌注桩的设计长度，计算桩尖长度；灌注桩截面面积不计算护壁面积。充盈量及超高灌注量综合在定额中，不单独计算。

2）钢筋混凝土基础定额中，不包括钢筋费用；砌体基础、毛石混凝土基础、素混凝土基础定额中，包括钢筋费用。

3）冲孔灰土挤密桩、孔内深层强夯灰土挤密桩、水泥粉喷桩、水泥浆旋喷桩、水泥粉煤灰碎石桩按照设计成桩直径以体积计算工程量，不计算扩孔、挤密、充盈增加工程量。

4）设备基础定额中包括同一组基础间连接沟道的浇筑以及混凝土沟盖板铺设工作内容，不包括钢盖板、钢爬梯、钢栏杆的制作与安装工作内容。

（4）地面、楼面与屋面工程。

1）复杂地面工程包括地面土层回填与夯实、铺设垫层、抹找平层、做面层与踢脚线（包括柱与设备基础周围），以及浇制室内设备基础（非单独计算的设备基础）、支墩、地坑、集水坑、沟道与隧道，砌筑室内沟道、预埋铁件、浇制室外散水与台阶及坡道、浇制或砌筑室外明沟、安拆脚手架等工作内容，不包括钢盖板、栏杆、爬梯、平台、轨道灯金属结构工程，发生时按照定额另行计算。复杂地面的认定是根据地面下是否有设备基础或生产性沟道，有则是复杂地面，否则是普通地面。生产性沟道是指室内非采暖、非建筑照明、非生活通风与制冷、非生活给水与排水、非消防管沟。变电建筑主建筑物（运行综合楼、主控制楼）应执行复杂地面。室内行驶车辆的地面执行复杂地面（如汽车库、消防车库、备品备件库、材料库、室内开关场、室内直流场等地面）。

2）普通地面工程包括地面土层回填与夯实、铺设垫层、抹找平层、做面层与踢脚线（包括柱周围），以及浇制或砌筑过门地沟、浇制室外散水与台阶及坡道、浇制或砌筑室外明沟、安拆脚手架等工作内容，不包括钢盖板、栏杆、爬梯、平台等金属结构工程，发生时按照定额另行计算。普通地面的认定是地面下没有设备基础或生产性沟道，但是有过门地沟的地面也为普通地面。过门地沟是指从房屋建筑外墙门或其他位置引进房屋内的长度小于2m的端头沟道，过门地沟包括生产性地沟和非生产性地沟。

3）压型钢板底模定额与钢梁浇制板定额配套执行。套用“GT4－12　楼板与平台板　压型钢板底模”与“GT4－9　其他建筑　钢梁浇制混凝土板”“GT4－17　钢梁浇制混凝土屋面板”。

（5）墙体工程、门窗工程。

1）钢板（丝）隔断墙定额是按照双层布置考虑的，当用于有关电气建筑物的墙体、地面、天棚等屏蔽及保温墙外挂网工程时，定额相应乘以系数0.5。

2）防火门定额综合考虑了不同的防火等级与材质，执行定额时不做调整。电缆沟道、隧道需要安装防火门时，参照GT6－17定额执行。电子感应门、金属卷帘门工程包括感应装置、电动装置安装等工作内容。电动装置、感应装置不同时，其单价可以随同门一并调整，但安装费不变。

3）水泥纤维复合板外墙价格问题：建议套用“GT5－3　外墙　铝镁锰复合板”定额后将铝镁锰复合板替换为水泥纤维复合板，根据国网信息价调差。

（6）钢筋混凝土结构工程。

1）底板按照底板混凝土体积计算工程量，底板上支墩、设备基础计算体积，并入底板工程量内；混凝土垫层体积不计算工程量。底板上填素混凝土的体积单独计算。

2）钢筋按照设计用量与施工措施用量之和计算工程量。不计算施工损耗量，钢筋连接用量按照设计规定或规范要求计算。当设计用量不含钢筋连接用量或无规范要求时，钢筋连接用量按照设计用量4%计算。钢筋采用螺纹连接时，接头数量根据实际用量计算，初步设计阶段螺纹接头参考数量：钢筋混凝土结构建筑物或构筑物工程钢筋用量每吨计算7个螺纹接头；其他结构建筑物或构筑物不考虑钢筋螺纹接头。定额给出的钢筋参考用量是指完成单位工程量所需钢筋的全部用量，包括结构钢筋、构造钢筋、施工措施钢筋、钢筋连接用量。钢筋连接方式综合了对焊、电弧焊（帮条焊、搭接焊、坡口焊）、点焊、电渣压力焊、冷挤压、绑扎。钢筋制作中考虑了弧形钢筋加工制作。

3）混凝土工程中包括铁件费用，工程实际用量与定额不同时，不做调整。铁件定额包括制作、安装、刷油漆等工作内容，供独立计算铁件费用时应用。铁件不含镀锌费，如采用镀锌按相应定额另外增加镀锌费。

（7）钢结构工程。

1）钢结构现场除锈综合考虑了手工除锈、机械除锈、酸洗除锈、喷砂除锈等工艺方法，执行定额时不做调整。购置成品的钢结构应满足除锈级别，除锈的费用综合在成品钢结构的单价中。钢结构镀锌定额包括单程30km的双程运输，当运输距离单程超过30km时，按照公路货运标准计算运输费用。

2）沉降观测装置是指为了对重要的结构构件实施定期沉降观测所设置的装置（除另有说明外），根据工程实际需要沉降观测标和沉降观测标保护盒两个定额子目可以同时套用，也可以单独套用，执行预算定额2018年版《电力建设工程概算定额　第一册　建筑工程》第6章子目。

（8）构筑物工程。

容积大于500m^{3}的水池执行2018年版《电力建设工程概算定额　第一册　建筑工程》中定额。

定额不包括土方的工程项目，其费用执行2018年版《电力建设工程概算定额　第一册　建筑工程》中第1章相应定额另行计算；本章定额不包括钢筋的工程项目，其费用执行2018版《电力建设工程概算定额　第一册　建筑工程》中第7章钢筋定额另行计算。

水池工程按照混凝土体积以立方米计算工程量。水池混凝土体积包括水池底板、水池壁板、水池隔墙、水池支柱、集水坑、人孔、支墩、设备基础体积，不计算垫层、找坡、接口回填混凝土体积。

1）大于500m^{3}室外水池的土方开挖按照主要构筑物土方计算规则计算土方开挖工程量。

2）水池顶部保温按照体积计算工程量，根据材质执行《电力建设工程预算定额》相应的子目。

（9）站区性建筑工程。

定额中均包括土方施工。当工程发生石方施工时，相应的定额人工费增加25%。

1）道路定额是按照设置路缘石考虑的，当道路无路缘石时，每立方米道路单价中核减 22 元；当道路路缘石采用花岗岩条石时，每立方米道路单价中增加 40 元。

2）围墙工程包括基础土方施工、砌筑基础、浇制或预制钢筋混凝土基础梁、砌筑围墙与围墙柱、围墙抹灰（含压顶抹灰）、刷涂料、安装泄水孔、填伸缩缝、钢围栅与围栅柱制作及安装、金属构件运输及刷油、安拆脚手架等工作内容。包括围墙根部40cm宽度以内的散水。砖围墙装饰是按照抹砂浆后刷涂料考虑的，当采用其他装饰面层时，可参照墙体装饰定额调整。围墙中不包括门柱，门柱的工程量包含在大门中。

3）防火墙工程包括防火墙土方施工、浇制垫层、浇制或砌筑基础、浇制防火墙、砌筑防火墙、浇制防火墙框架、预制与安装防火墙板、抹灰、刷涂料、安拆脚手架等工作内容。

4）定额中沟盖板是按照施工现场内预制考虑的，当采用外购成品沟盖板时，每立方米沟道按照含 300 元沟盖板费用计算价差。300 元沟盖板费用中包括沟盖板预制、运输 1km、沟盖板角钢框制作与安装、沟盖板抹平压光、沟盖板制作与运输及安装的损耗。预制沟盖板中考虑了角钢框。角钢框需要镀锌时，参照钢结构镀锌定额计算费用。

5）预制电缆沟盖板补差：按 180 元/m^{2}补差。依据为：定额中沟盖板是按照施工现场内预制考虑的，当采用外购成品沟盖板时，每立方米沟道按照含 300 元沟盖板费用计算价差。

2. 变电安装工程

本部分引用 2018 年版《电力建设工程概算定额第三册电气设备安装工程》

相关内容。

（1）通用说明。新建变电站选取新建工程取费，整体改造工程选取扩建工程取费，主变压器增容及主变压器扩建工程选取扩建主变压器取费，间隔扩建及保护改造工程选取扩建间隔取费；变电站扩建间隔工程中的措施费和企业管理费按新建工程的1.8系数计算，扩建主变压器工程中的措施费和企业管理费按新建工程的1.6系数计算。

间隔扩建及保护改造工程取费执行变电站电压等级。

安装工程费除包含各类设备、管道及其辅助装置的组合、装配及其材料费用之外，以下项目也列入安装工程费中：

1）设备的维护平台及扶梯。

2）电缆、电缆桥（支）架及其安装，电缆防火。

3）屋内配电装置的金属结构、金属支架、金属网门。

4）设备本体、道路、屋外区域（如变压器区、配电装置区、管道区等）的照明。

5）电气专业出图的空调系统集中控制装置安装。

6）集中控制系统中的消防集中控制装置。

7）接地工程的接地极、降阻剂、焦炭等。

8）安装专业出图的电线、电缆埋管、工业管道工程。

9）安装专业出图的设备支架、地脚螺栓。

10）凡设备安装工程建设预算定额中已明确规定列入安装工程的项目，按定额中的规定计列。

设备与材料费用性质划分如下：

1）在划分设备与材料时，对同一品名的物品不应硬性确定为设备或材料，而应根据其供应或使用情况分别确定。

2）设备的零部件、备品备件及随设备供应的专用工具，属于设备。

3）凡属于一个设备的组成部分或组合体，不论用何种材料做成或由哪个制造厂供应，即使是现场加工配制的，均属于设备。

4）凡属于各生产工艺系统设备成套供应的，无论是由该设备厂供应，或是由其他厂家配套供应，或在现场加工配置，均属于设备。

5）某些设备难以统一确定其组成范围或成套范围的，应以制造厂的文件及其供货范围为准，凡是制造厂的文件上列出，且实际供应的，应属于设备。

6）设备中的填充物品，不论其是否随设备供应，都属于设备的一部分。例如：变压器、断路器、油浸式电抗器用的变压器油等，均属于设备。

7）配电系统的断路器、电抗器、电流互感器、电压互感器、隔离开关属于设备，封闭母线、共箱母线、管形母线、软母线、绝缘子、金具、电缆、接线盒等属于材料。

8）35kV 及以上高压穿墙套管属于设备。

9）随设备供应的钢制设备基础框架、地脚螺栓属于设备。

10）凡设备安装工程建设预算定额中已经明确了设备与材料划分的，应按定额中的规定执行。

（2）设备购置费。

设备价格执行近期国网设备材料信息价。

近期国网设备材料信息价中未包含的设备参照往期国网设备材料信息价中或近期省公司中标价格。

上述两条均未找到价格参考的设备，应进行询价；设备询价应发出书面询价函，并获取包含厂家盖章的书面回函方能作为参考价格，需提供不少于 3 个厂家询价单，采用相对较低值。

概算中设备应标明影响设备价格的关键参数，参照国网信息价格标准模式。

利旧设备拆除后需运往仓库，其运输费计入拆除站项目，按退运设备质量×3 元/（t·km）+2000×2（运输两端装卸费）计入余物清理费项下；由拆除站或仓库运往利用站的运输费计入利用站项目。

单一来源设备同一项目单位同一单项工程下不同电压等级的组合电器和母线估算金额之和应小于 200 万元；同一项目单位同一单项工程下不同电压等级的开关柜（箱）、母线和开关柜小车估算金额之和应小于 200 万元。

新建变电站 GIS 设备间隔之间连接母线已包含在 GIS 设备信息价中，不再单独计列设备费。

主变压器、GIS、HGIS 设备信息价中包含智能终端及合并单元。

信息价中 110kV 及以下变压器保护均为主后合一的价格。

智能变电站监控系统价格按如下标准调整信息价：主变压器本体测控装置按 2 万/台，220kV 按 4 万元/回，110kV 按 3 万元/回，35kV 及 10kV 按 1.5 万元/回。

（3）变压器系统。

变压器安装包含端子箱安装及铁构件制作安装。

穿墙套管安装包含穿通板制作安装。

软母线安装包含绝缘子串安装。

带形母线安装包含伸缩节及附件、绝缘热缩护套安装。

带形母线、管形母线、槽形母线、封闭母线安装定额子目中未包括支架制作安装，发生时套用铁构件制作、安装定额。

绝缘铜管母安装执行相同管径管形母线安装定额子目乘以系数 1.4。

穿通板、基础槽钢、设备接地为计价材料；支持绝缘子、绝缘子串、穿墙套管、软母线、引下线、跳线、带形母线、槽形母线、管形母线、管形母线衬管、阻尼导线、绝缘热缩护套、设备间连线、引下线、金具为未计价材料。

（4）配电装置。

SF_6全封闭组合电器（GIS）主母线安装按中心线长度计量，以“m（三相）”为计量单位。

断路器安装包含端子箱安装。

SF_6全封闭组合电器（GIS）安装包含分支母线安装，不需执行 GIS 主母线安装定额。

成套高压配电柜安装包含基础槽钢制作安装。

开关柜内的设备二次元器件按厂家已安装好，连接母线、二次线已配置，油漆已刷好来考虑。

罐式断路器安装执行同电压等级的 SF_6 断路器定额乘以系数 1.2。

过电压保护器安装执行同电压等级氧化锌避雷器安装定额子目。

基础槽钢、镀锌材料、设备接地引下线为计价材料；铁构件制作安装定额中型钢和镀锌材料、设备间连线、引下线、金具、悬垂绝缘子为未计价材料。

（5）无功补偿。框架式电容器安装包含电容器、隔离开关、放电线圈、避雷器、电抗器、支柱绝缘子、端子箱、框架、网门等安装，未包含基础槽钢，发生时套用铁构件制作、安装定额。

（6）控制及直流系统。变电站新建工程保护盘台柜按最高电压等级执行保护盘台柜定额子目，变电站扩建工程按扩建电压等级执行保护盘台柜定额子目。

控制盘台柜、保护盘台柜安装包含基础槽钢制作安装。

控制盘台柜安装包含备用电源自投装置（慢切）3～10kV 单体调试、小电流接地选线装置单体调试、继电保护试验电源装置单体调试、变压器微机冷却控制装置单体调试、电能质量检测装置单体调试、故障滤波装置单体调试、变电站微机监控元件调试。

保护盘台柜安装包含各电压等级的变压器保护装置单体调试、送电线路保护装置单体调试、母线保护装置单体调试、母联保护装置单体调试、断路器保护装置单体调试、变电站自动化系统测控装置单体调试。

保护盘台柜安装未包含变压器测量 IED、油中溶解气体监测 IED、油中微水监测设备、铁芯接地电流监测 IED、绕组光纤测温 IED、电容式套管电容量、介质损耗因数监测 IED、断路器机械特性监测 IED、气体密度、水分监测 IED、绝缘监测 IED、避雷器在线监测系统、智能终端、合并单元等安装调试，发生时执行《电力建设工程预算定额（2018 年版）第三册　电气设备安装工程》相应定额子目。

控制保护盘台柜安装未包含交换机安装调试，发生时执行《电力工程建设预算定额（2018 年版）第七册　通信工程》相应定额子目。

变电站计算机监控系统安装费按监控系统组屏数量计列，套用控制盘台柜安装定额；其余监控系统内装置除交换机外不再另计安装费用。

控制屏、故障录波屏、智能汇控柜等套用控制盘台柜安装定额，保护屏、测控屏套用保护盘台柜安装定额。

35、10kV 保测一体装置及电能表计由厂家完成安装，不套安装定额。

交直流一体化电源在变电与通信共用时，执行电气定额中电池安装，柜体另执行相应定额子目。

蓄电池组安装按照 220V 电压等级编制，110V 蓄电池安装定额乘以系数 0.6。

变电站闭路电视安装执行全场工业闭路电视系统安装定额子目乘以系数 0.6。

电子围栏、门禁系统、监控系统安装执行《电力工程建设预算定额（2018 年版） 第七册　通信工程》相应定额子目。

摄像机、云台、前端监视器定额已综合考虑了各类型号和安装方式；与摄像机一体的云台，不另计云台安装。

基础槽钢为计价材料。

（7）站用电系统。接地变压器及消弧线圈成套装置安装包含接地变压器、消弧线圈、隔离开关、避雷器及电压互感器等安装。

小电阻接地成套装置一面柜为一套，已包含其中一次设备的单体调试。

照明安装定额不包含照明电缆敷设，发生时套用电缆安装定额。

（8）全站电缆。厂站内 35kV 及以上高压电缆敷设、电缆头制作安装、调试，

发生时执行《电力建设工程预算定额（2018 年版）第五册　电缆输电线路工程》相应定额子目。

35kV 及以上电力电缆保护管应计列敷设安装费及材料费。

10kV 及以下电力电缆敷设定额包含电缆敷设和电力电缆调试、电缆保护管敷设、电缆终端制作安装、直埋电缆挖填土、电缆沟铺砂盖砖等。

计算机电缆敷设执行控制电缆定额，光缆敷设执行通信工程相应定额子目。

GIS 终端头与变压器终端头相比，由于其接头工艺和施工难度差异不大，变压器终端头的制作安装定额可执行 GIS 终端头制作安装定额。

电缆井罩的制作安装执行铁构件制作、安装定额子目；钢组合支架执行钢电缆桥架安装定额子目。

需现场制作、安装的电缆钢支架执行铁构件制作、安装定额子目。

电缆复合支架、桥架安装定额中槽钢、镀锌材料为计价材料；电力电缆、控制电缆、电缆保护管及接头、6kV 及以上电缆头、电缆支架、电缆桥架、电缆竖井、阻燃槽盒及附件、防火隔板、防火堵料、防火涂料、防火包、防火墙砂、砖等为未计价材料。

（9）全站接地。铜包钢、铅包铜、镀铜钢参照铜接地执行。

全站铜接地定额子目未包含热熔焊接工作内容，发生时执行《电力建设工程预算定额（2018 年版）第三册　电气设备安装工程》相应定额子目。

接地深井成井定额综合考虑了各种井径和地质情况，执行时均不做调整。如采用斜井，执行接地深井成井定额子目乘以系数 0.7。

接地引下线安装及材料费含在相应一次设备安装定额工作内容中。

接地母线、铜鼻子、降阻剂、接地模块、接地极、石墨电极、电子设备防雷接地装置为未计价材料。

（10）分系统调试。当变电站接入调度端时，按照接入变电站电压等级执行相应定额。

当交、直流电源一体化配置时，执行“交直流电源一体化系统调试”相应子目，不再执行其他电源系统调试子目。

保护故障信息主站分系统调试以“站”为计量单位，指调度端数据主站。当新增子站接入调度端主站时，按照调度端已接入子站数量执行相应定额。

配置独立同期装置或未配置独立同期装置但变电站能够实现同期功能时计列变电站同期分系统调试。

220kV 及以上变电站配置 PMU 同步相量测量装置时计列变电站同步相量测

量（PMU）分系统调试。

备用电源自动投入分系统调试以“系统”为计量单位，按照备自投装置数量计算。

扩建主变压器时，按如下规则计列：

变电站微机监控分系统、变电站“五防”分系统、故障录波分系统、电网调度自动化系统、变电站交直流电源系统调试、二次系统安全防护分系统、信息安全测评分系统调试，定额乘以系数 0.3，该系数按照扩建主变压器数量进行调整，每项定额调整系数不超过 1。

若涉及其他相关系统扩容，按照定额乘以系数 0.3 调整，每项定额调整系数不超过 1。

扩建间隔时，按如下规则计列：

变电站微机监控分系统、变电站“五防”分系统、电网调度自动化系统、变电站交直流电源系统、二次系统安全防护分系统调试，定额乘以系数 0.1。该系数按照扩建间隔数量进行调整，每项定额调整系数不超过 1。

若涉及其他相关系统扩容，按照定额乘以系数 0.1 调整，每项定额调整系数不超过 1。

单独改造线路保护时，按如下规则计列：

送配电分系统调试定额乘以系数 0.3，变电站微机监控分系统、电网调度自动化、二次系统安全防护分系统调试定额乘以系数 0.05。

该系数按照线路保护装置数量进行调整，每项定额调整系数不超过 1。

扩建工程执行以“站”为计量单位的定额时，按照变电站最高电压等级执行相应定额子目。

同时扩建主变压器和间隔时，定额系数按照累加计算调整，每项定额调整系数不超过 1。

（11）整套启动调试。扩建主变压器时，按如下规则计列：

变电站（升压站）试运、变电站监控系统调试、电网调度自动化系统、二次系统安全防护系统调试乘以系数 0.5。

该系数按照扩建主变压器数量进行调整，每项定额调整系数不超过 1。

扩建间隔时，按如下规则计列：

变电站（升压站）试运、变电站监控系统调试、电网调度自动化系统、二次系统安全防护系统调试乘以系数 0.3。

该系数按照扩建间隔数量进行调整，每项定额调整系数不超过 1。

单独改造线路保护时，按如下规则计列：

变电站（升压站）试运、变电站监控系统调试、电网调度自动化系统、二次系统安全防护系统调试乘以系数 0.05。

该系数按照线路保护装置数量进行调整，每项定额调整系数不超过 1。

（12）特殊调试。断路器交流耐压试验以“台”为计量单位，是指台（三相）。定额综合考虑了同间隔内隔离开关交流耐压试验。如果只对隔离开关进行交流耐压试验，按断路器交流耐压试验定额乘以系数 0.1。

接地引下线及接地网导通测试，扩建主变压器时定额乘以系数 0.3；扩建间隔时定额乘以系数 0.1。该系数按照扩建主变压器及间隔数量进行调整，定额调整系数不超过 1。

充气式开关柜气体综合试验执行断路器 SF_6 气体综合试验定额乘以系数 0.3。敞开式互感器 SF_6 气体试验参照断路器执行，互感器 SF_6 气体试验以“组”为计量单位计列。

电流互感器、电压互感器、电子式电流互感器、电子式电压互感器误差试验，单独做保护时定额乘以系数 0.65，单独做计量时定额乘以系数 0.35；各互感器误差试验 5 组以内按定额乘以系数 1，第 6～第 10 组按定额乘以系数 0.9，第 11～第 15 组按定额乘以系数 0.8，第 16～第 20 组按定额乘以系数 0.7，第 21 组及以上按定额乘以系数 0.6。

10kV 互感器误差试验可参照 35kV 互感器误差试验定额乘以系数 0.3。

GIL 综合管廊耐压、局部放电试验参照同电压等级 GIS（HGIS、PASS）耐压、局部放电试验。

3. 架空输电线路工程

本部分引用 2018 版《电力建设工程概算定额　第四册　架空输电线路工程》相关内容。

（1）通用说明。

1）架空输电线路工程中，避雷器及监测设备等属于设备，在编制建设预算时计入设备购置费。

2）钢管塔施工损耗率执行型钢的施工损耗率，钢管杆不计算施工损坏。铜覆钢损耗率按型钢损耗率计算。

3）执行定额时，同一子目出现两种及以上调整系数时，增加系数按累加计算，如章节另有规定，执行章节规定，地形增加系数不属于此解释。

（2）工地运输。

1）同一地段内，“河网”与“泥沼”地形并存时，按“泥沼”地形，两者不得同时取用。

2）城市市区，除人力运输外，均按“丘陵”地形。

3）在高山、峻岭地带进行人力运输时，平均运距的确定应以山坡垂直高差的平均计算斜长为准，不得按实际运输距离计算。

（3）基础工程。

1）松砂石指碎石、卵石和土的混合体，全风化状态及强风化状态不需要采用打眼、爆破或风镐打凿方法挖掘的岩类，包括碎石土、掺有卵石或碎石和建筑料的填土或土壤、胶结力弱的砾岩、不坚实的片岩、软石膏、泥板岩、页岩等。岩石指中风化、微风化状态、全风化状态及强风化状态需要采用打眼、爆破或风镐打凿方法挖掘的岩类，包括大理石、花岗岩、砾岩、砂岩、片麻岩、凝灰岩、石灰岩、坚实的泥岩、坚实的泥灰岩、坚实的片岩、硬石膏等。

2）流砂指土质为砂质或分层砂质，稍密、中密的细砂、粉细砂，有地下水，需用挡土板或适量排水才能挖掘的土质。

3）各类土质按设计提供的地质资料确定，除挖孔基础和灌注桩基础外，不做分层计算。同一坑、槽、沟内出现两种或两种以上不同土质时，一般选用含量较大的一种土质确定其类型。出现流砂层时，不论其上层土质占多少，全坑均按流砂计算。出现地下水涌出时，全坑按水坑计算。

4）凿桩头：区分桩径，按设计桩数量，以“个”为计量单位计算。凿桩头定额适用于钻孔灌注桩防沉台、承台基础，单独桩基础不存在凿桩头工程量。

5）回填土定额适用于挡土墙、围堰等的土方回填，不适用于电杆坑、塔坑、拉线坑及接地槽土方回填。

6）地脚螺栓（插入式角钢）的安装已包含在基础混凝土浇制定额中。

7）混凝土现浇基础立柱、承台、联梁高出地面 1m 以上，需要搭设平台施工时，基础立柱、承台、联梁浇制相应定额乘以系数 1.2。

8）钻孔灌注桩定额不包括孔径大于 2.2m 的钻孔灌注桩基础成孔，发生时执行地方定额。

（4）杆塔工程。杆塔标志牌、防鸟装置、防坠落装置、避雷器装置安装和监测装置安装测试，发生时执行 2018 版《电力建设工程概算定额　第四册　架空输电线路工程》第 7 章相应定额。

（5）接地工程。

1）垂直接地体安装，又称垂直接地棒安装。一般垂直接地体长度按 2.5m 考虑，铜覆钢垂直接地体长度定额按 3m 考虑，实际长度超过时，相应定额乘以系数 1.25。

2）石墨、不锈钢水平接地体敷设按“水平接地体敷设”定额乘以系数 0.8。

3）接地槽槽宽一般为 0.4m，需加降阻剂时，槽宽为 0.6m。

4）水平接地体（含一般接地体、铜覆钢接地体，不含非开挖接地）敷设定额按每基长度 300m 以内考虑，实际长度超过时，定额乘以系数 0.6。

（6）架线工程。

1）张场场地建设：区分场地平整、钢板铺设和导线分裂数（OPGW 按单导线），按场地建设数量，以“处”为计量单位计算。牵张场地数量按施工设计大纲计算，如没有规定，导线、避雷线按 6km 一处，OPGW 按 4km 一处，OPPC 按 3km 一处计算。

2）引绳展放：区分导引绳展放形式（人工、飞行器），按线路亘长，以“km”为计量单位计算。同塔多回路同时架设时，工程量=线路亘长×回路数。

3）导线、避雷线同时架设时，导引绳展放不区分导线、避雷线，按单回线路亘长计算，多回线路工程量乘以回路数。改建工程如只更换导线，按回路数来计算，如只更换避雷线（含 OPGW）一根或多根均按单回计算。

4）按施工规范要求，OPPC、OPGW、330kV 及以上线路架线必须采用张力架线。

5）定额不包括飞行器的租赁费，发生时另计。

6）OPGW 架设：区分截面，按单根 OPGW 的线路亘长，以“km”为计量单位计算，不包括接续杆塔上的预留量。若两根 OPGW 同时架设，工程量为 2 倍线路亘长。

（7）附件工程。

1）直线（直线换位、直线转角）杆塔绝缘子串悬挂安装，遇Ⅰ型四联串时，按“Ⅰ型双联串”相应定额乘以系数 1.6。遇Ⅰ型六联串时，按“Ⅰ型双联串”相应定额乘以系数 2.3。

2）同塔非同时架设下一回路或邻近有带电线路时，由于受已架设线路或带电线路感应电等影响，在附件安装时定额人工、机械乘以系数 1.1。

3）刚性跳线拉杆安装，执行绝缘子串悬挂“Ⅰ型双联串”相应电压等级定额。

4）软跳线安装定额不含导线间隔棒安装，发生时执行“导线间隔棒”相应定额。

（8）辅助工程。

1）浆砌护坡和挡土墙砌筑的砂浆用量，按设计规定计算，设计未规定，其砂浆用量按护坡和挡土墙体积的20%计列。

2）杆塔基础现浇混凝土防撞墩，执行“排洪沟、护坡、挡土墙”钢筋混凝土或素混凝土定额。

3）新建杆塔的标志牌、警示牌材料费包含在“工器具及办公家具购置费”，编制预算时新建杆塔的标志牌、警示牌材料费不单独计列，原有杆塔更换的标志牌、警示牌材料费按未计价材料计列费用。

4）防鸟板、防鸟罩、机械式驱鸟器安装执行“防鸟刺安装”定额，电子式驱鸟器安装执行“驱鸟器定额”安装。

5）输电线路试运行定额按线路长度50km以内考虑。超出50km时，每增加50km按定额乘以系数0.2，不足50km按50km计算。

6）输电线路试运行定额，工程量按回计量，如一回输电线路由架空与电缆两部分组成时，工程量按1回计算。

4. 电缆线路工程

（1）通用说明。

1）以电力电缆为电能输送载体，直埋于地下或布置在地下沟道、隧道内的陆上电缆和敷设在海底的海底电缆用以连接变电站、开关站和用户的输电线路，也称为电缆线路。

2）电缆输电线路工程中，土石方、构筑物及辅助工程中的材料运输、通风、照明、排水、消防、维护、地基处理将列入建筑工程费。

3）电缆输电线路工程中，电缆支架、桥架、托架的制作安装，电缆敷设，电缆附件，电缆防火，电缆监测（控）系统，以及调试和试验等列入安装工程。

4）电缆输电线路工程中，避雷器、接地箱、交叉互联及监测装置等属于设备。35kV及以上电缆、电缆头（含压力箱）属于设备性材料，在编制初步设计概算时计入设备购置费。

（2）土石方。

1）按设计图核实电缆敷设沟槽开挖土石方、破路面面积，施工操作裕度及放坡依照定额说明计列。

2）土石方开挖工程，建议采用机械化施工；如遇市区内土石方开挖，应根

据地下管线情况及相应施工方案据实计列。

3）余土处理，定额已考虑 100m 范围内的场内移运，其运距 100m 以上部分另计；渣土消纳费用按各地方规定执行，仅部分市区计列该费用。

（3）构筑物。

1）开启井执行直线工井定额：三通井、四通井及其他异型工井在计取直线井浇制定额的同时另计凸口，凸口处扣除直线工井井壁上的凸口孔洞的混凝土量。核实凸口数量，一般三通井有 1 个凸口，四通井有 2 个凸口。

2）建议大口径顶管施工费用套取市政施工定额测算后，以一笔性费用形式计列；大口径顶管两端工井，如采用沉井等特殊建筑形式可执行《电力建设工程概算定额　第一册　建筑工程》相关子目。

3）非开挖水平导向钻进，多管敷设子目按集束最大扩孔直径划分。非开挖水平导向钻进多管定额集束最大扩孔直径的计算方法，参考《电力建设工程预算定额（2018 年版）》中附录 A 非开挖水平导向钻进多管拉管工程计算规则。

4）顶管及非开挖水平导向钻进定额已综合考虑了工作坑、泥浆池的开挖、回填，使用时不能由于施工方法的不同而调整。

5）电缆沟内如发生清淤排水工作，建议清淤工作执行 2018 年版《电力建设工程概算定额　第一册　建筑工程》，“人工挖淤泥、流砂”及“人工运淤泥运距 20m 以内”计列费用；排水工作执行该册相应施工降水概算定额计列费用。

6）电缆终端杆围栏按设计工程量计列，材料单价参照市场价格；参考指标为 2.2 万～3.5 万/处。

7）若属于市政工程范畴的沟、井、隧道和保护管工程，需在电缆输电线路工程分摊相关工程费用时，该分摊费用在特殊项目下计列。

（4）辅助工程。

1）降水、地基处理工程量计量执行概算 2018 年版《电力建设工程概算定额第一册　建筑工程》相关定额子目及其定额说明编制。

2）非开挖水平导向钻进，定额未考虑泥浆外运费用，发生时根据外运形式，费用另计。

（5）电缆桥、支架制作安装。

电缆支架区分不同材质套用电缆支架制作及安装定额，电缆支架为未计价材料。

（6）电缆敷设。

1）电缆敷设按截面以 m/三相计，长度为设计材料长度（包括波形敷设、接头、两端裕度及损耗等）。

2）电缆敷设已综合考虑电缆固定绳包扎、固定金具安装、测温电缆敷设等工作，固定绳、固定金具及测温电缆按未计价材料另计。

（7）电缆附件。每根接地极长度定额按 2.5m 考虑，若长度超过 2.5m 时，乘以系数 1.25。接地极安装不包括接地极之间的连接，接地极之间的连接套用相应接地体敷设定额。接地敷设定额不包括土石方开挖及回填。

（8）电缆防火。

1）电缆防火部分费用，参考指标 35kV：1 万～3 万元/km；110kV：2 万～5 万元/km；220kV：5 万～12 万元/km。电缆防火尤其是电缆隧道防火设计方案差别很大，需严格按照设计方按计列防火工程量。

2）防火材料除防火涂层板按 1000 元/m^2 计列，其他材料价格按 2018 年版电力装材价计列。

（9）电缆试验。

1）电缆试验部分执行《国家电网有限公司 35～750kV 输变电工程调试定额应用指导意见》（国家电网电定〔2017〕45 号）；根据《电气装置安装工程电气设备交接试验标准》（GB 50150—2016）增加局部放电试验。

2）电缆交流耐压试验，110kV 最大试验长度以 20km 计算，220kV 最大试验长度以 16km 计算，500kV 最大试验长度以 8km 计算。

3）电缆交流耐压试验在同一地点做两回路及以上试验时，从第二回路按 60%计算。

4）电缆护层试验，包括遥测、耐压试验和交叉互联系统试验，以一个交叉互联段为一个计量单位。互联段通常在电缆线路中，为了平衡各种参数，将一个线路分为 3 个或 3 的倍数的增长线路段，在交接处 A、B、C 三相按顺序换位，其中一段成为一个交叉互联段。不形成一个交叉互联段也按一段计算。

（10）电缆监控系统。电缆监控系统设备价格采用近期招标价或市场询价。市场询价需提供不少于三个厂家询价单，采用相对较低值。

5. 通信工程

（1）通用说明。

1）根据工程性质，随变电站或输电线路同期建设的通信工程，执行变电站或输电线路中的通信系统项目划分和管理规定；概算书不单独成册。

2）根据工程性质，独立于变电站工程和输电线路工程的通信工程，执行通信站工程或通信线路工程项目划分和管理规定；概算书单独成册。

3）光缆通信线路与变电站通信以变电站构架接头盒为界，架空光缆线路长度从变电站构架接头盒算起，OPGW 路径长度与架空线路一致。

4）光缆接头盒计入输电线路工程；变电站构架接头盒内的光缆接续计入变电站工程。

5）通信工程中的各类通信设备、监控设备、安全防护设备、网络管理设备、通信电源设备及附属板卡等属于设备；与设备配套使用的各类配线架属于设备；通信成套设备内部的电缆连线、跳线、跳纤等属于设备。

6）通信工程中用于支撑无线设备安装的杆、塔、支架等属于材料；通信线路的光缆、音频电缆、杆、金具、保护管、接续盒、余缆架等属于材料；连接设备之间的缆、线、软光纤等属于材料；光（电）缆的辅助设施槽盒、走线架属于材料。

7）成套通信设备内部的配线由厂家成套配置。

（2）造价水平。

1）设备部分。

a. SDH 设备价格参考：622Mbit/s 设备 15 万～25 万元/台；2.5Gbit/s 设备 25 万～35 万元/台；10Gbit/s 设备 45 万～60 万元/台。

b. PTN 设备价格参考：160G 10GE 核心层 PTN 设备约 75 万元/套；80G 10GE 汇聚层 PTN 设备约 35 万元/套；40G GE 接入层 PTN 设备约 15 万元/套；10G GE 接入层 PTN 设备约 10 万元/套。

c. 光接口板价格参考：155M（STM－1）板卡 1 万～2 万/块；622M（STM－4）板卡 2 万～3 万/块；2.5G（STM－16）板卡 5 万～8 万/块；10G（STM－64）板卡 10 万～15 万/块；GE 板卡 2 万～3 万/块；10GE 板卡 10 万～12 万/块；40GE 板卡 25 万～30 万/块。

2）光缆部分。立杆架设 ADSS 光缆线路本体费用为 7 万～10 万元/km；架空线路配套 ADSS 光缆线路本体费用 3 万～4 万元/km；架空线路配套 OPGW 光缆线路本体费用 4 万～5 万元/km。

（3）SDH 传输设备。

1）调测基本子架及公共单元盘（SDH），指在原有 SDH 光传输设备上扩容单元接口盘，需对原有光端机基本子架及公共单元盘进行调测，但是同一台光端机上无论增加的接口单元盘数量、种类多少，只计列 1 次。

2）光纤通信数字设备安装调测定额子目包括网络管理系统（本地维护终端）、网络管理系统（网元级）及相对应的网络级接入的工作量，不再重复记列。

3）扩容接口单元盘（SDH）定额，适用于在原有 SDH 光传输设备扩容光板、2M 板、数据接口板。已包括本地维护终端安装调测和网络管理系统调测。单站扩容接口单元盘第 3 块及以上，执行相应定额乘以系数 0.5。

4）安装调测（SDH）传输设备速率为 40Gbit/s 时，执行速率为 10Gbit/s 相对应的传输设备及接口单元盘子目，定额人工、机械乘以系数 1.2。

5）内置光功率放大器以“块”为计量单位，指传输设备光功率放大板；外置光功率放大器以“套”为计量单位，包括子架及光放单元。

6）色散补偿（DCM）执行“外置光功率放大器外置”子目调整系数 0.5。

7）数字线路段光端对侧，分为端站（有业务上下的站点）和中继站（无上下业务的站点），以“方向·系统”为计量单位。定额子目的系统指“一收一发”的两根光纤为 1 个系统，定额计量“方向·系统”仅包括本端至对端的调测；对端至本端的调测另计为 1 个“方向·系统”。新建站点的光传输设备按传输的方向及系统进行计量。对端站点上无论对应新建光传输设备、原有传输设备扩容光板、光板利旧等情形，对端站点都应计列相应的“数字线路段光端对侧”。

（4）PTN 传输设备。PTN 传输设备的安装调测参照 SDH 传输设备定额子目执行。

（5）OTN 光传送网设备。

1）OTN 基本成套设备（2 个光系统），包括电层子架 1 个、光层子架 2 个、40 波合分波器 2 套、光功率放大器 4 块、色散补偿 2 块。

2）OTN 光路系统（1 个光系统）以“套”为计量单位，每套包括光层子架 1 个、40 波合分波器 1 套、光功率放大器 2 块、色散补偿 1 块。

3）OTN 光交叉设备（1 个维度）是指 1 个线路光方向。

4）光放站光线路放大器（OLA），指无业务转换落地光放站点的光放大器。OTN 光传送网设备增加光放大器执行光功率放大器定额子目。

5）线路段光端对测，分为端站/再生站和光放站，计量单位为“方向·系统”，定额子目仅包括本端至对端的调测。对端到本端的调测另计为 1 个“方向·系统”。

6）光通道开通、调测，计量单位为“方向·波道”，适用于光通道起点至

终点的波道开通及调测。两端站点每开通、调测 1 个波道计量为 1 个“方向·波道”，根据工程本期需要开通波道的数量记列。定额子目仅包括本端至对端的调测。对端到本端的调测另计为 1 个“方向·波道”。

（6）数据通信设备。

1）路由器安装调测。路由器按所处网络位置可分为三类。接入层路由器：位于网络的边缘，负责将流量馈入网络，执行网络访问控制，并且提供其他边缘服务，整机包转发率小于 100Mbit/s；汇聚层路由器：位于网络的中间，负责聚合网络路由，并且收敛数据流量，整机包转发率大于等于 100Mbit/s 且小于 400Mbit/s；核心层路由器：位于网络的核心，具有完整的路由信息，负责高速的运送数据流量，整机包转发率大于等于 400Mbit/s。

2）路由器与路由器之间采用光模块直连时，两端光路对测分别执行“数字线路段光端对测中继站”定额子目。

3）交换机安装调测。低端网络交换机为二层网络交换机；中端网络交换机是用于网络数据汇聚的三层网络交换机；高端网络交换机是用于核心层组网的插槽式的三层网络交换机。光纤交换机子目已综合各类型光纤交换机，使用时定额不得调整。

4）服务器安装调测。低端服务器：属于工作组级服务器，网络规模较小，通常仅支持单或双 CPU 结构的应用服务器，一般采用 Windows 操作系统。中端服务器：属于部门级服务器，一般支持双 CPU 以上的对称处理器，一般采用 Linux、Unix 系列操作系统。高端服务器：属于企业级服务器，一般采用 4 个以上 CPU 的对称处理器结构，一般采用 Linux、Unix 系列操作系统。

5）防火墙设备中、低端适用于数据包（512 字节）吞吐量小于 3Gbit/s、最大并发连接数小于 60 万；防火墙设备高端适用于数据包（512 字节）吞吐量大于等于 3Gbit/s、最大并发连接数大于等于 60 万。

（7）通信电源设备。

1）在原有开关电源上扩容或更换模块执行高频开关整流模块定额子目。

2）蓄电池容量试验包括补充电、放电、再充电等试验所消耗的人工、材料、机械用量。

3）蓄电池在线监测设备以“套”为计量单位，每组蓄电池计 1 套在线监测设备。

（8）辅助设备。

1）分配架整架子目是按成套配置取定，包括机柜安装。光分配整架子目按

144 芯，数字配线架整架子目按 128 系统，音配配线架整架子目按 300 回，网络分配架整架子目按 288 口综合考虑，基本配置以外执行子架子目。

2）光（电）线槽道安装适用于主槽道、过桥、汇流、垂直、对墙槽道等；光（电）线槽道、走线架安装定额按成品考虑。

（9）设备电缆。

1）布放射频同轴电缆以“100m”为计量单位，未包括同轴电缆头制作安装。同轴电缆头制作安装以“个”为计量单位，同轴电缆 1 芯按两个同轴电缆头计算。

2）数字分配架布放跳线以“100 条”为计量单位，未包括同轴电缆头制作安装。如果数字分配架布放跳线采用成品跳线时，不得重复计算同轴电缆头制作安装。

3）布放电话、以太网线以“100m”为计量单位，包括线缆头制作及试通。

4）电力电缆以“100m”为计量单位，包括电缆头的制作安装。电力电缆适用于通信工程的直流电缆；交流电力电缆的敷设及电缆头的制作安装执行《电力建设工程概算定额（2018 年版）第三册　电气设备安装工程》相关子目。

5）布放射频同轴电缆定额适用于单芯同轴电缆，布放多芯同轴电缆定额乘以系数 1.3；电力电缆定额子目适用于单芯电力电缆，2 芯电力电缆执行单芯电力电缆定额乘以系数 1.3。

（10）通信业务调试。

1）通信业务调试，其中主站端调试工作量为 40%，业务端调试工作量为 60%。

2）通信业务调试在中间站点仅有跳纤、跳线工作时，执行《电力建设工程概算定额（2018 年版）第七册　通信工程》第 1 章“光、电调测中间站配合”定额子目。如有光板扩容等其他工作时，按相应的工程量计列，不得再计列“光、电调测中间站配合”。

3）通信业务调试需要在不同的传输网络管理系统对接操作时，定额乘以系数 1.2。

4）通信业务调试以“条”为计量单位，是指端与端之间具体业务通道的开通、调试，不论中间经过多少站点均按 1 条业务计列。

（11）管道光缆。

1）电缆沟揭盖盖板、开挖路面、保护管埋地敷设的挖填土执行《电力建设工程概算定额（2018 年版）第三册　电气设备安装工程》相关子目。

2）工地运输执行《电力建设工程概算定额（2018 年版） 第四册　架空输电线路工程》相关子目。

（12）ADSS 光缆。

1）架设架空光（电）缆是按平地考虑的，在其他地形条件下施工时，地形增加系数执行《电力建设工程概算定额（2018 年版） 第四册　架空输电线路工程》相关子目。

2）光缆架设跨越高压电力线定额适用于光缆跨越 10～220kV 高压电力线路。光缆跨越高压电力线定额按停电跨越考虑，带电跨越时，执行《电力建设工程概算定额（2018 年版） 第四册　架空输电线路工程》相关子目。

3）光缆架设跨越电气化铁路执行跨越一般铁路定额乘以系数 1.3。

（13）OPGW 光缆。

1）OPGW 的架设、接续与测量执行《电力建设工程概算定额（2018 版） 第四册　架空输电线路工程》相关子目。

2）OPGW 单独架线施工临近带电线路时，定额人工、机械增加系数 0.1。

3）OPGW 随同导线同时架设时，跨越已包括在相应导线跨越中，不能再次执行定额。单独架设 OPGW 时的跨越，执行“单根避雷线（含 OPGW）”跨越定额。

4）OPGW、OPPC 的阻尼线安装执行相同导线截面定额。

（14）OPPC 光缆。

1）OPPC 的架设、接续与测量执行《电力建设工程概算定额（2018 版）第四册　架空输电线路工程》相关子目。

2）OPPC 接续，执行“OPGW 接续”相关定额，人工乘以 1.5 系数。

6. 其他费用

（1）建设场地征用及清理费。

1）土地征用费。

变电面积计算：土地征用范围为变电站围墙 1m 范围内，进站道路两侧排水沟外 0.5m 范围内。

变电征地单价：编制估算、概算时，如地方政府有明确规定，区分土地划拨和出让等不同形式，按规定单价计算征用费。山东地区如没有明确规定的，可按下列单价估算征用费：220kV 变电站征用费 15 万元/亩；110kV 变电站征用费，济南、青岛市区 25 万元/亩，郊区 20 万元/亩，烟台、潍坊、淄博、威海市区 22 万元/亩，郊区 18 万元/亩，其他地市市区 18 万元/亩，郊区 15 万元/亩。

变电征地相关费用处理：工程所征用土地发生的权属地基调查费、房屋拆迁配套费、宅基地补偿费、房屋拆迁赔偿费、青苗赔偿费等，在征地过程中发生的土地补偿金、安置补助费、耕地开垦费、耕地占用税、勘测定界费、征地管理费、办证费及不可预测费等，办理土地使用权证向政府部门交纳的税费，计入“土地征用费”。

塔基占地费用按政府发布的近期综合地价文件计列，以山东地区为例，综合地价应执行鲁自然资发〔2020〕4 号山东省自然资源厅关于印发《山东省征地区片综合地价》的通知，且青苗补偿费另计；若塔基占地赔偿标准高于当地综合地价，需提供当地相关规定、同一地区工程结算依据。

青苗补偿费参照当地政府文件，比如山东省国土资源厅山东省财政厅发布的征地地上附着物和青苗补偿标准计列；其中，市区绿化林木补偿按树种及其胸径详细分类，以现场图片为依据，可参照市政园林绿化规定计列。

林地植被恢复费参照《关于调整森林植被恢复费征收标准引导节约集约利用林地的通知》（鲁财总〔2016〕33 号文）的标准计列（其他地区参照当地文件记列）。

房屋拆迁费用原则上按当地政府文件标准计列，对于实际情况超出文件标准的，需另提供有效依据文件。

2）施工场地租用费。

变电部分场地租用费控制指标为：110kV 及以下变电站指标 5 万～8 万元/站；220kV 变电站指标 8 万～12 万元/站；500kV 变电站指标为 12 万～18 万元/站。

架空线路部分牵张场地赔偿费，导线牵张场地一般按 6km 一处，110kV 及以下按 3000 元/处计列、220kV 及以上按 5000 元/处计列；光缆牵张场地一般按 4km 一处计列，按 3000 元/处计列。

仓库租用费用按 2 万元/处计列。根据工程具体情况，有架空线路的计列在架空线路部分。电缆工程线路路径较短一般不计列。

3）迁移补偿费。

弱电、通信线路迁移补偿参考标准为 6 万～10 万元/km；10kV 架空线路迁移补偿参考标准为 10 万～15 万元/km；10kV 电缆线路迁移补偿参考标准为 50 万～65 万元/km；35kV 架空线路迁移补偿参考标准为 25 万～35 万元/km；35kV

电缆线路迁移补偿参考标准为80万～100万元/km。

道路迁移补偿费按《山东省住房和城乡建设厅关于调整城市道路挖掘修复费标准的通知》（鲁建城字〔2015〕32号）计列（其他地区参照当地文件计列）。

拆迁赔偿、厂矿搬迁、国防光缆迁移等大额赔偿，应执行有关法律、法规、国家行政主管部门以及省（自治区、直辖市）人民政府规定，或按照与受赔方签订的合同（达成的协议）；如缺乏上述依据，可参照近期同区域、同类型工程已发生费用标准计列，评审时严格审核把关，原则上不得超出当地建场费赔偿平均水平。

4）余物清理费=取费基数×费率。余物清理费费率见表9－3。

表9－3　余物清理费费率

项目名称		取费基数	费率
建筑工程	一般砖木结构	建筑工程新建直接费	10%
	混合结构	建筑工程新建直接费	20%
	混凝土及钢筋混凝土结构： （1）有条件爆破的。 （2）无条件爆破的	建筑工程新建直接费	20% 30%～50%
	临时简易建筑	建筑工程新建直接费	8%
	金属结构		
	（1）拆除后能利用。 （2）拆除后不能利用	安装工程新建直接费	55% 38%
安装工程	（1）金属结构及工业管道。 （2）机电设备。 （3）输电线路及通信线路： 1）拆除后能利用。 2）拆除后不能利用	安装工程新建直接费	45% 32% 62% 35%

注　余物清理费用包括对建构筑的拆除、清理以及距在5km及以内的运输和装卸费。

其中，结合山东省内拆除工程结算情况，无条件爆破的混凝土及钢筋混凝土结构费率一般按50%计列（其他地区可参照当地结算情况计列）。

5）通信设施防输电线路干扰措施费。依据设计方案以及项目法人与通信部门签订的合同或达成的补偿协议计算。确定该费用发生，且暂时无法获得补偿协议合同的，按 2000 元/km 计列。

6）水土保持补偿费。计征面积不仅包括永久占地也包括临时占地、架空线路牵张场面积、临时施工道路面积及临时租用材料站面积、电缆工程作业面积、变电站临时租用面积等。

水土保持补偿费按水土保持批复方案计列。依据《山东省物价局、财政厅、水利厅〈关于降低水土保持补偿费收费标准的通知〉》(鲁价费发〔2017〕58 号)，规范了水土保持补偿费收费范围和标准。一般性生产建设项目，按照征占用土地面积，收费按 1.2 元/m²；取土、挖沙、采石等，以及排放废弃土、石、渣的，按照取土、挖沙、采石及排放废弃土、石、渣的方量按 1.2 元/m³；以上两种方式不重复计列（其他地区参照当地文件计列）。

（2）项目建设管理费。

1）项目法人管理费执行《电网工程建设预算编制与计算规定（2018 年版）》。

2）招标费执行《电网工程建设预算编制与计算规定（2018 年版）》。

3）工程监理费执行《电网工程建设预算编制与计算规定（2018 年版）》。

4）设备材料监造费执行《电网工程建设预算编制与计算规定(2018 年版)》。设备材料监造范围为变压器、电抗器、断路器、隔离（接地）开关、组合电器、串联补偿装置、换流阀、阀组避雷器等主要设备，以及 220kV 及以上电力电缆。保护改造工程不计列该项费用。

5）施工过程造价咨询及竣工结算审核费执行《电网工程建设预算编制与计算规定(2018 年版)》。如只开展工程竣工结算审核工作，按本费率乘以系数 0.75；费用计算低于 3000 元时，按 3000 元计列。

6）工程保险费。根据《关于印发输变电工程保险费计列指导依据（试行）的通知》(国家电网电定〔2017〕43 号)，结合山东省输变电工程实际情况，取费计费为建筑工程费、安装工程费、设备购置费之和，保险费率为 0.2%（其他地区参照当地文件计列）。

（3）项目建设技术服务费。

1）项目前期工作费。对于 220kV 规模以上工程，项目前期工作费应与建设管理单位确认已发生的项目，按合同金额计列；未签订合同但确认会发生的项目，按关于落实《国家发展改革委关于进一步放开建设项目专业服务价格的通知》的指导意见》(〔发改价格 2015〕299 号）计列。对于 220kV 规模以下工程，项目前期工作费可执行《电网工程建设预算编制与计算规定》

 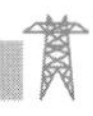

（2018 年版）。

2）知识产权转让费。该费用应履行立项审批程序后计列。

3）勘察设计费按其内容分为勘察费和设计费。勘察设计费按中标合同价计列；无法提供中标合同价的工程，比如可行性研究、初步设计一体化工程，勘察设计费按《关于印发国家电网有限公司输变电工程勘察设计费概算计列标准（2014 年版）的通知》（国家电网电定〔2014〕19 号）计列。提供三维设计方案的工程根据《国网办公厅关于印发输变电工程三维设计费用计列意见的通知》（办基建〔2018〕73 号），按 10%调整计算设计费。

4）设计文件评审费是指项目法人根据国家及行业有关规定，对工程项目的设计文件进行评审所发生的费用，包括可行性研究文件评审费、初步设计文件评审费、施工图文件评审费。

可行性研究文件评审费、初步设计文件评审费、施工图文件评审费执行《电网工程建设预算编制与计算规定（2018 年版）》。

5）项目后评价费。根据《国家电网有限公司工程财务管理办法》（2020 年版），环境监测验收费不在工程成本中安排，实际发生时纳入当年生产成本预算管理。初步设计阶段原则上不计列该费用。

6）工程建设检测费。

a. 电力工程质量检测费执行《电网工程建设预算编制与计算规定（2018 年版）》。

b. 特种设备安全监测费。初步设计阶段原则上不计列该费用。

c. 环境监测及环境保护验收费。根据《国家电网有限公司工程财务管理办法》（2020 年版），环境监测验收费不在工程成本中安排，实际发生时纳入当年生产成本预算管理。初步设计阶段原则上不计列该费用。

d. 水土保持监测及验收费。根据《国家电网有限公司工程财务管理办法》（2020 年版），水土保持项目验收及补偿费不在工程成本中安排，实际发生时纳入当年生产成本预算管理。初步设计阶段原则上不计列该费用。

e. 桩基检测费。桩基检测费按工程技术要求计列，一般大应变按 3%～5%的桩总数（且不少于 5 根）计列 3000 元/根，小应变按 100%的桩基计列 300 元/根。技术要求增加静态荷载试验时，按 2 万元/处计列，且降低大小应变比例。

7）电力工程技术经济标准编制费执行《电网工程建设预算编制与计算规定（2018 年版）》。

（4）生产准备费。

1）管理车辆购置费。根据《国家电网有限公司工程财务管理办法》（2020年版），在项目中购置车辆的，应在工程估算和概算中列项，随工程纳入公司年度综合计划和预算，购置标准和使用符合公司生产服务车辆管理要求，由本单位统一管理，并履行以下审批程序：项目建设单位根据实际需要和估算、概算情况，提出车辆购置需求，经各二级单位研究决策后，书面上报公司总部。总部工程项目管理部门审核确定拟购置车辆列支工程。总部车辆归口管理部门按照公司生产服务车辆配置标准，统筹生产服务车辆年度安排，审核确定购车方案，随工程纳入公司年度综合计划和预算。按照公司车辆管理制度采购车辆，购置费用在工程中列支。

2）工器具及办公家具购置费。根据《国家电网有限公司工程财务管理办法》（2020 年版），工器具及办公家具购置费、生产职工培训及提前进场费等可控费用，在概算基础上设定内控系数上限，从严控制。

3）生产职工培训及提前进场费。根据《国家电网有限公司工程财务管理办法》（2020 年版），工器具及办公家具购置费、生产职工培训及提前进场费等可控费用，在概算基础上设定内控系数上限，从严控制。生产职工培训及提前进场费按照培训计划提报预算，与工程无关的培训费用不得计入工程成本。

（5）专业爆破服务费。专业爆破服务费的标准各个地市难以统一，不同工程与专业资质公司签订合同，按合同金额计列；无法提供合同的应依据相同地区相似工程结算合同相应计列该费用。

（6）其他。

1）三维设计数字化移交费按《关于颁布输变电工程三维设计数字化移交费用标准（试行）的通知》（国家电网电定〔2020〕31 号）计列。

2）飞行器租赁费用按 3000 元/km 乘以回路数计列。

3）等级保护测评及安全防护评估费用，依据相同地区相似工程结算合同计列该费用。参考标准为：220kV 及以上变电站计列 15 万～20 万元；110kV 及以下变电站不计列。

4）跨越高速铁路措施费参考相似以往项目结算费用计列，参考指标为220kV 及以上架空线路跨越高速铁路措施费用 100 万～150 万元/处；35、110kV 架空线路跨越高速铁路措施费用 80 万～120 万元/处。

5）跨越电气化铁路措施费参考相似以往项目结算费用计列，参考指标为 30 万～80 万元/处。

6）跨越高速公路措施费参考相似以往项目结算费用计列，参考指标为220kV及以上架空线路跨越高速公路措施费用10万～15万元/处；35、110kV架空线路跨越高速公路措施费用8万～12万元/处。

7）架空线路跨越矿区的工程计列探矿权费用，参考相似以往项目结算费用计列，参考指标为10万元/km。

7. 初步设计阶段技经专业常见质量清单

（1）变电建筑工程。变电建筑工程常见质量清单见表9－4。

表9－4　　变电建筑工程常见质量清单

序号	问题名称	问题描述	原因及解决措施
1	复杂地面的适用范围	复杂地面包括的基础、沟道等含量偏低，请明确复杂地面的适用范围	建议单独计算的室内设备基础包含主变压器、GIS、电容器等设备基础；单独计算的沟道包含钢筋混凝土沟道；复杂地面定额包含其他设备基础及沟道定额
2	钢结构楼面板、屋面板定额套用错误	钢结构当采用压型钢板底模时楼面板、屋面板定额套用“GT4－12 楼板与平台板压型钢板底模”“GT4－11 其他建筑浇制混凝土板”“GT4－19 浇制混凝土屋面板”	压型钢板底模定额与钢梁浇制板定额配套执行。套用“GT4－12 楼板与平台板压型钢板底模”“GT4－9 其他建筑钢梁浇制混凝土板”“GT4－17 钢梁浇制混凝土屋面板”
3	屋面找平层重复计列	屋面保温、防水工程中，已包含找平工作内容。概算编制过程中，存在单独计列找平层定额情况	屋面保温、防水工程中，都已包含找平工作内容，不需要单列找平定额
4	楼面、地面、屋面未按定额规定计列面积	楼面、地面、屋面未按定额规定计列面积	楼板、地面、混凝土屋面板根据建筑轴线尺寸计列面积；压型钢板屋面按照屋面水平投影面积计算工程量
5	采暖通风、照明未按定额规定计列面积	采暖通风、照明未按定额规定计列面积	采暖通风、照明按建筑面积计算工程量
6	照明配电箱未列入建筑工程	将照明配电箱计入安装工程，错误	根据预规，建筑物的上下水、采暖、通风、空调、照明设施（含照明配电箱）属于建筑工程
7	永久质量责任牌漏记	永久质量责任牌漏记	变电站主要建筑需要安装永久质量责任牌
8	设备基础处多计列定额铁件	设备基础工程包括铁件制作与预埋，在概算编制过程中，存在重复计列铁件定额情况	设备基础工程包括铁件制作与预埋，不单列定额
9	变压器油池处未计列土方定额	变压器油池定额不包含土方定额	变压器油池定额不包含土方定额
10	大门定额错误	平开门未按1万元/扇计列；电动门未套用定额	平开门按1万元/扇计列；电动门套用相应定额
11	围墙定额错误	有挡土墙时，围墙套用了含基础定额	建在挡土墙、护岸等上面的围墙，套用无基础围墙定额

续表

序号	问题名称	问题描述	原因及解决措施
12	消防水池定额套用错误	水池大于 $500m^3$ 时未套用构筑物水池定额	构筑物水池定额不包含土方开挖、池顶保温、钢筋、爬梯与栏杆制作安装等，需另行套用相应定额
13	场地平整处亏方量错误	场地平整处亏方量、挖方量、填方量不对应	场地平整处亏方量=填方量–挖方量
14	临时施工电源计列变压器租赁费	临时施工电源计列变压器租赁费	根据预规，临时施工电源的变压器租赁费包含在临时设施费，不需单独计列费用
15	施工电源采用一笔性费用时未提供支撑概算	施工电源采用一笔性费用时未提供支撑概算	施工电源采用一笔性费用时需要提供支撑概算
16	采暖、通风定额调整系数错误	采暖、通风空调定额未按照地区调整定额	采暖、通风空调定额是按照III类地区编制的，地区类别不同时，需要调整系数。I类地区原则上不实施采暖，当工程需要采暖时，可参照执行

（2）变电安装工程。变电安装工程常见质量清单见表9–5。

表9–5　　变电安装工程常见质量清单

序号	问题名称	问题描述	原因及解决措施
1	主变压器户内安装时定额系数调整有误	110kV及以上主变压器户内安装时，安装定额仅人工费乘以系数1.3，未考虑散热器分体布置时人工费乘以系数1.1	主变压器户内安装时，散热器分体布置的情况较常见，与电气一次专业核实清楚后，调整定额系数
2	主变压器铁构件重复计列	套用主变压器安装定额的同时，计列铁构件主材费或套用制作安装定额	变压器安装包含铁构件制作安装，且铁构件及镀锌材料为计价材料
3	漏计GIS、HGIS金属平台及爬梯制作安装费用	仅套用GIS、HGIS安装定额，未考虑金属平台和爬梯制作安装费用	GIS、HGIS安装未包含金属平台和爬梯制作安装，发生时执行铁构件制作安装定额
4	重复计列框架式电容器网门制作安装费用	套用框架式电容器安装定额同时套用保护网制作安装定额	框架式电容器安装包含网门等安装，不另套保护网制作安装定额
5	保护柜、控制柜区分不清	故障录波器柜等套用保护盘台柜安装定额	控制屏、故障录波屏、智能汇控柜等套用控制盘台柜安装定额，保护屏、测控屏套用保护盘台柜安装定额
6	IED、智能终端、合并单元安装调试费用漏计	柜体仅套用盘台柜安装定额，未另计列IED、智能终端、合并单元安装调试费用	保护盘台柜安装未包含变压器测量IED、油中溶解气体监测IED、油中微水监测设备、铁芯接地电流监测IED、绕组光纤测温IED、电容式套管电容量、介质损耗因数监测IED、断路器机械特性监测IED、气体密度、水分监测IED、绝缘监测IED、避雷器在线监测系统、智能终端、合并单元等安装调试，发生时执行《电力建设工程预算定额（2018年版）第三册　电气设备安装工程》相应定额子目

续表

序号	问题名称	问题描述	原因及解决措施
7	交换机安装调试费用漏计	柜体仅套用盘台柜安装定额，未另计列交换机安装调试费用	控制保护盘台柜安装未包含交换机安装调试，发生时执行《电力工程建设预算定额（2018年版）第七册 通信工程》相应定额子目
8	漏计 35kV 及以上高压电缆调试费用	35kV 及以上高压电缆敷设定额未包含调试，发生时需单独套用相应定额	（1）35kV 及以上电压等级计列护层遥测试验，交联单芯电缆和自容式充油电缆计列护层耐压试验、交叉互联试验。 （2）35kV 及以上电压等级交联电力电缆计列交流耐压试验，纸绝缘电缆和自容式充油电缆计列直流耐压试验。 （3）35kV 及以上各电压等级电缆线路计列电缆参数测定。 （4）各电压等级均不计列波阻抗试验；充油电缆计列充油电缆绝缘油试验。 （5）35kV 电缆采用电缆 OWTS 震荡波局部放电试验，以“回路”为计量单位，交流三相为一个回路；110kV 及以上电缆高频分布式局部放电试验，按电缆中间接头及电缆终端头以“只”为计量单位
9	电缆头材料费计列有误	套用电缆敷设定额的同时，计列 6kV 以下低压电缆头材料费	6kV 及以上电缆头为未计价材料，6kV 以下电缆头为计价材料
10	变压器终端头安装定额有误	变压器终端头套用空气终端安装定额	GIS 终端头与变压器终端头相比，由于其接头工艺和施工难度差异不大，变压器终端头的制作安装定额执行 GIS 终端头制作安装定额
11	钢制电缆支架定额套用有误	钢制电缆支架套用钢制电缆桥架安装定额	需现场制作、安装的电缆钢支架执行铁构件制作、安装定额子目
12	热熔焊点计列有误	热熔焊点计列一笔性费用或套用定额的同时计列焊料等材料费	热熔焊点套用 YD9－41 热熔焊接定额，熔粉及模具均为计价材料，不另计列材料费
13	接地工程量计列有误	接地工程量考虑垂直接地极长度	接地按水平接地母线长度计量，水平接地母线安装中包括了垂直接地体的安装
14	送配电设备分系统调试定额工程量计列有误	变压器各侧间隔设备及备用间隔套用送配电设备分系统调试定额	电力变压器分系统调试包括变压器各侧间隔设备的调试工作，不得重复执行送配电设备分系统调试定额；备用间隔不计列送配电设备分系统调试
15	GIS（HGIS、PASS）组合电器的耐压、局部放电试验工程量计列有误	GIS（HGIS、PASS）的耐压、局部放电试验未考虑母线设备间隔或多于考虑其他无断路器间隔	GIS（HGIS、PASS）的耐压、局部放电试验以“间隔”为计量单位，包括带断路器间隔和母线设备间隔
16	无开关间隔设备价格计列有误	无开关间隔设备价格按有开关间隔设备价格计列	按信息价中无开关间隔设备价格计列，只有括号内的数字时，采用最低价和最高价的平均值计列
17	网络记录分析装置、小电流接地选线装置设备费计列有误	新建变电站计列监控系统整套费用的同时，单列网络记录分析装置、小电流接地选线装置设备费	新建变电站监控系统包含网络记录分析装置、小电流接地选线装置，不单列设备费

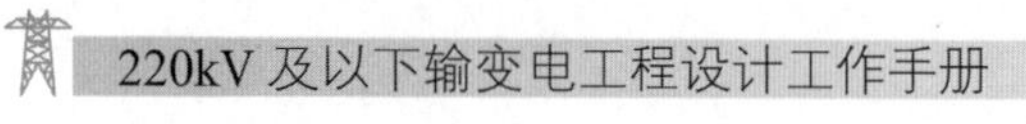

（3）架空输电线路工程。架空输电线路工程常见质量清单见表 9–6。

表 9–6　　架空输电线路工程常见质量清单

序号	问题名称	问题描述	原因及解决措施
1	人运是否计列	采用机械化施工的工程，仍然计列人运	采用机械化施工的工程，不再计列人运
2	地质比例问题	水坑地质较难确定；松砂石、岩石难区分	严格按照地勘确定地质类型
3	水坑未采用机械化施工定额	设计明确机械化施工的工程，水坑未采用机械化挖方	机械挖泥水、水坑时，按普通土、坚土定额乘以系数 1.15，排水费另计
4	灌注桩大桩径定额错误	灌注桩大桩径定额错误	桩基大于 2.2m 时，采用内插法算出定额人材机费用后计列定额
5	灌注桩、挖孔基础未做地质分层	灌注桩、挖孔基础未做地质分层	灌注桩、挖孔基础需要根据地勘，分层设置地质类型
6	杆塔组件录入时未录入立柱宽度	角钢塔组件录入时未录入立柱宽度	立柱宽度是计算塔基占地面积的一个指标，需要按设计提资录入立柱宽度，正确计算塔基占地面积
7	引绳展放计列错误	光缆随新建线路架设时，重复计列引绳展放定额	随线路新建工程架设的光缆不再增加引绳展放，展放工程量为线路亘长乘以回路数；单独通信线路改造工程按线路亘长考虑增加引绳展放，展放工程量为线路亘长
8	X 射线单双侧问题	未根据跨越具体情况确定探伤实验单双侧情况，系数调整错误	根据杆塔所处具体位置，确定探伤实验单双侧，具体参考定额指南
9	高电压等级线路被跨越时能否带电	35、110、220kV 被跨越时安装带电跨越	需要有具体的设计方案，根据设计方案确定是否计列带电跨越相关费用
10	杆塔标志牌材料费	在工程中计列了新建杆塔的标志牌材料费	新建杆塔的标志牌、警示牌材料费包含在“工器具及办公家具购置费”，编制预算时新建杆塔的标志牌、警示牌材料费不单独计列，原有杆塔更换的标志牌、警示牌材料费按未计价材料计列费用
11	悬垂串、耐张串套用均压环定额	悬垂串、耐张串套用均压环定额	悬垂串、耐张串不计取均压环定额
12	悬垂串、耐张串、跳线串数量计列错误	悬垂串、耐张串、跳线串数量按包含裕度计列	悬垂串、耐张串、跳线串应结合杆塔数量、设计情况按净量计算数量，不能包含裕度
13	跳线定额数量计列错误	跳线定额数量计列错误	跳线定额数量存在于跳线串数量不对应的情况，有的跳线不需要跳线串，单独的跳线需要计列安装费用
14	材料价格直接按市场信息价进本体	材料价格直接按市场信息价进本体	材料价格应该按照装材本价格进本体，按照市场信息价进行调差
15	永久质量责任牌漏计	永久质量责任牌漏计	架空单项工程计列两块永久质量责任牌；线路既有架空又有电缆时，仅在架空部分计列；单独电缆工程，单项计列一块永久质量责任牌

续表

序号	问题名称	问题描述	原因及解决措施
16	输电线路试运行定额错误	输电线路试运行定额错误	输电线路试运行定额同塔架设多回线路时，增加的回路定额乘以系数 0.7。 35kV 输电线路不计取输电线路试运行定额。输电线路试运行定额，工程量按回计量，如一回输电线路由架空与电缆两部分组成时，工程量按 1 回计算
17	拆除工程计列时同时计列主材	拆除工程计列时同时计列主材	拆除工程计列时不计列主材

（4）电缆部分。电缆部分常见质量清单见表 9－7。

表 9－7　　电缆部分常见质量清单

序号	问题名称	问题描述	原因及解决措施
1	大口径顶管费用计列有误	顶管直径超过定额最大直径时，顶管及两端大型沉井工井费用计列不准确	顶管施工费用套取市政施工定额测算后，以一笔性费用形式计列；大口径顶管两端工井，如采用沉井等特殊建筑形式可执行概算 2018 年版《电力建设工程概算定额　第一册　建筑工程》相关子目
2	非开挖水平导向钻进多管敷设定额套用有误	非开挖水平导向钻进，多管敷设时定额选取有误	非开挖水平导向钻进，多管敷设子目按集束最大扩孔直径划分。非开挖水平导向钻进多管定额集束最大扩孔直径的计算方法，参考《电力建设工程预算定额（2018 年版）》中附录 A　非开挖水平导向钻进多管拉管工程计算规则
3	电缆清淤排水计列问题	市内需要连接老旧电缆沟时，发生的清淤排水工作工程量漏计或计列不规范	电缆沟内如发生清淤排水工作，执行概算《电力建设工程概算定额（2018 年版）第一册　建筑工程》，套用定额“人工挖淤泥、流砂”及“人工运淤泥运距 20m 以内”计列费用；排水工作套用相应施工降水概算定额计列费用
4	漏计主材	砖砌、浇制工井，定额中混凝土、水泥砂浆、砖、防水粉等未计价材料漏计	砖砌、浇制工井按图纸实砌或现浇体积计算。定额中混凝土、水泥砂浆、砖、防水粉等未计价材料量按设计用量计列
5	漏计管材	排管浇制，内衬管主材漏计	排管浇制定额包括内衬管安装，不包括内衬管主材
6	排管工程量计算错误	排管浇制工程量计算不准确	排管浇制混凝土工程量计量应扣除内衬管部分体积
7	漏计围栏工程量	漏计电缆终端杆围栏工程量	电缆终端杆围栏工程量依据设计工程量计列，材料单价参照当地市场价格
8	多计工程量	多计、重复计列沟、井、隧道和保护管工程量	电缆线路工程中，凡与市政共用的沟、井、隧道和保护管均划归市政工程范畴，不列入电缆线路的建筑工程费
9	电缆敷设长度计列	电缆敷设长度计列不准确	电缆敷设按截面以米/三相计，长度为设计材料长度，设计长度中包括材料损耗、波（蛇）形敷设、接头制作和两端预留弯头等“附加长度”及施工损耗等因素

续表

序号	问题名称	问题描述	原因及解决措施
10	定额系数计列错误	对同一定额子目出现两种及以上调整系数时，调整系数计列错误	《电力建设工程预算定额（2018 年版）》对同一定额子目出现两种及以上调整系数时，定额规定“一律按增加系数累加计算，如章节内有规定的，按章节规定执行”
11	采用商品混凝土的定额计列有误	采用商品混凝土的定额计列没有乘以系数	电缆沟、排管和工井均采用现场搅拌混凝土，如采用商品混凝土时，相应定额人工乘以系数 0.75，机械乘以系数 0.3
12	异型井计列工程量错误	异型井漏计凸口或工井浇制定额工程量计算错误	三通工井、四通井及其他异型工井在计取直线工井浇制定额的同时可另计凸口，但计算直线工井混凝土量时需扣除直线工井井壁上凸口孔洞的混凝土量
13	非开挖水平导向钻进定额计列不准确	非开挖水平导向钻进没有根据土质调整系数	非开挖水平导向钻进定额按普通土土质考虑。施工中遇坚土、松砂石土质，定额乘以系数 1.6；遇泥水、流砂土质，定额乘以系数 1.7；遇岩石地质，定额乘以系数 5.2
14	工井计量工程不准确	工井计量工程量按外形尺寸计列	工井一般用“宽×高×长”表示，其中：宽指的是工井箱体的净宽（工井净宽=工井外形宽－壁厚）。高指的是工井箱体净高（工井净高=工井外形高－顶板厚－底板厚）。长指的是工井箱体的净长（工井净长=工井外形长－壁厚）
15	漏计凸口	三通井漏计凸口工程量	凸口是指工井的出口孔，一般三通工井有一个凸口、四通工井有两个凸口，以此类推。定额中考虑的凸口形状为等腰梯形，梯形尺寸为顶边 3m、底边 5m、高 2m
16	漏计“揭、盖电缆沟盖板”	漏计“揭、盖电缆沟盖板”工程量	盖板制作定额不含安装，发生时套用“揭、盖电缆沟盖板”定额
17	交流耐压试验计列错误	交流耐压试验计列第二回没有乘以系数	电缆交流耐压试验在同一地点做两回路及以上试验时，从第二回路按 60%计算
18	漏计电缆局部放电试验	漏计电缆局部放电试验	根据《电力建设工程概算定额（2018 年版）第五册　电缆输电线路工程》，35kV 及以上电缆需计列电缆局部放电试验。35kV 电缆采用电缆 OWTS 震荡波局部放电试验，以“回路”为计量单位，交流三相为一个回路。110（66）kV 以上电缆高频分布式局部放电试验，电缆中间接头及电缆终端头以“只”为计量单位
19	电缆试验工程量计算错误	电缆护层试验“互联段”工程量计算不正确、不准确	电缆护层试验，包括摇测、耐压试验和交叉互联系统试验，电缆护层试验子目均以“互联段/三相”为计量单位。互联段通常在电缆线路中，为了平衡各种参数，将一个线路分为三个或三的倍数的等长线路段，在交接处 A、B、C 三相按顺序换位，其中一段称为一个交叉互联段。不形成一个互联段也按一段计算
20	在线监测设备价格	在线监测设备价格计列过高	电缆监控系统设备部分设备价格采用近期招标价或者市场询价。市场询价需提供不少于三个厂家询价单，采用相对较低值

续表

序号	问题名称	问题描述	原因及解决措施
21	防火材料价格	防火材料价格计列过高	防火材料除防火涂层板按1000元/m²计列，其他材料价格按18版电力装材价计列
22	漏计接地安装工程量	接地电缆、同轴电缆漏计敷设定额	《电力建设工程概算定额（2018年版）第五册 电缆输电线路工程》定额增加接地电缆、同轴电缆敷设定额，该部分工程量按设计材料提资计列
23	电缆试运行工程量计列有误	电缆线路试运行工程量漏计、计错或计多	输电线路试运行定额，工程量按回计量，如1回输电线路由架空与电缆两部分组成时，工程量按1回计算

（5）通信工程。通信工程常见质量清单见表9-8。

表9-8　　通信工程常见质量清单

序号	问题名称	问题描述	原因及解决措施
1	公共单元盘（SDH）光接口板安装调测定额计列重复	重复计列SDH传输设备基本成套配置中包含的两块高价光板、配套的2M板及数据板的安装调测定额	SDH传输设备定额子目的基本成套配置按基本子机框和接口单元盘（输变电工程使用分插复用器包括两块高价光板、配套的2M板及数据板）综合取定，不另单计
2	基本子架及公共单元盘调测定额计列错误	新建SDH传输设备，不需要单独调测基本子架及公共单元盘（SDH），导致计列重复	调测基本子架及公共单元盘（SDH），指在原有SDH光传输设备上扩容单元接口盘，需对原有光端机基本子架及公共单元盘进行调测，但是同一台光端机上无论增加的接口单元盘数量、种类多少，只计列1次
3	网络管理系统（本地维护终端）、网络管理系统（网元级）调测定额计列重复	新建光纤通信数字设备，不需要单独调测网络管理系统（本地维护终端）、网络管理系统（网元级），导致计列重复	光纤通信数字设备安装调测定额子目已包括网络管理系统（本地维护终端）、网络管理系统（网元级）及相对应的网络级接入的工作量，不再重复计列
4	新建SDH传输设备（传输设备速率为40Gbit/s）安装调测定额计列错误	找不到直接对应的新建SDH传输设备（传输设备速率为40Gbit/s）安装调测定额，导致计列不一致	安装调测SDH传输设备速率为40Gbit/s时，执行速率为10Gbit/s相对应的传输设备及接口单元盘子目，定额人工、机械乘以系数1.2
5	PTN传输设备的安装调测定额计列不一致	找不到直接对应的PTN传输设备的安装调测定额，导致计列不一致	PTN传输设备的安装调测参照SDH传输设备定额子目执行
6	色散补偿安装调测定额使用不准确	找不到直接对应的色散补偿定额，导致计列不一致	色散补偿安装调测执行外置光功率放大器子目，定额乘以系数0.5
7	通信用电力电缆敷设定额选取不准确	通信用电力电缆安装定额错误套取交流电力电缆的敷设及电缆头的制作安装定额	电力电缆适用于通信工程的直流电缆；交流电力电缆的敷设及电缆头的制作安装执行《电力建设工程概算定额（2018年版）第三册 电气设备安装工程》相关子目
8	分配架安装定额使用不准确	分配架整架子目和子架子目使用未分情况套取定额	分配架整架子目是按成套配置取定的，包括机柜安装；分配架扩容时应执行子架子目，子架子目含子框和端子板的安装

续表

序号	问题名称	问题描述	原因及解决措施
9	中间站点跳纤定额计列不准确	发生中间站点跳纤时，漏记“光、电调测中间站配合”定额子目	发生中间站点跳纤时，执行“光、电调测中间站配合”定额子目；无论跳纤数量多少均按站计列，跳线为未计价材料
10	布放射频同轴电缆定额漏记其同轴电缆头制作安装	布放射频同轴电缆定额不确定是否包括其同轴电缆头制作安装	布放射频同轴电缆以“100m”为计量单位，未包括同轴电缆头制作安装。同轴电缆头制作安装以“个”为计量单位，同轴电缆1芯按两个同轴电缆头计算
11	布放电话、以太网线重复计列其线缆头制作及试通	布放电话、以太网线不确定是否包括其线缆头制作及试通	布放电话、以太网线以“100m”为计量单位，包括线缆头制作及试通
12	光缆架设引绳展放计列不一致	关于光缆架设引绳展放，定额内无明确说明	随线路新建工程架设的光缆不再增加引绳展放；单独通信线路改造工程按线路亘长考虑增加引绳展放
13	OPGW全程测量定额使用不准确	OPGW光缆超过100km未考虑调整系数	全程测量定额是按100km考虑，超过100km，每增加50km，定额人工、机械乘以系数1.4，不足50km按50km计列
14	光缆跨越定额使用有误	重复计列光缆跨越定额	OPGW随导线同时架设时，已包括在相应导线跨越定额中，不再单独计列
15	重复计列光缆接头盒或保护盒的安装定额	光缆接续定额不确定是否包括光缆接头盒或保护盒的安装	光缆接续定额已包括光缆接头盒或保护盒的安装
16	牵、张场地建设计算数量有误	不同光缆的牵、张场地建设计算规则不一致，使用时未按光缆类型分别计算	牵、张场地建设按设计方案确定的数量；如技术方案未确定时，一般ADSS及普通光缆可按3km一处计算；OPGW可按4km一处计算；OPPC可按3km一处计算
17	单盘测量中的盘长计算数量有误	不同光缆的单盘测量中的盘长计算规则不一致，使用时未按光缆类型分别计算	单盘测量中的盘长按设计方案确定的数量；如技术方案未确定时，一般ADSS及普通光缆可按3km一处计算；OPGW可按4km一处计算；OPPC可按3km一处计算
18	OPPC架设定额计列错误	只单独计列了相应导线截面“导线张力架设”，漏计“OPPC张力架设增加费”	OPPC架设定额按张力架设考虑，定额执行相应导线截面“导线张力架设”和“OPPC张力架设增加费”，按单根线路亘长，以“km”为计量单位计算。若为两根（相）OPPC同塔架设，工程量为2倍线路亘长
19	变电站构架光缆接头盒至机房两端的光缆熔接定额计列不一致	变电站构架光缆接头盒至机房两端的光缆熔接不清楚执行厂（站）内光缆熔接还是光缆接续定额	变电站构架光缆接头盒至机房两端的光缆熔接均执行厂（站）内光缆熔接
20	OPPC单盘测量、全程测量、接续等定额计列错误	找不到直接对应的OPPC单盘测量、全程测量、接续等定额，导致计列不一致	OPPC单盘测量、全程测量分别执行“OPGW单盘测量”“全程测量”相关定额；OPPC接续，执行“OPGW接续”相关定额，人工乘以系数1.5

（6）其他费用。其他费用常见质量清单见表9-9。

表9-9　　其他费用常见质量清单

序号	问题名称	问题描述	原因及解决措施
1	建设场地征用及清理费计列不合理	建设场地征用及清理费计价未提供依据	当征地单价超过当地赔偿标准文件规定时，需提供依据，依据为土地所属主管部门签订的征地协议、近一到两年内工程所在地区（以县级为单位）已签订的征地合同及费用组成明细
2	连带征地费用过高	进站道路租赁费用计列过高	进站道路租赁费用标准一般不可超过征地费价格标准，需提供依据
3	建设场地征用及清理费计列不合理	林木补偿费用计列不准确、不合理	线路青苗补偿标准应根据线路实际的植被类型计列，依据当地青苗补偿标准计列
4	建设场地征用及清理费计列不合理	青苗补偿费用计列面积不准确	架空线路全线采用机械化施工，引绳展放采用飞行器展放时，青苗补偿仅计列塔基及施工道路处，不涉及走廊清理的青苗补偿
5	城市绿化补偿费用计列不合理	城市绿化补偿费用计列不准确，费用过高	城市绿化补偿费用一般补偿标准高，应提供当地政府绿化补偿、园林补偿标准，根据标准严格计列。比如珍贵绿化树木银杏应按其不同胸径详细计列
6	道路补偿计列不合理	城市道路补偿未严格执行当地赔偿标准，非主干道路也按最高标准计列	城市道路补偿严格执行鲁建城字〔2021〕17号《山东省住房和城乡建设厅关于调整城市道路挖掘修复费标准的通知》，应详细区分道路类型，不同道路类型费用不同
7	跨越高铁费用计列	在缺乏计列依据时，跨越高铁费用计列不合理	跨越高速铁路措施费参考相似以往项目结算费用计列，参考指标为220kV及以上架空线路跨越高速铁路措施费用100万～150万元/处；35、110kV架空线路跨越高速铁路措施费用80万～120万元/处
8	水土保持补偿费计列不准确	漏计水土保持补偿费、计列面积不准确，或者整个输变电工程各个单项工程的水土保持补偿费之和与该工程水土保持批复方案不对应	水土保持补偿计征面积不仅包括永久占地，也包括临时占地、架空线路牵张场面积、临时施工道路面积及临时租用材料站面积、电缆工程作业面积、变电站临时租用面积等。水土保持补偿费按水土保持批复方案计列
9	前期费计列	220kV规模以上工程前期费计列不准确	项目前期工作费应与建设管理单位确认已发生的项目，按合同金额计列；未签订合同但确认会发生的项目，按关于落实《国家发展改革委关于进一步放开建设项目专业服务价格的通知》（发改价格〔2015〕299号）的指导意见计列
10	项目后评价费错误	单项工程概（估）算中计列了项目后评价费	单项工程概（估）算中不再单独计列项目后评价费
11	现场人员管理费用	单项工程概算中单独计列现场人员管理费用	按照《电网工程建设预算编制与计算标准（2018年版）》和住房和城乡建设部人力资源社会保障关于印发建筑工作实名制管理办法（试行）的通知（建市〔2019〕18号），该费用不在单独计列，由安全文明施工费和项目法人管理费（工程信息化管理费）解决

续表

序号	问题名称	问题描述	原因及解决措施
12	设备材料监造费计列错误	保护改造工程计列了设备材料监造费	设备材料监造范围为变压器、电抗器、断路器、隔离（接地）开关、组合电器、串联补偿装置、换流阀、阀组避雷器等主要设备，以及220kV及以上电力电缆。保护改造工程不计列该项费用
13	勘察设计费计价错误	无法提供勘察设计费合同时，勘察设计费计列未执行国家电网电定〔2014〕19号，设计费计列了总体设计费或漏计三维设计费激励系数	无法提供勘察设计费合同时，勘察设计费严格执行国家电网电定〔2014〕19号，设计费取消总体设计费系数5%。提供三维设计方案的工程根据《国网办公厅关于印发输变电工程三维设计费用计列意见的通知》（办基建〔2018〕73号），按10%调整计算设计费
14	勘察费计列不合理	未按站址实际地勘情况选取复杂程度及附加调整系数，而是为了提高费用随意选取系数	与设计人员核实本工程站址情况并按地勘报告中描述，选取复杂程度及附加调整系数。如站址情况特殊，需设计人员提供相关依据
15	停电过渡无计价依据	停电过渡费用无费用计算依据及过程，也未提供具体设计方案及工程量	需设计人员提供详细方案，技术经济人员按所提供详细工程量据实计列费用
16	大件运输费无计价依据	大件运输费用无费用计算依据及过程，也未提供具体设计方案及工程量	根据《关于印发电网工程大件设备运输方案费用计列指导依据的通知》（国家电网电定〔2014〕9号），该费用如需计列，必须在工程说明书中提供详细的大件运输方案，根据方案计算运输措施费用
17	机械化施工补充费用计列错误	根据机械化施工补充定额，计列设备进场费，如履带式旋挖钻机安拆及进场费	《电力建设工程概算定额（2018年版）》机械化施工部分安装定额考虑了设备安拆及进场费，不单独计列该费用

（三）设计要点

设计要点如下：

（1）根据预规、定额说明等完成设计文件编制，各级校审、修改等。

（2）对照可行性研究批复，投资不超可行性研究；重点关注与可行性研究的差异，审查比对较可行性研究产生重大变化的量与价，落实具体原因，与其他专业协调一致。

（3）参加初步设计评审会议。

（4）配合初步设计评审收口，并按照要求上传成品资料。

（5）设计成品验证。

做好个人设计的自校工作，确保个人出手质量，填写“成品校审记录单”交出，严肃“技术纪律”，按公司环境、质量、职业健康安全三标管理体系文件要求逐级校审签字。修改闭合设计中存在的所有差错后交出。

三、专业配合

技经专业在输变电工程初步设计中需要与变电一次、变电二次、土建、通信、线路电气及线路结构等专业相互配合。

初设阶段技经专业向外专业提资内容及接受外专业提资内容见表9－10、表9－11。

表9－10　　　　　　　　接受外专业资料表

序号	资料名称	资料主要内容	提资专业	备注
1	概况数据	（1）近、远期建设规模。 （2）施工工期	变电	
2	站区性建筑设施、总平面布置图、竖向布置与场地平整图	（1）站区平整、土石方挖填量、运距及运输方式、站区围墙、大门、道路、地坪，站内沟道、护坡及挡土墙、防洪设施工程量（m^3、m^2、m、座）。 （2）站区绿化面积、征地面积及拆迁赔偿工程量（m^2、m、棵、座）。 （3）站区利用系数、建筑面积、建筑系数等总平面布置技术经济指标	土建	
3	站外工程	进站公路、涵洞工程量（m、个）	土建、设总	
4	站区自然条件	地耐力、地震烈度、场地土（石）类别、地下水位、最高洪水位、风压、最低气温、最高气温	岩土、水文	
5	全站建筑物、主控及通信楼平立剖面图、屋内（外）配电装置平立剖面图、综合楼平立剖面图、其他附属建筑单线示意图	（1）主控及通信综合楼、站用配电室、就地保护小室、屋内（外）配电装置、雨淋阀间及辅助生产建（构）筑物结构型式、建筑几何尺寸、装修标准、基础型式及埋深、地基处理方式。 （2）各种建筑物桩基、基础、地面、底板、屋面、楼面、屋架、内外墙面、框架、梁柱、钢结构、钢制件、门窗工程量（m^3、m^2、m、t、座）	土建	
6	配电装置、屋外构架透视图	（1）变电电压等级、接线方式、构架及设备支架结构形式、高（跨）度、榀数、基础型式及埋深。 （2）构架及设备支架、避雷针塔、微波塔、钢梁、钢爬梯走道等工程量（m^3、t、组、个）	变电、土建	
7	供水系统建筑	（1）综合（深井）泵房建筑物结构型式、建筑几何尺寸、装修标准、基础型式及埋深、地下部分施工方式、内衬及防腐方式、地基处理方式。 （2）综合泵房建筑物桩基、基础、地面、屋面、楼面、屋架、内外墙面、框架、梁柱、钢结构、钢制件、门窗工程量（m^3、m^2、m）。 （3）深井及供水管路支墩、冷却塔及基础、钢制水箱、水（油）池、污水处理设备基础、站区管沟、井类等构筑物工程量（m^3、m^2、m、座）	水工、土建	
8	暖通设备材料清册	主控及通信综合楼、辅助生产建筑物采暖、通风、空调等主要设备、管道、保温规格型号、材质及工程量（台、套、m、m^2、m^3）	暖通	

续表

序号	资料名称	资料主要内容	提资专业	备注
9	消防设备材料清册	站区消防泵、室内外消防栓、CO_2及干粉灭火器、变压器水喷雾消防系统（雨淋阀）等设备、管道规格型号、材质及工程量（台、套、m、座）	水工	
10	场外施工临时设施	（1）场外施工临时水源、电源、通信、道路、二次搬运及施工排水等措施方案、施工临时租地面积及拆迁赔偿工程量（台、m、m^2、棵、座）。 （2）主变压器运输方式、运输距离、大件运输措施费用，租赁费用	施工组织	
11	生活工程	生活工程建筑面积及征地面积	土建	
12	供水系统设备材料清单、供水系统图	站内外取水设备、供水及污水处理装置、供排水管道规格型号、材质及工程量（台、套、m、t）	水工	
13	电气一次线设备材料清单、电气主接线图、电气总平面图、配电装置平断面图	（1）站用变压器、站用配电屏、站用备用电源装置、厂区构筑物及道路照明等设备、材料规格型号、材质及工程量（台、套、m、km）。 （2）全站电力电缆及桥架、电缆防火、全站接地及阴极保护、检修等设备材料规格型号及工程量（台、m、t、个）	变电	
14	电气二次线设备材料清单	（1）控制、保护屏柜、直流、微机监控、火灾报警系统设备、交流不停电电源装置、试验室设备规格型号及工程量（台、套）。 （2）全站控制电缆及桥架、电缆防火等规格型号及工程量（m、t、个）	变电	
15	系统继电保护设备材料清单	系统继电保护、安全自动装置设备及材料规格型号及工程量（台、套、m）	系统保护	
16	系统调度自动化设备材料清单	远动装置、电能计费系统设备及材料规格型号及工程量（台、套、m），有关调度端接口、调试费用	远动	
17	通信系统设备材料清单	（1）系统通信：载波、微波、光纤、调度通信设备、电源装置及高频电缆、电源电缆、光缆线路规格型号及工程量（台、套、m、km）。 （2）站内通信：数字程控交换机、音频配线架、话机等设备，音频电缆、电话线规格型号及工程量（台、套、m）。 （3）对外通信线路：中继线初装费、外委设计市话通信线路造价及工程量（对、km）	通信	
18	线路电气资料	导地线型号及质量、绝缘子型号、数量，其他金具及钢材量、线路长度、导线分裂根数、金具组装图号或图纸、占地等		
19	线路结构资料	杆型图、基础图、钢材耗用量、混凝土耗用量、施工基础土石方量		
20	研究试验费	按设计规定在施工中必须进行的试验费，以及支付科技成果、先进技术的一次性技术转让费	各专业	

表 9-11　　提供外专业资料表

序号	资料名称	资料主要内容	类别	接受专业	备注
1	技经资料	材料价格，各专业概算成果，工程造价	一般	各相关专业	

四、输出成果

概算书和技经部分初步设计报告。

第三节　施工图阶段

一、深度规定

施工图提交资料应符合有关法律法规、国家标准、行业标准及公司企业标准和相关规定的要求，并满足公司输变电工程施工图预算内容深度规定要求。

施工图预算管理工作遵循“流程规范、标准统一、精准控制、管理闭环”的原则：

（1）流程规范是指严格施工图预算编、审管理流程，规范施工图预算全过程管理。

（2）标准统一是指统一施工图预算管理标准、管理内容、管理流程、计价标准。

（3）精准控制是指强化设计质量管理，确保施工图设计深度满足招标工程量清单编制要求，实现精准确定合同价。

（4）管理闭环是指落实评价考核与责任追究，切实提高施工图预算管理质量。

施工图预算应由具有相应编制资质的单位根据“年度电网建设进度计划”要求及时完成施工图预算的编制和正式出版工作。

工程施工招标前应完成满足招标深度要求的建安工程施工图预算及相应的招标工程量清单及最高投标限价编制与审核；工程开工前应完成基于施工图设计及物资招标结果的全口径施工图预算的编制及审核。

施工图预算应在工程初步设计审核后，依据有关法律法规、国家标准、行业标准、公司企业标准和相关规定的要求及施工图设计文件进行编制。

施工图预算编制内容包括建筑工程费、安装工程费、设备购置费和其他费用，按变电站、换流站、串补站、电缆工程、线路工程、通信站（中继站、微波站）工程、安全稳定控制系统工程等独立成册。

施工图预算文件应履行编制、校核、批准，并加盖单位公章，电子版数据应满足公司系统工程施工图预算相关软件要求。

施工图预算应由编制说明、总预算表、专业汇总预算表、单位工程预算表、其他费用预算表及相应的附表、附件组成，审定的施工图预算应与批准概算进行对比分析。

施工图预算投资应满足以下要求：

（1）施工图预算原则上应控制在初步设计批准概算之内。

（2）施工图预算应依据施工图及现行定额计价依据或工程量清单计价规范准确计价，已招标设备、材料、服务类费用应按合同（协议价）计列，其他的按施工图预算编制原则计取相关费用。

（3）严禁在施工图预算中计列未提供技术方案的费用，对站外电源、站外水源、站外道路、围堰、安全稳定装置等配套的专项，应根据专项设计计列相应费用。

预算书应包括施工图预算编制说明、预算表及附表附件。

（1）施工图预算编制说明。

1）工程概况。内容包括：① 工程性质（新建、扩建或改建）、工程建设地点、设计依据、建设规模、建设场地情况、施工条件、改扩建工程过渡措施等工程特点、预算总投资；② 说明路径起讫点、电压等级、路径长度、回路数、曲折系数、设计气象条件（基本风速和覆冰厚度）、地貌及地形比例、导地线形式、杆塔数量及形式、基础数量及形式、土质分类及其比例、运输方式及运输距离、投资及单位投资等。

2）编制原则和依据。

a. 初步设计批复文件。

b. 工程量：依据施工图设计说明、施工图图纸及主要设备材料清册。

c. 预算定额：所采用的定额名称、版本、年份。采用补充定额、定额换算及调整时应有说明。

d. 项目划分及费用标准：所依据的项目划分及费用标准名称、版本、年份。建筑安装工程费中各项取费的计算依据。上述标准中没有明确规定的费用的编制依据。

e. 人工工资：所采用的定额人工工资单价及相关人工工资调整文件。

f. 材料价格：装置性材料价格的计价依据、价格水平年份和地区。定额内消耗性材料价格调整系数的计价依据、价格水平年份和地区。建筑工程材料价格的计价依据、采用的信息价格时间和地区。

g. 机械费用：安装工程定额内机械费用调整系数的计费依据、费用水平年份和地区；建筑工程机械费用调整的计费依据、费用水平年份和地区。

h. 设备价格：设备价格的内容组成、计价依据及价格水平年份；设备运杂费率的确定依据。超限设备运输措施费的计算方法和依据。

i. 编制年价差：编制年价格的取定原则和主要材料的取定价格依据，编制年价差的计算方法。

j. 建设场地征用及清理费用：建设场地征用、租用及拆迁赔偿等各项费用所执行的相关政策文件、规定和计算依据。

k. 特殊项目：应有技术方案和相关文件的支持，按施工图预算要求的深度编制施工图预算。

l. 价差预备费：价格上涨指数及计算依据，预算编制水平年至开工年时间间隔。

m. 建设期贷款利息：资金来源、工程建设周期和建设资金计划、贷款利率。

3）其他有关说明：对施工图预算中遗留的问题应加以重点说明。

4）与初步设计概算的对比分析：对本工程施工图预算与初步设计概算的投资进行简要分析比较，阐述投资增减原因。

（2）预算表及附表附件。

1）施工图预算的表格形式及分类，按《电网工程建设预算编制与计算标准（2018 年版）》的规定执行。

2）施工图预算包括预算编制说明、总预算表、专业汇总预算表、单位工程预算表、其他费用预算表、建设场地征用及清理费用预算表等。

3）施工图预算附表附件包括编制年价差（设备、人工、材料、机械）计算表、调试费用计算表、特殊项目的依据性文件及建设预算表。

4）附表附件不限于以上内容。为清晰完整地表达施工图中的各项工程量，可以补充工程量统计、计算表格。

（3）工程量计算原则。

工程量计算应以定额规定及定额主管部门颁发的工程量计算规则为准，并以施工图纸为依据，参照通用图纸、通用图集等进行计算。

工程量的编制按照输变电工程量清单计价规范及国家电网有限公司相应企业标准执行。

二、工作开展

（一）收集资料

接受任务后，充分查阅初步设计资料，熟悉工程设计范围和技术方案。接收变电一次、变电二次、土建、通信、线路电气及线路结构专业对技经专业的材料清册及施工图纸提资，并接收勘测专业的地质报告、水文报告。

（二）设计要点

（1）完成施工图预算、工程量清单及最高投标限价的编制工作。

（2）配合完成施工图预算审查工作。

三、专业配合

若施工图阶段设备、材料、工程量与初步设计阶段相比发生变化，需相关专业重新向技经专业提资。施工图阶段技经专业接受外专业提资内容见表 9－12。

表 9－12　　接受外专业资料表

序号	资料名称	资料主要内容	提资专业	备注
1	全套施工图纸	各专业图纸	各专业	
2	施工说明书及卷册目录	—	各专业	
3	设备及主要材料清册	—	各专业	
4	电缆清册	—	变电、线路	

四、输出成果

提交成果包括施工图预算、工程量清单及最高投标限价。

附录A　设计、测量成品校审流程

设计、测量成品校审流程如图A1所示。图中：

1——设计人自修改后，连同计算书、原始资料等送校核。

2——校核人将校核意见填入校审单，退设计人一次修改。

3——设计人一次修改后，送校核人核对修改情况。

4——校核人签署后送审核人。

5——审核人将校审意见退设计人，二次修改。

6——设计人二次修改后，送审核人核对修改情况。

7——审核人评定质量等级并签署后送批准人校审。

8——批准人将校审意见填入校审单退审核人组织修改后，批准人评定质量等级并签署。

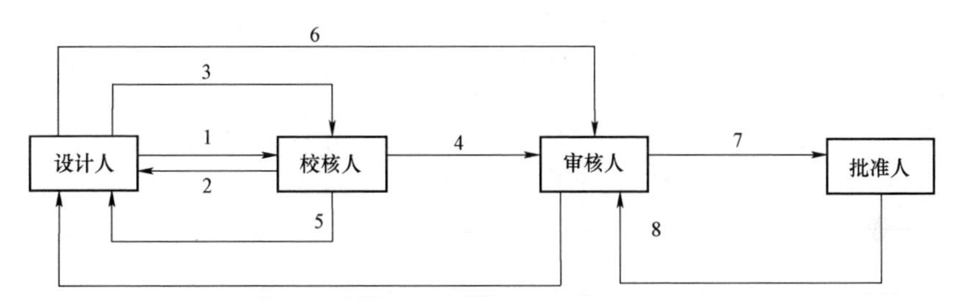

图A1　设计成品校审流程

测量成品校审流程如图A2所示。图中：

1——测量人自修改后，连同计算书、原始资料等送校核。

2——校核人将校核意见填入校审单，退测量人一次修改。

3——测量人一次修改后，送校核人核对修改情况。

4——校核人签署后送审核人。

5——审核人将校审意见退测量人，二次修改。

6——测量人二次修改后，送审核人核对修改情况。

7——审核人评定质量等级并签署后送批准人校审。

8——审核人评定质量等级并签署后送批准人校审、修改。人评定质量等级并签署。

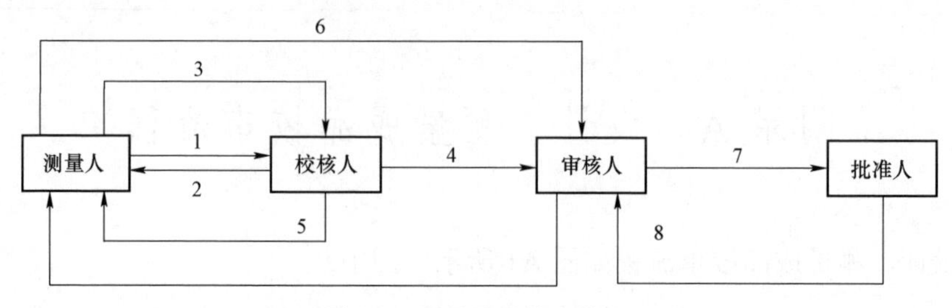

图A2　测量成品校审流程

附录B 表 格 格 式

B1 项目设计任务单

项目设计任务单见表B1。

表B1 **项 目 设 计 任 务 单**

编 号：

<table>
<tr><td>项目名称</td><td></td><td>项目编号</td><td></td></tr>
<tr><td>建设单位</td><td></td><td>设计阶段</td><td></td></tr>
<tr><td colspan="4">设计依据：</td></tr>
<tr><td colspan="4">项目概况及设计规模、范围：</td></tr>
<tr><td colspan="4">进度要求：</td></tr>
<tr><td colspan="4">备注：</td></tr>
<tr><td>项目设总任命</td><td colspan="3">批准人：　　　　年　月　日</td></tr>
<tr><td>编制人</td><td>年　月　日</td><td>审核人</td><td>年　月　日</td></tr>
</table>

B2 项目设计计划

项目设计计划如下：

检索号

× × × ×工程

× × × ×设计阶段

项 目 设 计 计 划

单位名称

工程设计证书号
××××年××月

批 准：

审 核：

编 写：

1　工程概况

1.1　委托单位

a）项目名称：

b）工程性质：

c）设计阶段：

d）委托单位：

1.2　工程规模

1.3　建设年限及投产时间

1.4　设计范围及分工

2　设计输入

（1）设计依据性文件，设计合同及其评审结果、设计委托书、设计任务通知单，上一设计阶段的设计输出及其上级的设计确认、批复文件（包括政府主管部门审查意见或顾客确认意见等）。

（2）适用的法规、主要技术标准及规范、相关方的要求、工程建设标准强制性条文等，列出本工程主要标准。

（3）变电站的设计抗震强度、污秽程度等。

（4）顾客或外部供方提供的资料，例如矿藏、文物、水文、地形、地质、环保、地段性特殊气象资料、铁路、河流、线路跨越及专用铁路接轨点等设计基础或技术接口资料；设备资料；设计人员收集的原始资料。

（5）以前类似工程建设及设计质量反馈信息，包括标准设计、典型设计、应用以往设计质量反馈信息。

（6）由工程设计产品或服务的性质所导致的潜在的失效后果。（主要指设计产品出现的问题产生的后果和影响，没有写无）

（7）顾客和使用者参与设计和开发过程的需求（顾客对设计的要求，没有写无）。顾客和有关相关方所期望的对设计过程的控制水平。（如没有，本条可删除）

（8）对后续产品和服务提供的要求。（设计服务）

3　主要设计原则

（1）设计严格遵守有关法律法规、技术标规范、规程、标准、工程建设标

准强制性条文、可行性研究（初步设计）批复及审查意见文件的规定。

（2）可持续发展的原则：节约用水、节约用地、节约材料、节约能源的要求或措施。

（3）工程近期、远期规模对总体规划布置的要求。

（4）变电工程建筑设计风格（与当地及本身）协调的要求及建筑设计标准，环境对送电线路设计的要求。

（5）变电工程关于总平面布置，方便施工、检修和运行操作的原则要求。

（6）变电工程主要工艺系统设计和设备选型的原则，包括方案优化的要求或应注意的问题。

（7）主要建（构）筑物结构选型和地基处理等方案或确定原则。

（8）执行环境保护政策的有关原则和措施，如土方就地平衡及其他减少水土流失的措施，送电线路减少林木砍伐及其他保护生态的措施。

（9） 对涉及安全生产的有关专业的要求。

（10）拟采用的新技术、新工艺、新材料、新设备及控制要求。

（11）本工程确定的创新点及对有关专业的要求。

（12）控制工程造价的有关要求。

4 工程有关技术的统一规定

4.1 （略）

4.1.1 工程编号：

4.1.2 工程名称：

4.1.3 提资单编号：

根据《科技文档归档管理》（Q/ZYDL 206.05—2020）规定，提资单属于接口资料，编号示例如下：

Y4－JJ－D1－01（电气一次）

Y4－JJ－D2－01（电气二次）

Y4－JJ－T－01（土建）

Y4－JJ－S－01（水工）

Y4－JJ－N－01（暖通）

……

Y4表示文件包为技术接口包编号；JJ为文件类别编码。

对侧改造工程编号如下：（示例）

工程名称	工程检索号

5 设计组织和技术接口及设计进度

5.1 项目组成员

项目参与专业	设计人/主设人	校核人	审核人	批准人
外部供方（单位名称）	承担工作内容	项目负责人	联系方式	备注

5.2 专业互提资料及进度要求

5.2.1 专业互提资料

提供资料和接收资料专业应遵照院综合管理标准体系文件《工程设计专业间联系配合及会签管理》规定提供和接收配合资料。互提配合资料进度见附表。

各专业间交接资料进度表

序号	资料名称	提资专业	接受专业	提出日期	备注
1					
2					
3					

5.2.2 总体进度安排

总体进度安排

序号	进度关键点	计划实施时间	文件记录
1	外部收资、现场踏勘		收资要点
2	设计、计算、专业间提资		专业间互提资料单、计算书
3	设计各级校审、专业会签		设计成品校审单
4	设计验证的特殊要求和安排		
5	设计评审计划（评审项目、参加人、时间、评审方式）		设计评审记录表
6	设总汇总、审签		
7	文件和图纸出版		□图纸 □说明书 □清册 □概/预算书 □报告
8	设计确认方面信息		
9	交付时间		
10	资料归档		
11	本工程需要控制的其他内容		

5.2.3 施工图进度要求

本工程计划××年开工，××年投运。

下附设计进度表。

××专业设计进度控制表

序号	卷册名称	卷册编号	开始时间	结束时间	备注

6 质量、环境、安全目标及保证措施

6.1 质量、环境和职业健康安全目标

（1）设计成品合格率100%，符合国家/行业设计要求及内容深度规定，工程建设强制性标准条文执行率100%，不发生因工程设计原因造成的重大质量问题

和质量事故。

（2）设计或服务过程中不发生人身伤害、健康损害；设计最终产品符合有关职业健康和安全生产的法规要求，不发生因工程设计原因造成的生产安全事故。

（3）设计或服务过程中不发生不良环境影响和环境污染事故；设计最终产品符合适用的环境法规要求，不发生负直接责任（设计原因）的环境污染事件、事故。

6.2 保证措施

说明实现质量、环境和职业健康安全目标的保证措施。

7 项目环境因素识别评价、危险源辨识与风险评价及控制措施

7.1 环境因素、危险源识别

（1）认真贯彻落实公司三标体系文件《环境因素和危险源识别评价管理》《设计服务过程控制》《应急准备和响应管理》等。

（2）认真落实适合于本工程项目的《环境因素识别评价表》《危险源辨识与风险评价表》《重要环境因素控制清单》《不可接受风险控制清单》中的控制措施。

（3）识别本项目新增的环境因素和危险源：

无新增危险源或环境因素 □　产生新的危险源或环境因素□

新增危险源或环境因素列表如下：

序号	危险源或安全风险/环境因素	控制措施	责任人	备注
1				
2				

7.2 评价及控制措施

8 工代服务

说明现场工代的人员安排、服务目标及相关服务措施。

B3　项目设计计划修改记录单

项目设计计划修改记录单见表 B2。

表 B2　　　　　　　　　**项目设计计划修改记录单**

编号：

<table>
<tr><td>项目名称</td><td colspan="3"></td><td>项目编号</td><td></td></tr>
<tr><td>专业</td><td colspan="3"></td><td>设计阶段</td><td></td></tr>
<tr><td colspan="6">计划修改内容：</td></tr>
<tr><td>主设人</td><td>年　月　日</td><td>设　总</td><td colspan="3">年　月　日</td></tr>
<tr><td>编制人</td><td>年　月　日</td><td>批准人</td><td colspan="3">年　月　日</td></tr>
</table>

B4 专业卷册作业指导书

专业卷册作业指导书见表 B3。

表 B3 **专业卷册作业指导书**

编号：

<table>
<tr><td>项目名称</td><td colspan="2"></td><td>项目编号</td><td colspan="2"></td></tr>
<tr><td>卷册名称</td><td colspan="2"></td><td>卷册编号</td><td colspan="2"></td></tr>
<tr><td>卷册负责人</td><td></td><td>参加人员</td><td></td><td>校核人</td><td></td><td></td></tr>
<tr><td>设计计划
出手日期</td><td colspan="2">设计人实际出手日期</td><td colspan="2">校核人计划出手日期</td><td colspan="2">校核人实际出手日期</td></tr>
<tr><td></td><td colspan="2"></td><td colspan="2"></td><td colspan="2"></td></tr>
<tr><td rowspan="2">计划成品数量</td><td>新制图纸</td><td>套用图纸</td><td>合计</td><td>计算书</td><td></td></tr>
<tr><td></td><td></td><td></td><td></td><td></td></tr>
<tr><td>设计
范围</td><td colspan="6"></td></tr>
<tr><td>设计
依据
及条
件</td><td colspan="6"></td></tr>
</table>

B5　专业间互提资料单

专业间互提资料单见表B4。

表B4　　　　　　**专业间互提资料单**

<table>
<tr><td>提资专业</td><td colspan="3"></td><td>提资单编号</td><td colspan="2"></td></tr>
<tr><td>工程名称</td><td colspan="2"></td><td>工程编号</td><td></td><td>设计阶段</td><td></td></tr>
<tr><td>资料名称</td><td colspan="2"></td><td>提资日期</td><td></td><td>正式□</td><td>假定□</td></tr>
<tr><td colspan="3" rowspan="2">提资人：
年　月　日</td><td colspan="2" rowspan="2">校核人：
年　月　日</td><td rowspan="2">资料类别</td><td>重要□</td></tr>
<tr><td>一般□</td></tr>
<tr><td colspan="5">专业室主管（专业工程师）：
年　月　日</td><td colspan="2">设总（重要类）：
年　月　日</td></tr>
<tr><td colspan="7">提资内容及附件编号、名称：</td></tr>
<tr><td>接收单位（专业）意见</td><td colspan="6"></td></tr>
<tr><td>接收专业</td><td></td><td></td><td></td><td></td><td></td><td></td></tr>
<tr><td>签收人</td><td></td><td></td><td></td><td></td><td></td><td></td></tr>
<tr><td>签收日期</td><td></td><td></td><td></td><td></td><td></td><td></td></tr>
</table>

注　1　本交接单适用于本院各专业间的资料交接及本院向外单位提供资料。

2　本交接单一式二份提供接受专业（单位），由接受专业（单位）签收后一份退提资方，一份由接受方保存。

3　外单位对本资料有异议，须在接到资料一周内向提资方专业主设人提出，否则作为认可。如需延长验证时，请预先提出。

B6 工程测量任务书

工程测量任务书见表 B5。

表 B5 工 程 测 量 任 务 书

编号：

<table>
<tr><td>工程名称</td><td></td><td>工程编号</td><td></td></tr>
<tr><td>提出日期</td><td></td><td>委托专业</td><td></td></tr>
<tr><td>专业室主任</td><td></td><td>委托人</td><td></td></tr>
<tr><td>测量室主管</td><td></td><td>工程设总</td><td></td></tr>
<tr><td colspan="4">目的与内容（设计意图、测量范围、具体项目任务及工作内容）：</td></tr>
<tr><td colspan="4">测量应提交的资料（资料名称、数量）：</td></tr>
<tr><td colspan="4">提交测量成果时间要求：</td></tr>
<tr><td>参加测量人员</td><td>主测人：</td><td>委托专业确认</td><td>签署：</td></tr>
</table>

B7　设计（勘测）输入评审/验证记录

设计（勘测）输入评审/验证记录见表B6。

表B6　　**设计（勘测）输入评审/验证记录**

项目名称：　　设计阶段：　　编号：

卷内目录序号	资料名称或原文件号、图号	资料编制单位	版本号/提供日期	评审意见	评审日期
评审人				主评人	

注　1　本记录随相应的设计（勘测）输入资料归档，宜放入同一档案袋内。

2　不同编制单位提供的设计（勘测）输入资料应分别填写评审记录单。

3　除了对设计输入评审的记录表式已做出规定外，其他设计输入评审一律采用本表式进行记录。

4　评审人一般为专业主设人，主评人为专业项目师。

B8 专业间互提资料单

专业间互提资料单见表 B7。

表 B7 专业间互提资料单

<table>
<tr><td>提资专业</td><td colspan="3"></td><td>提资单编号</td><td colspan="2"></td></tr>
<tr><td>工程名称</td><td colspan="2"></td><td>工程编号</td><td></td><td>设计阶段</td><td></td></tr>
<tr><td>资料名称</td><td colspan="2"></td><td>提资日期</td><td></td><td>正式□</td><td>假定□</td></tr>
<tr><td colspan="2" rowspan="2">提资人：
年 月 日</td><td colspan="3" rowspan="2">校核人：
年 月 日</td><td rowspan="2">资料类别</td><td>重要□</td></tr>
<tr><td>一般□</td></tr>
<tr><td colspan="5">专业室主管（专业工程师）：
年 月 日</td><td colspan="2">设总（重要类）：
年 月 日</td></tr>
<tr><td colspan="7">提资内容及附件编号、名称：</td></tr>
<tr><td>接收单位（专业）意见</td><td colspan="6"></td></tr>
<tr><td>接收专业</td><td></td><td></td><td></td><td></td><td></td><td></td></tr>
<tr><td>签收人</td><td></td><td></td><td></td><td></td><td></td><td></td></tr>
<tr><td>签收日期</td><td></td><td></td><td></td><td></td><td></td><td></td></tr>
</table>

注 1 本交接单适用于本院各专业间的资料交接及本院向外单位提供资料。

2 本交接单一式二份提供接受专业（单位），由接受专业（单位）签收后一份退提资方，一份由接受方保存。

3 外单位对本资料有异议，须在接到资料一周内向提资方专业主设人提出，否则作为认可。如需延长验证时，请预先提出。

B9　设计评审记录（首页）

设计评审记录（首页）见表 B8。

表 B8　　　　　　　　　**设计评审记录（首页）**

编号：

<table>
<tr><td>项目名称</td><td colspan="2"></td><td>阶段</td><td></td><td>专业</td><td></td></tr>
<tr><td colspan="7">评审项目：</td></tr>
<tr><td>序号</td><td colspan="5">评审内容</td><td>评审意见
（是√、否×、裁○）</td></tr>
<tr><td>1</td><td colspan="5">设计输入的充分性（如法律法规及其他要求、标书条款、合同规定、审批意见、项目建设标准强制性条文等）</td><td></td></tr>
<tr><td>2</td><td colspan="5">顾客的要求是否满足，方案论证是否充分</td><td></td></tr>
<tr><td>3</td><td colspan="5">安全、消防、环境保护及设计内容深度是否符合规定要求</td><td></td></tr>
<tr><td>4</td><td colspan="5">设计更改对顾客和相关方的影响及采取的措施</td><td></td></tr>
<tr><td>5</td><td colspan="5">是否满足设计产品质量特性（功能、安全、经济等）的要求，主要经济技术指标是否合理</td><td></td></tr>
<tr><td>6</td><td colspan="5">设计过程的改进措施</td><td></td></tr>
<tr><td></td><td colspan="5"></td><td></td></tr>
<tr><td colspan="2">评审部门或专业</td><td colspan="3">签名</td><td colspan="2">职务或职称</td></tr>
<tr><td colspan="2"></td><td colspan="3"></td><td colspan="2"></td></tr>
<tr><td colspan="2"></td><td colspan="3"></td><td colspan="2"></td></tr>
<tr><td colspan="2"></td><td colspan="3"></td><td colspan="2"></td></tr>
<tr><td colspan="2"></td><td colspan="3"></td><td colspan="2"></td></tr>
<tr><td colspan="2"></td><td colspan="3"></td><td colspan="2"></td></tr>
<tr><td colspan="2"></td><td colspan="3"></td><td colspan="2"></td></tr>
<tr><td colspan="2"></td><td colspan="3"></td><td colspan="2"></td></tr>
<tr><td colspan="2"></td><td colspan="3"></td><td colspan="2"></td></tr>
<tr><td colspan="2"></td><td colspan="3"></td><td colspan="2"></td></tr>
<tr><td colspan="2"></td><td colspan="3"></td><td colspan="2"></td></tr>
</table>

序号	发现问题及纠正措施	执行情况（√）
1		
2		
3		
4		
5		
6		
主持者：	组织者：	评审日期：年　　月　　日

注　1　本页不够填写，可另附稿纸书写或另附图，并注明附件编号。

　　2　主持者签发评审意见，执行者在“执行情况”栏内签署，执行完后组织者签署。

B10 成品校审记录单

成品校审记录单见表B9。

表B9 **成品校审记录单**

共 页 第 页 编号：

<table>
<tr><td>工程名称</td><td colspan="4"></td><td colspan="2">设计阶段</td><td></td></tr>
<tr><td>工程检索号</td><td colspan="4"></td><td colspan="2">卷册号</td><td></td></tr>
<tr><td>卷册名称</td><td colspan="4"></td><td colspan="2">设计人</td><td></td></tr>
<tr><td>图纸规格</td><td>0号</td><td>1号</td><td>2号</td><td>3号</td><td>4号</td><td>总计</td><td rowspan="2">折合1号图张数</td></tr>
<tr><td>图纸张数</td><td></td><td></td><td></td><td></td><td></td><td></td></tr>
<tr><td>其中新制图</td><td></td><td></td><td></td><td></td><td></td><td></td><td></td></tr>
<tr><td colspan="3">说明书　　　页</td><td colspan="3">计算书　　　页</td><td colspan="2">套用图　　　张</td></tr>
</table>

<table>
<tr><td rowspan="2">评定 人</td><td colspan="3">差错个数</td><td rowspan="2">质量评语</td><td rowspan="2">平均差错数</td><td rowspan="2">质量等级</td><td rowspan="2">签名/日期</td></tr>
<tr><td>原则性</td><td>技术性</td><td>一般性</td></tr>
<tr><td>校核人</td><td></td><td></td><td></td><td></td><td></td><td></td><td></td></tr>
<tr><td rowspan="2">审核人</td><td></td><td></td><td></td><td></td><td></td><td></td><td></td></tr>
<tr><td></td><td></td><td></td><td></td><td></td><td></td><td></td></tr>
<tr><td>批准人</td><td></td><td></td><td></td><td></td><td></td><td></td><td></td></tr>
</table>

注 1 估算、概算、预算及设备材料清册页数可填写在说明书页数栏内。

2 在质量等级栏内填入合格或不合格。

B11 设计变更登记单

设计变更登记单见表 B10。

表 B10 设 计 变 更 登 记 单

编号：

工程名称		工程检索号	
卷册名称		卷册检索号	
施工单位		监理单位	
勘测单位		变更提出单位	
变更联系单编号		变更提出日期	
责任专业		出具变更日期	
设计变更类别（重大/一般）		变更涉及费用（万元）	
是否设计原因		关联专业	
变更事由及内容			
对关联专业影响			
附件名称（可加附页）			
责任人		技经核算	
专业会签		审核人	
工程设总		分管副主任	

注 1 本单为内部质量控制使用，与竣工图一同归档。

2 编号根据三标管理规定 Q/ZYDL 206.05，示例：Y7－SG——专业代字－序号，如 Y7－SG－T－005。

3 重大设计变更分管副主任签字。

4 责任人为变更引起专业设计人，审核人为责任专业室主管。

B12　设计变更审批单

设计变更审批单见表 B11。

表 B11　　　　　　**设计变更审批单**

工程名称：　　　　　　　　　　　　　　　　　　　　　　　编号：

<table>
<tr><td colspan="3">致____________________（监理项目部）：
变更事由及内容：
变更费用：
附件：1. 设计变更建议或方案。
2. 设计变更费用计算书。
3. 设计变更联系单（如有）。
……

设　　总：______（签字）______________
设计单位：______（盖章）______________
日　　期：______年_____月_____日</td></tr>
<tr><td>监理单位意见

总监理工程师：（签字并盖项目部章）
日期：______年____月____日</td><td>施工单位意见

项目经理：（签字并盖项目部章）
日期：______年____月____日</td><td>业主项目部审核意见
专业审核意见：

项目经理：（签字）
日期：______年____月____日</td></tr>
<tr><td rowspan="2">建设管理单位审批意见

建设（技术）审核意见：

技经审核意见：

部门主管领导：（签字并盖部门章）
日期：______年____月____日</td><td colspan="2">重大设计变更审批栏</td></tr>
<tr><td>建设管理单位审批意见

分管领导：（签字）

建设管理单位：（盖章）
日期：______年____月____日</td><td>省公司级单位建设管理部门审批意见

建设（技术）审核意见：

技经审核意见：

部门分管领导：（签字并盖部门章）
日期：______年____月____日</td></tr>
</table>

注　1　编号由监理项目部统一编制，作为审批设计变更的唯一通用表单。
　　2　重大设计变更应在重大设计变更审批栏中签署意见。
　　3　本表一式五份（施工、设计、监理、业主项目部各一份，建设管理单位存档一份）。
　　4　专业代字。

B13 工 作 联 系 单

工作联系单见表 B12。

表 B12 工 作 联 系 单

编号：

工程名称		工程编号	
提出单位/专业		接收单位/专业	
事由：			
内容：			
解决方案：			
提出人/日期		接收人/日期	

注 此表一式两份，由提出人填写，接收人确认签字后，原件交接收人保存，复印件由提出人保存。

B14　工程测量任务书

工程测量任务书见表 B13。

表 B13　　　　　　　工 程 测 量 任 务 书

编号：

工程名称		工程编号	
提出日期		委托专业	
专业室主任		委托人	
测量室主管		工程设总	
目的与内容（设计意图、测量范围、具体项目任务及工作内容）：			
测量应提交的资料（资料名称、数量）：			
提交测量成果时间要求：			
参加测量人员	主测人：	委托专业确认	签署：

附录C 工程勘测设计成品审签范围

工程勘测设计成品审签范围见表C1。

表C1　　工程勘测设计成品审签范围

审签责任		成品名称																						
		可行性研究报告		勘测报告		初步设计							施工图设计								一级计算	二、三级计算书	科研、标准化设计一级图	工程总结
						说明书		图纸	概算		设备及主要材料清册	设备技术规范书	说明书		图纸				预算					
		说明书	图纸	报告书	图纸	总的部分	专业部分		总的部分	专业部分			总的部分	专业部分说明	一级图纸	二级图纸	三级图纸	四、五级图纸	总的部分	专业部分说明				
签署人	总经理	○				○																		○
	分管副主任	△	○	○	○	△	○	○	○				○		○				○				○	○
	项目设总	√	△	△	△	*	△	△	△	○	○		*	○	△	○			△	○	○			△
	专业室主管/专业工程师	√	△	√	△		√	△	√	△	△	○		△	△	△	○	○	△	△	△	○	△	
	校核人		√		√			√		√	√	√		√	√	√	△	√	√	√	√	√	√	√
	主测人	*		*			*		*		*	*		*			√							
	设计勘测人		*		*			*		*					*	*	*	*	*	*	*	*	*	*

注 1 ○表示批准签署；△表示审核签署；√表示校核签署；*表示编制与自校。

2 变电站工程选报告按可行性研究规定审签。

3 标准化设计二级及以下级别图，按此表中施工图2～5级图纸规定审签。

4 级以上工程按此范围审签；级以下工程参照执行，可行性研究、初步设计说明书由分管副主任签批准。